全国监理工程师职业资格考试一本通

建设工程监理基本理论和相关法规一本通

唐 忍 主编

中国建筑工业出版社

图书在版编目（CIP）数据

建设工程监理基本理论和相关法规一本通 / 唐忍主编. -- 北京 : 中国建筑工业出版社, 2024. 12.

（全国监理工程师职业资格考试一本通）. -- ISBN 978-7-112-30832-3

Ⅰ. TU712.2; D922.297

中国国家版本馆 CIP 数据核字第 2025DB1652 号

责任编辑：朱晓瑜　李闻智

责任校对：芦欣甜

全国监理工程师职业资格考试一本通

建设工程监理基本理论

和相关法规一本通

唐　忍　主编

*

中国建筑工业出版社出版、发行（北京海淀三里河路 9 号）

各地新华书店、建筑书店经销

北京鸿文瀚海文化传媒有限公司制版

鸿博睿特(天津)印刷科技有限公司印刷

*

开本：787 毫米×1092 毫米　1/16　印张：19½　字数：484 千字

2025 年 1 月第一版　　2025 年 1 月第一次印刷

定价：**69.00** 元

ISBN 978-7-112-30832-3

(44516)

前　言

一、监理工程师相关规定

为确保建设工程质量，保护人民生命和财产安全，充分发挥监理工程师对施工质量、建设工期和建设资金使用等方面的监督作用，《中华人民共和国建筑法》《建设工程质量管理条例》《监理工程师职业资格制度规定》《监理工程师职业资格考试实施办法》等有关法律法规和国家职业资格制度对建设工程监理做出了相关规定。

下列建设工程必须实行监理：

（1）国家重点建设工程；

（2）大中型公用事业工程；

（3）成片开发建设的住宅小区工程；

（4）利用外国政府或者国际组织贷款、援助资金的工程；

（5）国家规定必须实行监理的其他工程。

国家设置监理工程师准入类职业资格，纳入国家职业资格目录，凡从事工程监理活动的单位，应当配备监理工程师。

二、报名条件

凡遵守中华人民共和国宪法、法律、法规，具有良好的业务素质和道德品行，具备下列条件之一者，可以申请参加监理工程师职业资格考试：

（1）具有各工程大类专业大学专科学历（或高等职业教育），从事工程施工、监理、设计等业务工作满 4 年；

（2）具有工学、管理科学与工程类专业大学本科学历或学位，从事工程施工、监理、设计等业务工作满 3 年；

（3）具有工学、管理科学与工程一级学科硕士学位或专业学位，从事工程施工、监理、设计等业务工作满 2 年；

（4）具有工学、管理科学与工程一级学科博士学位。

在北京、上海开展提高监理工程师职业资格考试报名条件试点工作，试点专业为土木建筑工程专业，试点地区报考人员应当具有大学本科及以上学历或学位。原参加 2019 年度监理工程师职业资格考试，学历为大专及以下，且具有有效期内科目合格成绩的人员，可以在试点地区继续报名参加考试。

已取得监理工程师一种专业职业资格证书的人员，报名参加其他专业科目考试的，可免考基础科目。考试合格后，核发人力资源和社会保障部门统一印制的相应专业考试合格证明。该证明作为注册时增加执业专业类别的依据。

具备以下条件之一的，参加监理工程师职业资格考试可免考基础科目：

（1）已取得公路水运工程监理工程师资格证书；

（2）已取得水利工程建设监理工程师资格证书。

三、丛书介绍

《全国监理工程师职业资格考试一本通》系列丛书由当前一线监理工程师职业培训教学名师编写。针对监理工程师职业资格考试备考时间紧、记忆难、压力大的客观实际情况，依据最新版考试大纲、命题特点和考试辅导教材，集合行业、培训优势与教学、科研经验，将经过高度凝练、整合、总结的高频考点，通过简单明了的编排方式呈现出来，以满足考生高效备考的需求。

全书在编写过程中力求将复习内容抽丝剥茧，在教师多年教学和培训的基础上开发出全新体系。全书通过分析核心考点、提炼主要知识点、经典题型训练三个层次，为考生搭建系统、清晰的知识架构，对各门课程的核心考点、考题设计等进行全面的梳理和剖析，使考生能够站在系统、整体的角度学习考试内容。通过本系列丛书的学习和训练，使考生能够夯实基础，强化应试能力。此外，丛书针对主要知识点及考核要点，通过图表、口诀、对比分析等方法帮助考生快速准确掌握。本书辅以线上交流平台，通过抖音、微信群等多种学习交流平台方便考生学习交流，高效完成备考工作。

《全国监理工程师职业资格考试一本通》系列丛书的各册编写人员如下：

《建设工程监理基本理论和相关法规一本通》唐忍

《建设工程合同管理一本通》王竹梅

《建设工程目标控制（土木建筑工程）一本通》李娜

《建设工程监理案例分析（土木建筑工程）一本通》陈江潮　董宝平

本系列丛书在编写、出版过程中，得到了诸多专家学者的指点帮助，在此表示衷心感谢！由于时间仓促、水平有限，虽经仔细推敲和多次校核，书中难免出现纰漏和瑕疵，敬请广大考生、读者批评和指正。

目　录

第一章　建设工程监理制度

第一节　建设工程监理概述

考情分析：

近三年考情分析如表 1-1 所示。

近三年考情分析　　表 1-1

年份	2024 年	2023 年	2022 年
单选分值	3	3	6
多选分值	0	0	2
合计分值	3	3	8

本节主要知识点：

1. 建设工程监理的含义（1 分）
2. 建设工程监理的性质（1～2 分）
3. 强制实施监理的工程范围（1 分）
4. 工程监理单位的法律责任（2 分）

知识点一　建设工程监理的含义（1 分）

建设工程监理是指工程监理单位受建设单位委托，根据法律法规、工程建设标准、勘察设计文件及合同，在施工阶段对建设工程质量、造价、进度进行控制，对合同、信息进行管理，对工程建设相关方的关系进行协调（三控两管一协调），并履行建设工程安全生产管理法定职责的服务活动。

建设单位（业主、项目法人）是工程监理任务的委托方，工程监理单位是监理任务的受托方。工程监理单位在建设单位的委托授权范围内从事专业化服务活动。

1. 建设工程监理行为主体

建设工程监理应当由具有相应资质的工程监理单位实施，由工程监理单位实施工程监理的行为主体是工程监理单位。

政府主管部门的监督管理属于行政性监督管理，不是工程监理。建设单位自行管理、工程总承包单位或施工总承包单位对分包单位的监督管理都不是工程监理。

2. 建设工程监理实施前提

建设工程监理的实施需要建设单位的委托和授权。工程监理单位在委托监理的工程中拥有一定管理权限，这是建设单位授权的结果。

3. 建设工程监理实施依据

（1）法律法规以及地方性法规；

（2）工程建设标准；

（3）勘察设计文件（批准的初步设计文件、施工图设计文件）；

（4）建设工程监理合同以及与所监理工程相关的施工合同、材料设备采购合同等。

（注：不含设计承包合同及施工分包合同）

4. 建设工程监理实施范围（表 1-2）

建设工程监理定位于工程施工阶段，工程监理单位受建设单位委托，在工程勘察、设计、保修等阶段提供的服务活动均为相关服务。

工程监理单位可以拓展自身的经营范围，为建设单位提供包括建设工程项目策划决策和建设实施全过程的项目管理服务。

建设工程监理实施范围 **表 1-2**

范围	服务内容
施工阶段	监理服务
工程勘察、设计、保修等阶段	相关服务
建设工程项目策划决策和建设实施全过程	项目管理服务

5. 建设工程监理基本职责

工程监理单位的基本职责是在建设单位委托授权范围内，通过合同管理和信息管理，以及协调工程建设相关方的关系，控制建设工程质量、造价和进度三大目标，即“三控两管一协调”。此外，还需履行建设工程安全生产管理的法定职责。

典型例题

【例题 1】 建设工程监理实施的依据包括（　　）。

A. 法律法规　　B. 建设工程监理规范

C. 批准的施工图设计文件　　D. 建设工程监理合同

E. 建设工程分包合同

【答案】 ABCD

【例题 2】 关于建设工程监理的说法，错误的是（　　）。（2012 年真题）

A. 建设工程监理的行为主体是工程监理单位

B. 建设工程监理不同于建设行政主管部门的监督管理

C. 建设工程监理的依据包括委托监理合同和有关的建设工程合同

D. 总承包单位对分包单位的监督管理也属于建设工程监理行为

【答案】 D

【解析】 选项 D 错误，建设单位自行管理、工程总承包单位或施工总承包单位对分包单位的监督管理都不是工程监理。

【例题 3】 建设单位委托工程监理单位的工作内容中，不属于“相关服务”内容的是（　　）。（2017 年真题）

A. 决策　　B. 勘察　　C. 设计　　D. 保修

【答案】A

【解析】建设工程监理定位于工程施工阶段，工程监理单位受建设单位委托，在工程勘察、设计、保修等阶段提供的服务活动均为相关服务。

【例题 4】根据规定，建设工程监理的实施范围是（　　）。(2024 年真题)

A. 施工阶段　　B. 设计阶段　　C. 决策阶段　　D. 保修阶段

【答案】A

【例题 5】下列工作中，属于工程监理基本职责的是（　　）。(2017 年真题)

A. 为建设单位提供项目管理服务

B. 在工程监理单位委托授权范围内，实施“三控两管一协调”的制度

C. 为建设单位提供全过程的项目管理服务

D. 履行建设工程安全生产管理的法定职责

【答案】D

【解析】选项 B 容易错选，应改为：在工程“建设单位”委托授权范围内，实施“三控两管一协调”的制度。

知识点二　建设工程监理的性质（1～2 分）

如表 1-3 所示。

建设工程监理的性质　　表 1-3

性质	具体体现
服务性	工程监理单位既不直接进行工程设计，也不直接进行工程施工；既不向建设单位承包工程造价，也不参与施工单位的利润分成
	工程监理单位不能完全取代建设单位的管理活动，工程监理单位不具有工程建设重大问题的决策权
科学性	科学性是由建设工程监理的基本任务决定的。监理单位应由组织管理能力强、工程经验丰富的人员担任领导
独立性	工程监理单位与被监理工程的承包单位以及供应单位不得有隶属关系或者其他利害关系
	在建设工程监理工作过程中，必须建立项目监理机构，按照自己的工作计划和程序，根据自己的判断，采用科学的方法和手段，独立地开展工作
公平性	在维护建设单位合法权益的同时，不能损害施工单位的合法权益

典型例题

【例题 1】建设工程监理的性质可概括为（　　）。(2014 年真题)

A. 服务性、科学性、独立性和公正性

B. 创新性、科学性、独立性和公正性

C. 服务性、科学性、独立性和公平性

D. 创新性、科学性、独立性和公平性

【答案】C

【解析】建设工程监理的性质可概括为服务性、科学性、独立性和公平性四方面。

【例题 2】工程监理单位签订工程监理合同后，组建项目监理机构，严格按法律、法规

和工程建设标准等实施监理，这体现了建设工程监理的（　　）。（2018 年真题）

A. 服务性　　B. 科学性　　C. 独立性　　D. 公平性

【答案】C

【解析】在建设工程监理工作过程中，必须建立项目监理机构，按照自己的工作计划和程序，根据自己的判断，采用科学的方法和手段，独立地开展工作。这是独立性的体现。

【例题 3】下列情形中，体现建设工程监理独立性的有（　　）。（2022 年真题）

A. 有健全的管理制度、科学的管理方法和手段

B. 积累丰富的技术、经济资料和数据

C. 严格按照法律法规、工程建设标准实施监理

D. 按照自己的工作计划和程序，根据自己的判断开展工作

E. 调解建设单位与施工单位之间的争议

【答案】CD

【解析】选项 A、B 属于科学性，选项 E 属于公平性。

【例题 4】下列工作内容中，体现工程监理科学性的是（　　）。（2024 年真题）

A. 在建设单位授权范围内控制工程质量、进度、造价

B. 积累丰富的工程技术、经济资料和数据

C. 按照工程监理合同及有关工程合同实施监理

D. 客观、公平地调解建设单位和施工单位之间的争议

【答案】B

【解析】选项 A 属于服务性，选项 C 属于独立性，选项 D 属于公平性。

【例题 5】关于建设工程监理的说法，错误的是（　　）。（2016 年真题）

A. 履行建设工程安全生产管理的法定职责是工程监理单位的基本职责

B. 工程监理单位履行法律赋予的社会责任，具有工程建设重大问题的决策权

C. 建设工程监理应当由具有相应资质的工程监理单位实施

D. 工程监理单位与被监理工程的施工承包单位不得有隶属关系

【答案】B

【解析】工程监理单位不具有工程建设重大问题的决策权，只能在建设单位授权范围内采用规划、控制、协调等方法，控制建设工程质量、造价和进度，并履行建设工程安全生产管理的监理职责，协助建设单位在计划目标内完成工程建设任务。

知识点三　强制实施监理的工程范围（1 分）

《建筑法》第三十条规定，国家推行建筑工程监理制度。国务院可以规定实行强制监理的建筑工程的范围和规模，如表 1-4 所示。

实行强制监理的建筑工程的范围和规模　　**表 1-4**

范围	规模
国家重点建设工程	—
大中型公用事业工程	总投资≥3000 万元
成片开发的住宅小区	面积≥5 万 m^2

续表

范围	规模
外国政府或国际组织贷款、援助资金的工程	—
关系社会公共利益、公共安全的基础设施	总投资≥3000万元
学校、影剧院、体育场馆项目	—
高层住宅及地基、结构复杂的多层住宅	—

典型例题

【例题1】根据《建筑法》，国家推行建筑工程监理制度，（　　）可以规定实行强制监理的建筑工程的范围。（2020年真题）

A. 国务院　　B. 国家建设行政主管部门

C. 省级人民政府　　D. 行业主管部门

【答案】A

【解析】《建筑法》第三十条规定，国家推行建筑工程监理制度。国务院可以规定实行强制监理的建筑工程的范围。

【例题2】根据《建设工程监理范围和规模标准规定》，可不实行监理的工程是总投资额为3000万元以下的（　　）。（2017年真题）

A. 学校　　B. 体育场

C. 影剧院工程　　D. 商场

【答案】D

【例题3】根据《建设工程监理范围和规模标准规定》，下列工程项目中，必须实行监理的是（　　）。（2014年真题）

A. 总投资额为1亿元的服装厂改建项目

B. 总投资额为400万美元的联合国环境署援助项目

C. 总投资额为2500万元的垃圾处理项目

D. 建筑面积为4万m^2的住宅建设项目

【答案】B

【解析】选项A不属于强制监理的范围；选项C总投资额未达到3000万元；选项D建筑面积未达到5万m^2。

【例题4】根据《建设工程质量管理条例》，下列建设工程中，必须实行监理的是（　　）。（2023年真题）

A. 国有资金控股工程　　B. 基础设施工程

C. 利用国际组织贷款的工程　　D. 公共卫生工程

【答案】C

【例题5】根据《建设工程监理范围和规模标准规定》，必须实行监理的是（　　）。（2019年、2022年真题）

A. 总投资额2000万元的供气工程　　B. 总投资额2000万元的电信枢纽工程

C. 总投资额2000万元的影剧院工程　　D. 总投资额2000万元的铁路专用线工程

【答案】C

【例题 6】关于建设工程监理的说法，正确的是（　　）。（2022 年真题）

A. 行业主管部门规定强制监理的工程范围

B. 工程监理单位应履行建设工程安全生产管理的法定职责

C. 工程监理单位不得与检测机构有隶属关系

D. 工程监理单位代表政府对施工质量实施监理

【答案】B

【解析】选项 A 错误，国务院可以规定实行强制监理的建筑工程的范围；选项 B 正确，建设工程监理基本工作内容包括：工程质量、造价、进度三大目标控制，合同管理和信息管理，组织协调，以及履行建设工程安全生产管理的法定职责；选项 C 错误，工程监理企业不得与被监理工程的施工及材料、构配件和设备供应单位有隶属关系或其他利害关系，不得谋取非法利益；选项 D 错误，工程监理单位应当依照法律、法规以及有关技术标准、设计文件和建设工程承包合同，代表建设单位对施工质量实施监理，并对施工质量承担监理责任。

知识点四　工程监理单位的职责

实行监理的建设工程，建设单位应当委托具有相应资质等级的工程监理单位进行监理，也可以委托具有工程监理相应资质等级并与被监理工程的施工承包单位没有隶属关系或者其他利害关系的该工程的设计单位进行监理。（回避施工单位）

工程监理单位应当在其资质等级许可的权限范围内承担工程监理业务（表 1-5）。

总监理工程师和监理工程师的权限范围对比　　**表 1-5**

总监理工程师签字	工程款的拨付
	工程竣工验收
监理工程师签字	材料、建筑构配件及设备的使用和安装
	下一道工序的施工

工程监理单位应当审查施工组织设计中的安全技术措施或者专项施工方案是否符合工程建设强制性标准（图 1-1）。

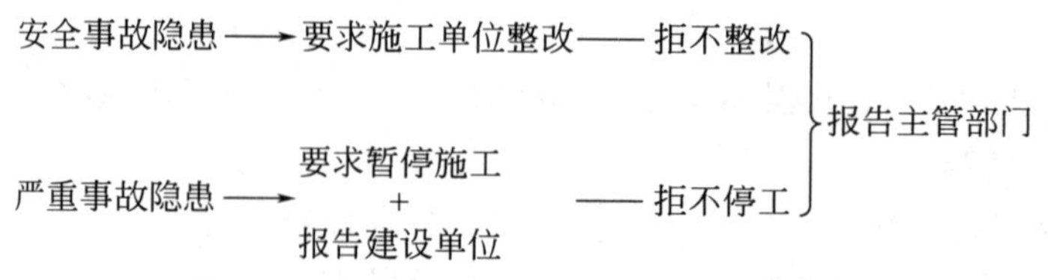

图 1-1　工程监理单位对施工安全的审查流程

典型例题

【例题 1】工程监理单位与所监理工程的（　　）有隶属关系时，不得承担该工程的监理业务。

A. 建设单位　　B. 设计单位　　C. 施工单位　　D. 勘察单位

【答案】C

【解析】实行监理的建设工程，建设单位应当委托具有相应资质等级的工程监理单位进行监理，监理单位不得与被监理工程的施工单位、材料供应单位有隶属关系。

【例题 2】项目监理机构发现工程施工存在安全事故隐患的，应当采取的措施是（　　）。（2020 年真题）

A. 要求承包人整改

B. 要求承包人暂停施工

C. 要求承包人暂停施工并及时报告建设单位

D. 要求承包人暂停施工并及时报告主管部门

【答案】A

【例题 3】根据《建设工程安全生产管理条例》，工程监理单位应当及时向有关主管部门报送监理报告的情形有（　　）。（2022 年真题）

A. 发现存在安全事故隐患时，签发监理通知单后施工单位拒不整改的

B. 发现存在质量事故隐患时，签发监理通知单后施工单位拒不整改的

C. 发现存在重大安全事故隐患时，签发工程暂停令后施工单位拒不暂停施工的

D. 发现存在重大质量事故隐患时，签发工程暂停令后施工单位拒不暂停施工的

E. 发现存在未经批准擅自组织施工时，签发监理通知单后施工单位拒不整改的

【答案】AC

【解析】《建设工程安全生产管理条例》第十四条规定，工程监理单位在实施监理过程中，发现存在安全事故隐患的，应当要求施工单位整改；情况严重的，应当要求施工单位暂时停止施工，并及时报告建设单位。施工单位拒不整改或者不停止施工的，工程监理单位应当及时向有关主管部门报告。

【例题 4】根据《建设工程安全生产管理条例》，工程监理单位应当审查施工组织设计中的安全技术措施是否符合（　　）。（2020 年真题）

A. 适应性要求　　B. 经济性要求

C. 施工进度要求　　D. 工程建设强制性标准

【答案】D

【解析】《建设工程安全生产管理条例》第十四条规定，工程监理单位应当审查施工组织设计中的安全技术措施或者专项施工方案是否符合工程建设强制性标准。

知识点五　工程监理单位的法律责任（2 分）

如表 1-6 所示。

工程监理单位的法律责任　　**表 1-6**

罚款数额	监理单位的违法行为
监理酬金 1～2 倍	①越级承揽工程 ②允许其他单位或者个人以本单位名义承揽工程
监理酬金 25%～50%	转让工程监理业务

续表

罚款数额	监理单位的违法行为
50万～100万元	①与建设单位或者施工单位串通 ②将不合格的建设工程、材料、构配件和设备按合格签字
5万～10万元	监理单位与被监理的其他单位有隶属关系
10万～30万元	①未对安全技术措施或专项施工方案进行审查 ②发现安全隐患未及时要求整改或者暂停施工 ③施工单位拒不整改或拒不停工，未及时向主管部门报告 ④未依照法律、法规和工程建设强制性标准实施监理

典型例题

【例题1】根据《建设工程质量管理条例》，工程监理单位转让工程监理业务的，应责令改正，没收违法所得，处合同约定的监理酬金（　　）的罚款。(2022年真题)

A. 10%以上20%以下　　B. 15%以上25%以下

C. 20%以上30%以下　　D. 25%以上50%以下

【答案】D

【解析】《建设工程质量管理条例》第六十二条规定，工程监理单位转让工程监理业务的，责令改正，没收违法所得，处合同约定的监理酬金25%以上50%以下的罚款；可以责令停业整顿，降低资质等级；情节严重的，吊销资质证书。

【例题2】根据《建设工程安全生产管理条例》，工程监理单位未对施工组织设计中的安全技术措施或专项施工方案进行审查的，责令限期改正；逾期未改正的，责令停业整顿，并处（　　）的罚款。(2022年真题)

A. 3万元以上10万元以下　　B. 10万元以上20万元以下

C. 10万元以上30万元以下　　D. 20万元以上30万元以下

【答案】C

【解析】《建设工程安全生产管理条例》第五十七条规定，工程监理单位有下列行为之一的，责令限期改正；逾期未改正的，责令停业整顿，并处10万元以上30万元以下的罚款；情节严重的，降低资质等级，直至吊销资质证书；造成重大安全事故，构成犯罪的，对直接责任人员，依照刑法有关规定追究其刑事责任；造成损失的，依法承担赔偿责任：①未对施工组织设计中的安全技术措施或者专项施工方案进行审查的；②发现安全事故隐患未及时要求施工单位整改或者暂时停止施工的；③施工单位拒不整改或者不停止施工，未及时向有关主管部门报告的；④未依照法律、法规和工程建设强制性标准实施监理的。

【例题3】根据《建设工程质量管理条例》，工程监理单位与建设单位串通，弄虚作假，降低工程质量的，责令改正，并对监理单位处（　　）的罚款。(2019年、2023年真题)

A. 5万元以上20万元以下　　B. 10万元以上30万元以下

C. 30万元以上50万元以下　　D. 50万元以上100万元以下

【答案】D

【解析】《建设工程质量管理条例》第六十七条规定，工程监理单位有下列行为之一的，责令改正，并处50万元以上100万元以下的罚款，降低资质等级或者吊销资质证书；有违法所得的，予以没收；造成损失的，承担连带赔偿责任：①与建设单位或者施工单位串通，弄虚作假、降低工程质量的；②将不合格的建设工程、建筑材料、建筑构配件和设备按照合格签字的。

【例题4】根据《建设工程质量管理条例》，工程监理单位有（　　）行为的，责令改正，处50万元以上100万元以下的罚款，降低资质等级或吊销资质证书；有违法所得的，予以没收；造成损失的，承担连带赔偿责任。（2020年真题）

A. 超越本单位资质等级承揽工程

B. 允许其他单位或个人以本单位名义承揽工程

C. 与建设单位或施工单位串通，弄虚作假、降低工程质量

D. 将不合格的建设工程、建筑材料、建筑构配件和设备按合格签字

E. 转让工程监理业务

【答案】CD

【例题5】根据《建设工程安全生产管理条例》，工程监理单位未对施工组织设计中的安全技术措施或者专项施工方案进行审查且逾期未改正的，将被处以（　　）的罚款。（2021年真题）

A. 10万元以上20万元以下　　B. 10万元以上30万元以下

C. 20万元以上50万元以下　　D. 30万元以上50万元以下

【答案】B

【例题6】根据《建设工程质量管理条例》，工程监理单位有（　　）行为的，将被处以50万元以上100万元以下的罚款，降低资质等级或者吊销资质证书。（2016年真题）

A. 超越本单位资质等级承揽工程监理业务

B. 与建设单位串通，弄虚作假、降低工程质量

C. 与施工单位串通，弄虚作假、降低工程质量

D. 允许其他单位以本单位名义承揽工程监理业务

E. 将不合格的建设工程按照合格签字

【答案】BCE

知识点六 监理工程师的法律责任

由监理工程师个人过失引发的合同违约行为，监理工程师必然要与工程监理单位承担一定的连带责任。

监理工程师因过错造成质量事故的，责令停止执业1年；造成重大质量事故的，吊销执业资格证书，5年以内不予注册；情节特别恶劣的，终身不予注册。

注册监理工程师未执行法律、法规和工程建设强制性标准的，责令停止执业3个月以上1年以下；情节严重的，吊销执业资格证书，5年内不予注册；造成重大安全事故的，终身不予注册。

典型例题

【例题1】根据规定，监理工程师因过错造成质量事故的，责令停止执业时间是

（　　）。（2024 年真题）

A. 3 个月　　B. 6 个月

C. 1 年　　D. 5 年

【答案】C

【例题 2】根据《建设工程安全生产管理条例》，注册监理工程师未执行法律、法规和工程建设强制性标准，情节严重的，吊销执业资格证书，（　　）不予注册。

A. 1 年内　　B. 5 年内

C. 10 年内　　D. 终身

【答案】B

【例题 3】根据《建设工程安全生产管理条例》，注册监理工程师未执行法律、法规和工程建设强制性标准，应承担的法律责任是（　　）。

A. 责令停止执业 3 年

B. 吊销执业资格证书，5 年内不予注册

C. 造成重大安全事故的，吊销执业资格证书，5 年内不予注册

D. 造成重大安全事故的，终身不予注册

【答案】D

第二节　建设工程监理相关制度

考情分析：

近三年考情分析如表 1-7 所示。

近三年考情分析　　**表 1-7**

年份	2024 年	2023 年	2022 年
单选分值	1	2	1
多选分值	0	0	2
合计分值	1	2	3

本节主要知识点：

1. 项目法人责任制的核心（0～1 分）
2. 项目董事会与项目总经理的职权（2 分）
3. 项目资本金制度
4. 必须招标的工程项目（1～2 分）
5. 代理
6. 诉讼时效
7. 建设工程合同相关规定
8. 委托合同相关规定

知识点一　项目法人责任制的核心（0～1 分）

对于政府投资的经营性工程需实行项目法人责任制，由项目法人对项目的策划、资金

筹措、建设实施、生产经营、债务偿还和资产的保值增值，实行全过程负责。

设立目的：明确由项目法人承担投资风险。（核心）

设立时间：在项目可行性研究报告被批准后，应正式成立项目法人。

设立子公司的，要重新设立项目法人。只设分公司或分厂的，原企业法人即是项目法人。

典型例题

【例题1】 建设项目法人责任制的核心内容是明确由项目法人（　　）。（2014年真题）

A. 组织工程建设　　B. 策划工程项目

C. 负责生产经营　　D. 承担投资风险

【答案】 D

【例题2】 对于实施项目法人责任制的项目，正式成立项目法人的时间是在（　　）后。（2017年真题）

A. 申报项目可行性研究报告　　B. 办理公司设立登记

C. 可行性研究报告批准　　D. 资本金按时到位

【答案】 C

【解析】 在项目可行性研究报告被批准后，应正式成立项目法人。

【例题3】 关于项目法人责任制和项目法人的说法，正确的是（　　）。（2021年真题）

A. 项目法人对项目建设实施承担责任，对项目生产经营不承担责任

B. 项目法人责任制的核心内容是项目法人承担投资风险

C. 项目法人须在申报项目可行性研究报告前正式成立

D. 新上项目在项目建议书被批准后成立项目法人

【答案】 B

【解析】 选项A错误，对于经营性政府投资工程需实行项目法人责任制，由项目法人对项目的策划、资金筹措、建设实施、生产经营、债务偿还和资产的保值增值，实行全过程负责；选项B正确，项目法人责任制的核心内容是明确由项目法人承担投资风险；选项C错误，有关单位在申报项目可行性研究报告时须同时提出项目法人的组建方案；选项D错误，在项目可行性研究报告被批准后，应正式成立项目法人。

【例题4】 对于经营性政府投资工程需实行项目法人责任制，下列属于项目法人工作内容的有（　　）。

A. 资产的保值增值　　B. 项目资金筹措

C. 项目环评审查　　D. 项目建设实施

E. 项目债务偿还

【答案】 ABDE

【解析】 国有单位经营性基本建设大中型项目在建设阶段必须组建项目法人，由项目法人对项目的策划、资金筹措、建设实施、生产经营、债务偿还和资产的保值增值，实行全过程负责。

知识点二　项目董事会与项目总经理的职权（2分）

如表1-8所示。

项目董事会与项目总经理的职权 表 1-8

职位	职权
项目董事会	①负责筹措建设资金 ②审核、上报项目初步设计和概算文件 ③审核、上报年度投资计划并落实年度资金 ④提出项目开工报告 ⑤研究解决建设过程中出现的重大问题 ⑥负责提出项目竣工验收申请报告 ⑦审定偿还债务计划和生产经营方针，并负责偿还债务 ⑧聘任或解聘项目总经理，并根据总经理的提名，聘任或解聘其他高级管理人员
项目总经理	①编制并组织实施项目年度投资计划、建设进度计划 ②组织编制项目初步设计文件 ③编制项目财务预算、决算 ④组织项目后评价，提出项目后评价报告 ⑤组织招标工作，编制和确定招标方案，确定中标单位 ⑥负责组织项目试生产和单项工程预验收 ⑦编制并组织实施归还贷款和其他债务计划 ⑧拟订生产经营计划、企业内部机构设置、工资福利方案

典型例题

【例题 1】 对于实行项目法人责任制的项目，项目董事会的职权是（　　）。（2020 年真题）

A. 编制年度投资计划　　B. 确定中标单位

C. 提出项目开工报告　　D. 组织项目后评价

【答案】 C

【解析】 选项 A、B、D 属于项目总经理的职权。

【例题 2】 根据项目法人责任制的有关规范，项目董事会的职权有（　　）。（2021 年真题）

A. 上报项目初步设计和概算文件　　B. 组织工程建设实施

C. 解决建设工程中出现的重大问题　　D. 负责提出项目竣工验收申请报告

E. 组织项目后评价

【答案】 ACD

【解析】 选项 B、E 属于项目总经理的职权。

【例题 3】 根据建设项目法人责任制的有关规定，项目总经理的职权有（　　）。（2022 年真题）

A. 组织编制项目初步设计文件　　B. 上报项目初步设计和概算文件

C. 编制和确定招标方案　　D. 组织工程建设实施

E. 提出项目竣工验收申请报告

【答案】 ACD

【例题 4】 根据项目法人责任制的规定，下列工作内容中，属于项目董事会职权的

是（　　）。（2024 年真题）

A. 编制项目年度投资计划　　B. 编制项目财务预算、决算

C. 组织工程建设实施　　D. 提出项目开工报告

【答案】 D

【例题 5】 对于根据《关于实施建设项目法人责任制的暂行规定》，项目董事会的职权有（　　）。（2015 年真题）

A. 负责筹措建设资金　　B. 编制项目财务预算

C. 提出项目开工报告　　D. 提出项目竣工验收申请报告

E. 审定偿还债务计划

【答案】 ACDE

【例题 6】 对于实施项目法人责任制的项目，项目董事会的职权有（　　）。（2017 年真题）

A. 负责筹措建设资金　　B. 组织编制项目初步设计文件

C. 审核项目概算文件　　D. 拟定生产经营计划

E. 提出项目后评价报告

【答案】 AC

【例题 7】 根据《关于实行建设项目法人责任制的暂行规定》，项目总经理的职权有（　　）。（2014 年真题）

A. 负责筹措建设资金　　B. 组织编制项目初步设计文件

C. 组织项目后评价　　D. 组织项目竣工验收

E. 提出项目开工报告

【答案】 BC

知识点三　项目资本金制度

项目资本金，是指在项目总投资中由投资者认缴的出资额。这里的总投资，是指投资项目的固定资产投资与铺底流动资金之和。项目资本金属于非债务性资金，项目法人不承担这部分资金的任何利息和债务。投资者可按其出资比例依法享有所有者权益，也可转让其出资，但不得以任何方式抽回。对于银行等金融机构或资本市场的投资者而言，项目资本金可视为项目法人进行债务融资的信用基础。

1. 项目资本金来源

项目资本金可以用货币出资，也可以用实物、工业产权、非专利技术、土地使用权作价出资。对作为资本金的实物、工业产权、非专利技术、土地使用权，必须经过有资格的资产评估机构依照法律、法规评估作价，不得高估或低估。除国家对采用高新技术成果有特别规定外，以工业产权、非专利技术作价出资的比例不得超过投资项目资本金总额的 20%。

2. 项目资本金比例

投资项目最低资本金比例见表 1-9。

投资项目最低资本金比例　　表 1-9

序号	投资项目		最低资本金比例
1	城市和交通基础设施项目	城市轨道交通项目	20%
		港口、沿海及内河航运项目	
		铁路、公路项目	
		机场项目	25%
2	房地产开发项目	保障性住房和普通商品住房项目	20%
		其他项目	25%
3	产能过剩行业项目	钢铁、电解铝项目	40%
		水泥项目	35%
		煤炭、电石、铁合金、烧碱、焦炭、黄磷、多晶硅项目	30%
4	其他工业项目	玉米深加工项目	20%
		化肥(钾肥除外)项目	25%
		电力等其他项目	20%

【例题 1】关于项目资本金的说法，正确的是（　　）。

A. 项目资本金是债务性资金

B. 项目法人承担项目资本金的利息

C. 投资者可抽回项目资本金

D. 投资者可转让项目资本金

【答案】D

【解析】项目资本金是非债务性资金，项目法人不承担这部分资金的任何利息和债务。投资者可按其出资的比例依法享有所有者权益，也可转让其出资，但不得以任何方式抽回。

【例题 2】固定资产投资项目的资本金是指在项目总投资中的（　　）。

A. 建筑安装工程费用与设备及工器具费用总和

B. 铺底流动资金

C. 建筑安装工程费用

D. 投资者认缴的出资额

【答案】D

【解析】所谓资本金，是指在项目总投资中由投资者认缴的出资额。

【例题 3】根据固定资产投资项目资本金制度相关规定，项目资本金可以用（　　）出资或作价出资。

A. 土地使用权　　B. 工业产权

C. 现金　　D. 非专利技术

【答案】ABCD

【解析】项目资本金可以用货币出资，也可以用实物、工业产权、非专利技术、土地使用权作价出资。

【例题 4】除国家对采用高新技术成果有特别规定外，固定资产投资项目资本金中以工业产权、非专利技术作价出资的比例不得超过该项目资本金总额的（　　）。

A. 10%　　B. 15%　　C. 20%　　D. 50%

【答案】 C

【解析】 以工业产权、非专利技术作价出资的比例不得超过投资项目资本金总额的20%，国家对采用高新技术成果有特别规定的除外。

【例题 5】 根据《国务院关于决定调整固定资产投资项目资本金比例的通知》，投资项目资本金最低比例要求为 40%的是（　　）。

A. 钢铁、电解铝项目　　B. 水泥项目

C. 多晶硅项目　　D. 普通商品住房项目

【答案】 A

知识点四　必须招标的工程项目（1～2 分）

根据《必须招标的工程项目规定》，下列工程必须招标：

（1）全部或者部分使用国有资金投资或者国家融资的项目，包括：

① 使用预算资金 200 万元人民币以上，且该资金占投资额 10%以上的项目；

② 使用国有企业、事业单位资金，且该资金占控股或者主导地位的项目。

（2）使用国际组织或者外国政府贷款、援助资金的项目，包括：

① 使用世界银行、亚洲开发银行等国际组织贷款、援助资金的项目；

② 使用外国政府及其机构贷款、援助资金的项目。

必须招标的工程项目范围及规模如表 1-10 所示。

必须招标的工程项目范围及规模　　表 1-10

范围	规模
全部或部分使用国有资金	施工单项合同估算价≥400 万元 重要材料设备采购单项合同估算价≥200 万元 勘察设计监理单项合同估算价≥100 万元
大型基础设施、公用事业工程	
外国政府或国际援建	

典型例题

【例题 1】 根据《必须招标的工程项目规定》，国有资金投资的项目，必须进行招标的是（　　）的项目。（2021 年真题）

A. 施工单项合同估算价为 300 万元

B. 设计单项合同估算价为 80 万元

C. 监理单项合同估算价为 50 万元

D. 重要设备采购单项合同估算价 200 万元

【答案】 D

【例题 2】 根据《必须招标的工程项目规定》，国有资金投资的项目，必须进行招标的是（　　）的项目。（2022 年真题）

A. 施工单项合同估算价为 300 万元　　B. 设备采购合同结算价为 150 万元

C. 设计合同估算价为 50 万元　　　　D. 监理合同估算价为 100 万元

【答案】 D

【解析】 本题注意，任何一个项目的估算价都大于结算价，工程造价中不允许出现结算价超过估算价的情况。

【例题 3】 根据《必须招标的工程项目规定》，下列项目属于必须进行招标的有（　　）。（2019 年真题）

A. 使用国有企业资金，并且该资金占控股或者主导地位的项目

B. 使用有限公司资金的项目

C. 使用世界银行、亚洲开发银行等国际组织贷款、援助资金的项目

D. 使用外国政府及其机构贷款、援助资金的项目

E. 使用财政预算资金 200 万元以上，并且该资金占投资额 10%以上的项目

【答案】 ACDE

【例题 4】 根据必须招标的工程项目规定，下列工程中必须招标的是（　　）。（2023 年真题）

A. 监理单位合同估算价为 80 万元人民币的项目

B. 施工单项合同估算价为 300 万元人民币的项目

C. 重要设备采购单项合同估算价为 150 万元人民币的项目

D. 工程设计单位合同估算价为 110 万元人民币的项目

【答案】 D

【例题 5】 下列项目，依法必须进行招标的是（　　）。

A. 施工单项合同估算价为 8000 万元的民营企业厂房项目

B. 施工单项合同估算价为 3000 万元的某公路建设施工项目

C. 监理单项合同估算价为 50 万元的房屋建筑项目

D. 与某防洪项目有关的 100 万元的重要设备采购项目

【答案】 B

【解析】 招标范围＋规模＝必须招标。

知识点五　代理

（1）民事主体可以通过代理人实施民事法律行为。依照法律规定、当事人约定或者民事法律行为的性质，应当由本人亲自实施的民事法律行为，不得代理。

（2）代理人在代理权限内，以被代理人名义实施的民事法律行为，对被代理人发生效力。

（3）代理包括委托代理和法定代理。委托代理人按照被代理人的委托行使代理权。法定代理人依照法律的规定行使代理权。

（4）代理人不履行或者不完全履行职责，造成被代理人损害的，应当承担民事责任。代理人和相对人恶意串通，损害被代理人合法权益的，代理人和相对人应当承担连带责任。

（5）委托代理授权采用书面形式的，授权委托书应当载明代理人的姓名或者名称、代理事项、权限和期限，并由被代理人签名或者盖章。

（6）代理人知道或者应当知道代理事项违法仍然实施代理行为，或者被代理人知道或者应当知道代理人的代理行为违法未作反对表示的，被代理人和代理人应当承担连带责任。

（7）行为人没有代理权、超越代理权或者代理权终止后，仍然实施代理行为，相对人有理由相信行为人有代理权的，代理行为有效。

（8）有下列情形之一的，委托代理终止：①代理期限届满或者代理事务完成；②被代理人取消委托或者代理人辞去委托；③代理人丧失民事行为能力；④代理人或者被代理人死亡；⑤作为代理人或者被代理人的法人、非法人组织终止。

【例题1】关于代理的说法，正确的是（　　）。

A. 应当由本人亲自实施的民事法律行为，不得代理

B. 代理人知道代理事项违法仍然实施代理行为，其代理行为后果由被代理人承担

C. 代理人完全履行职责造成被代理人损害的，代理人对该代理行为承担民事责任

D. 代理人可以对被代理人的任何民事法律行为进行代理

【答案】A

【解析】选项B错误，由被代理人和代理人承担连带责任。选项C错误，应由被代理人承担。选项D错误，不是“任何”，应为“在代理权限范围内”实施代理行为。

【例题2】关于承担代理责任的说法，正确的是（　　）。

A. 代理行为的法律后果由被代理人和代理人共同承担

B. 被代理人应当知道代理人的代理行为违法未作反对表示的，由被代理人承担责任

C. 代理人不完全履行职责，造成被代理人损害的，应当承担民事责任

D. 代理人和相对人恶意串通，损害被代理人合法权益的，代理人和相对人应当承担按份责任

【答案】C

【解析】选项A错误，法律后果由被代理人承担。选项B错误，由被代理人和代理人承担连带责任。选项D错误，代理人和相对人承担连带责任。

【例题3】导致委托代理终止的情形是（　　）。

A. 代理期间届满但代理事务未能完成

B. 被代理人丧失民事行为能力

C. 因防疫需要被隔离观察

D. 作为被代理人的法人进入破产程序

【答案】A

知识点六　诉讼时效

相关规定见表1-11。

诉讼时效的相关规定　　**表1-11**

概念	指权利人在一定期间内不行使权利，则义务人有权提出拒绝履行的抗辩的制度。诉讼时效制度旨在督促权利人行使权利，而不是鼓励不履行义务
普通诉讼时效	3年

续表

起算时间	自权利人知道或者应当知道权利受到损害以及义务人之日起计算 但自权利受到损害之日起超过20年的，人民法院不予保护
超过诉讼时效	人民法院不得主动适用诉讼时效的规定
	超过诉讼时效，起诉权和实体权利没有消灭，当事人起诉，法院应当受理
	义务人同意履行的，不得以诉讼时效期间届满为由抗辩 义务人已经自愿履行的，不得请求返还
诉讼时效法定	当事人约定延长、缩短诉讼时效，或对诉讼时效利益的预先放弃，均为无效

【例题1】根据《民法典》，普通诉讼时效为（　　）年。

A. 1　　B. 2

C. 3　　D. 4

【答案】C

【例题2】根据《民法典》，关于民事诉讼时效的说法，正确的有（　　）。

A. 向人民法院请求保护民事权利的诉讼时效期间均为3年

B. 诉讼时效期间届满的，义务人可以提出不履行义务的抗辩

C. 诉讼时效期间届满后，义务人自愿履行债务的，不得请求返还

D. 当事人违反法律规定，预先放弃诉讼时效利益的，人民法院不予认可

E. 超过诉讼时效期间，当事人起诉的，人民法院不予受理

【答案】BCD

【解析】选项A错误，普通诉讼时效为3年。选项E错误，超过诉讼时效，起诉权和实体权利没有消灭，当事人起诉，法院应当受理。关于诉讼时效中止和中断的区别、本质等知识点见表1-12。

诉讼时效中止和中断　　**表1-12**

区别	时效中止(暂时停止)	时效中断(清零)
本质	想行使，没办法行使	已经积极行使
事由	①不可抗力 ②无民事行为能力人或者限制民事行为能力人没有法定代理人，或者法 定代理人死亡、丧失民事行为能力、丧失代理权 ③继承开始后未确定继承人或者遗产管理人 ④权利人被义务人或者其他人控制 ⑤其他导致权利人不能行使请求权的障碍	①债权人请求履行 ②债务人同意履行 ③提起诉讼或申请仲裁
限制	最后6个月内	—
时效期间	继续计算	重新计算

【例题3】下列情形中，可以引起诉讼时效中断的有（　　）。

A. 权利人申请仲裁　　B. 不可抗力

C. 义务人同意履行义务　　D. 权利人向义务人提出履行请求

E. 权利人被义务人或者其他人控制

【答案】 ACD

【解析】 选项 B、E 属于中止情形。

【例题 4】 导致民事诉讼时效中止的事由有（　　）。

A. 权利人向义务人提出履行请求

B. 继承开始后未确定继承人或者遗产管理人

C. 权利人被义务人或者其他人控制

D. 义务人同意履行义务

E. 不可抗力

【答案】 BCE

【解析】 选项 A、D 属于中断的情形。

知识点七　建设工程合同相关规定

建设工程合同是指承包人进行工程建设，发包人支付价款的合同。建设工程合同属于一种特殊的承揽合同，包括工程勘察、设计、施工合同。

1. 发包人权利和义务

（1）发包人在不妨碍承包人正常作业的情况下，可以随时对作业进度、质量进行检查。

（2）因发包人变更计划，提供的资料不准确，或者未按照期限提供必需的勘察、设计工作条件而造成勘察、设计的返工、停工或者修改设计，发包人应当按照勘察人、设计人实际消耗的工作量增付费用。

（3）因施工人的原因致使建设工程质量不符合约定的，发包人有权要求施工人在合理期限内无偿修理或者返工、改建。经过修理或者返工、改建后，造成逾期交付的，施工人应当承担违约责任。

（4）承包人将建设工程转包、违法分包的，发包人可以解除合同。

（5）建设工程竣工后，发包人应当根据施工图纸及说明书、国家颁发的施工验收规范和质量检验标准及时进行验收。验收合格的，发包人应当按照约定支付价款，并接收该建设工程。建设工程竣工经验收合格后，方可交付使用；未经验收或者验收不合格的，不得交付使用。

2. 承包人权利和义务

（1）勘察、设计的质量不符合要求或者未按照期限提交勘察、设计文件拖延工期，造成发包人损失的，勘察人、设计人应当继续完善勘察、设计，减收或者免收勘察、设计费并赔偿损失。

（2）发包人未按照约定的时间和要求提供原材料、设备、场地、资金、技术资料的，承包人可以顺延工程日期，并有权要求赔偿停工、窝工等损失。

（3）因发包人的原因致使工程中途停建、缓建的，发包人应当采取措施弥补或者减少损失，赔偿承包人因此造成的停工、窝工、倒运、机械设备调迁、材料和构件积压等损失和实际费用。

（4）隐蔽工程在隐蔽以前，承包人应当通知发包人检查。发包人没有及时检查的，承包人可以顺延工程日期，并有权要求赔偿停工、窝工等损失。

（5）发包人提供的主要建筑材料、建筑构配件和设备不符合强制性标准或者不履行协助义务，致使承包人无法施工，经催告后在合理期限内仍未履行相应义务的，承包人可以解除合同。

（6）因承包人的原因致使建设工程在合理使用期限内造成人身和财产损害的，承包人应当承担损害赔偿责任。

（7）发包人未按照约定支付价款的，承包人可以催告发包人在合理期限内支付价款。发包人逾期不支付的，除按照建设工程的性质不宜折价、拍卖外，承包人可以与发包人协议将该工程折价，也可以申请人民法院将该工程依法拍卖。建设工程的价款就该工程折价或者拍卖的价款优先受偿。

3. 建设工程施工合同无效的处置

建设工程施工合同无效，但是建设工程经验收合格的，可以参照合同关于工程价款的约定折价补偿承包人。建设工程施工合同无效，且建设工程经验收不合格的，按照以下情形处理：

（1）修复后的建设工程经验收合格的，发包人可以请求承包人承担修复费用；

（2）修复后的建设工程经验收不合格的，承包人无权请求参照合同关于工程价款的约定折价补偿。

发包人对因建设工程不合格造成的损失有过错的，应当承担相应的责任。

典型例题

【例题 1】根据《民法典》，关于建设工程合同的说法，正确的有（　　）。（2022 年真题）

A. 建设工程合同包括工程勘察、设计、施工、监理合同

B. 建设工程合同是承包人进行工程建设，发包人支付价款的合同

C. 建设工程施工合同无效，但工程验收合格的，可参照合同关于工程价款的约定折价补偿承包人

D. 承包人将建设工程转包的，发包人可解除合同

E. 在不妨碍承包人正常作业的情况下，发包人可随时检查作业进度

【答案】BCDE

【解析】建设工程合同属于一种特殊的承揽合同，包括工程勘察、设计、施工合同。

【例题 2】根据《民法典》，关于建设工程合同的说法，正确的是（　　）。（2023 年真题）

A. 总承包人经发包人同意，可以将自己承包的工作全部交由第三人完成

B. 建设工程施工合同无效时，对于已完工程，承包人无权请求补偿

C. 发包人与监理人的权利和义务应当依照建设工程合同进行约定

D. 发包人对因建设工程不合格造成的损失有过错的，应当承担相应的责任

【答案】D

【解析】选项 C 错误，发包人与监理人的权利和义务应当依照“建设工程监理合同”进行约定。建设工程合同包括工程勘察、设计、施工合同，不含建设工程监理合同。

【例题 3】根据《民法典》，因施工人原因致使建设工程质量不符合约定的，发包人请求施工人采取的措施有（　　）。（2023 年真题）

A. 无偿修理　　B. 折价支付　　C. 支付罚款　　D. 返工
E. 改建

【答案】ADE

【解析】因施工人的原因致使建设工程质量不符合约定的，发包人有权要求施工人在合理期限内无偿修理或者返工、改建。

知识点八　委托合同相关规定

1. 委托人的主要权利和义务

（1）委托人应当预付处理委托事务的费用。受托人为处理委托事务垫付的必要费用，委托人应当偿还该费用及其利息。

（2）有偿的委托合同，因受托人的过错给委托人造成损失的，委托人可以要求赔偿损失。无偿的委托合同，因受托人的故意或者重大过失给委托人造成损失的，委托人可以要求赔偿损失。

（3）受托人完成委托事务的，委托人应当向其支付报酬。因不可归责于受托人的事由，委托合同解除或者委托事务不能完成的，委托人应当向受托人支付相应的报酬。

2. 受托人的主要权利和义务

（1）受托人应当按照委托人的指示处理委托事务。

（2）受托人应当亲自处理委托事务。经委托人同意，受托人可以转委托。转委托未经同意的，受托人应当对转委托的第三人的行为承担责任，但在紧急情况下受托人为维护委托人的利益需要转委托的除外。

（3）受托人应当报告委托事务的处理情况。

（4）受托人处理委托事务时，因不可归责于自己的事由受到损失的，可以向委托人要求赔偿损失。

（5）委托人经受托人同意，可以在受托人之外委托第三人处理委托事务。因此给受托人造成损失的，受托人可以向委托人要求赔偿损失。

（6）两个以上的受托人共同处理委托事务的，对委托人承担连带责任。

典型例题

【例题 1】根据《民法典》，关于委托合同的说法，错误的是（　　）。（2018 年真题）

A. 受托人应当亲自处理委托事务

B. 受托人处理委托事务取得的财产应转交给委托人

C. 对无偿的委托合同，因受托人过失给委托人造成损失的，委托人不应要求赔偿

D. 受托人为处理委托事务垫付的必要费用，委托人应偿还该费用及利息

【答案】C

【解析】无偿的委托合同，因受托人的故意或者重大过失给委托人造成损失的，委托人可以要求赔偿损失。

【例题 2】根据《民法典》，关于建设工程合同及其履行的说法，正确的有（　　）。（2024 年真题）

A. 建设工程合同包括设计、施工、检测合同

B. 经发包人同意，承包人可将其承包的部分工作交由第三人完成
C. 对于无偿委托合同，因受托人原因造成的委托人损失不予赔偿
D. 设计合同应包括有关基础资料的提交期限和质量要求
E. 因发包人原因解除合同后，发包人应按合同约定支付已完成合格工程的价款
【答案】 BDE

本章精选习题

一、单项选择题

1. 根据《建设工程监理规范》GB/T 50319—2013，下列工作中，属于建设工程监理基本职责的是（　　）。

A. 选定工程合同计价方式　　B. 明确勘察设计任务
C. 协调工程建设相关方关系　　D. 监督工程保修期质量缺陷修复

2. 实施建设工程监理的前提是（　　）。

A. 已确定施工总承包单位　　B. 工程符合开工条件
C. 已办理工程质量监督手续　　D. 已订立监理书面合同

3. 工程监理单位组建项目监理机构，按照工作计划和程序，根据自己的判断，采用科学的方法和手段开展工程监理工作，这是建设工程监理（　　）的具体表现。

A. 服务性　　B. 科学性
C. 独立性　　D. 公平性

4. 建设工程监理性质中，（　　）是由建设工程监理的基本任务决定的。

A. 服务性　　B. 科学性
C. 独立性　　D. 公正性

5. 根据《建设工程监理范围和规模标准规定》，总投资为 2500 万元的（　　）项目必须实行监理。

A. 供水工程　　B. 邮政通信
C. 生态环境保护　　D. 体育场馆

6. 根据《建设工程监理范围和规模标准规定》，必须实行监理的工程是（　　）。

A. 总投资额 2500 万元的影剧院工程
B. 总投资额 2500 万元的生态环境保护工程
C. 总投资额 2500 万元的水资源保护工程
D. 总投资额 2500 万元的新能源工程

7. 实行监理的建设工程，建设单位应委托具有相应资质等级的工程监理单位进行监理，也可委托具有工程监理相应资质等级并与被监理工程施工单位没有隶属关系或其他利害关系的该工程的（　　）进行监理。

A. 施工承包单位　　B. 设计单位

C. 质量监督部门　　　　　　D. 质量检测部门

8. 依据《建设工程质量管理条例》的规定，以下工作中，应由总监理工程师签字认可的是（　　）。

A. 建设单位拨付工程款　　　　B. 施工单位实施隐蔽工程

C. 商品混凝土用于基础工程　　D. 大型非标准构件进行吊装

9. 根据《建设工程安全生产管理条例》，工程监理单位的安全生产管理职责是（　　）。

A. 发现存在安全事故隐患时，应要求施工单位暂时停止施工

B. 委派专职安全生产管理人员对安全生产进行现场监督检查

C. 发现存在安全事故隐患时，应立即报告建设单位

D. 审查施工组织设计中的安全技术措施或专项施工方案是否符合工程建设强制性标准

10. 根据《建设工程质量管理条例》，工程监理单位与建设单位或施工单位串通，弄虚作假、降低工程质量的，责令改正，降低资质等级或吊销资质证书，处（　　）的罚款。

A. 50 万元以上 100 万元以下　　B. 30 万元以上 50 万元以下

C. 20 万元以上 50 万元以下　　D. 10 万元以上 20 万元以下

11. 根据《建设工程质量管理条例》，工程监理单位超越本单位资质等级承揽工程的，将被处以合同约定监理酬金（　　）的罚款。

A. 5 万元以上 10 万元以下　　B. 25%以上 50%以下

C. 10 万元以上 30 万元以下　　D. 1 倍以上 2 倍以下

12. 实行建设项目法人责任制的项目中，项目董事会的职权是（　　）。

A. 编制和确定招标方案　　B. 编制项目年度投资计划

C. 提出项目竣工验收申请报告　　D. 提出项目后评价报告

13. 对于实行项目法人责任制的项目，属于项目总经理职权的工作是（　　）。

A. 提出项目开工报告　　B. 提出项目竣工验收申请报告

C. 编制归还贷款和其他债务计划　　D. 聘任或解聘项目高级管理人员

14. 下列全部使用国有资金投资的项目中，依法必须进行招标的项目是（　　）。

A. 施工单项合同结算价在 400 万元以上

B. 重要设备、材料等货物的采购，单项合同估算价在 200 万元以下

C. 勘察单项合同估算价在 100 万元以下

D. 监理单项合同估算价在 50 万元以上

二、多项选择题

1. 关于建设工程监理性质的说法，正确的有（　　）。

A. 服务性　　B. 科学性

C. 独立性　　D. 公平性

E. 公益性

2. 下列描述中，体现了建设工程监理服务性的有（　　）。

A. 工程监理单位既不直接进行工程设计，也不直接进行工程施工

B. 工程监理单位不具有工程建设重大问题的决策权

C. 与被监理工程的承包单位不得有利害关系

D. 协助建设单位在计划目标内完成工程建设任务

E. 在维护建设单位合法权益的同时，不能损害施工单位的合法权益

3. 根据《建设工程监理范围和规模标准规定》，总投资额均为2000万元的下列工程项目，属于强制实行监理的是（　　）。

A. 某地铁和轻轨交通项目　　B. 某垃圾处理项目

C. 某学校项目　　D. 某体育场项目

E. 某新能源项目

4. 根据《建设工程质量管理条例》，责令工程监理单位停止违法行为，并处合同约定的监理酬金1倍以上2倍以下罚款的情形有（　　）。

A. 超越本单位资质等级承揽工程　　B. 与施工单位串通降低工程质量

C. 将不合格工程按照合格签字　　D. 允许其他单位以本单位名义承揽工程

E. 将所承担的监理业务转让给其他单位

5. 根据《建设工程安全生产管理条例》的规定，工程监理单位有下列（　　）行为的，将被处以10万元以上30万元以下的罚款。

A. 未对施工组织设计中的专项施工方案进行审查的

B. 发现安全事故隐患未及时要求施工单位整改的

C. 超越本单位资质等级承揽工程的

D. 与施工单位串通，降低工程质量的

E. 将不合格的建筑材料按照合格签字的

6. 实行建设项目法人责任制的项目中，项目总经理的职权有（　　）。

A. 上报项目初步设计　　B. 编制和确定招标方案

C. 编制项目年度投资计划　　D. 提出项目开工报告

E. 提出项目后评价报告

7. 根据项目法人责任制的有关要求，项目董事会的职权包括（　　）。

A. 审核项目的初步设计和概算文件

B. 编制项目财务预算、决算文件

C. 研究解决建设过程中出现的重大问题

D. 确定招标方案、标底

E. 组织项目后评价

8. 根据《必须招标的工程项目规定》，下列使用国有资金的项目中，必须进行招标的有（　　）。

A. 施工单项合同结算价为400万元人民币的项目

B. 设计单项合同结算价为150万元人民币的项目

C. 监理单项合同估算价为 50 万元人民币的项目

D. 工程材料采购单项合同估算价为 300 万元人民币的项目

E. 重要设备采购单项合同估算价为 100 万元人民币的项目

习题答案及解析

一、单项选择题

1. **【答案】** C

【解析】 工程监理单位的基本职责是在建设单位委托授权范围内，通过合同管理和信息管理，以及协调工程建设相关方的关系，控制建设工程质量、造价和进度三大目标。此外，还需履行建设工程安全生产管理的法定职责。

2. **【答案】** D

【解析】 建设单位与其委托的工程监理单位应当以书面形式订立建设工程监理合同。换言之，工程监理的实施需要建设单位的委托和授权。工程监理单位只有与建设单位以书面形式订立建设工程监理合同，明确监理工作的范围、内容、服务期限和酬金，以及双方义务、违约责任后，才能在规定的范围内实施监理。

3. **【答案】** C

【解析】 按照独立性要求，工程监理单位应严格按照法律法规、工程建设标准、勘察设计文件、建设工程监理合同及有关的建设工程合同等实施监理。在建设工程监理工作过程中，必须建立项目监理机构，按照自己的工作计划和程序，根据自己的判断，采用科学的方法和手段，独立地开展工作。

4. **【答案】** B

【解析】 科学性是由建设工程监理的基本任务决定的。

5. **【答案】** D

【解析】 学校、影剧院、体育场馆项目必须实行监理。

6. **【答案】** A

【解析】 必须实行监理的工程范围有：①国家重点建设工程；②大中型公用事业工程（总投资额在 3000 万元以上）；③成片开发建设的住宅小区工程（建筑面积在 5 万 m^2 以上）；④利用外国政府或者国际组织贷款、援助资金的工程；⑤学校、影剧院、体育场馆项目。

7. **【答案】** B

【解析】 实行监理的建设工程，建设单位应当委托具有相应资质等级的工程监理单位进行监理，也可以委托具有工程监理相应资质等级并与被监理工程的施工承包单位没有隶属关系或者其他利害关系的该工程的设计单位进行监理。

8. **【答案】** A

【解析】《建设工程质量管理条例》第三十七条规定，未经监理工程师签字，建筑材料、建筑构配件和设备不得在工程上使用或者安装，施工单位不得进行下一道工序的施工。未经总监理工程师签字，建设单位不拨付工程款，不进行竣工验收。

9. **【答案】** D

【解析】 选项A、C错误，工程监理单位在实施监理过程中，发现存在安全事故隐患的，应当要求施工单位整改；情况严重的，应当要求施工单位暂时停止施工，并及时报告建设单位。施工单位拒不整改或者不停止施工的，工程监理单位应当及时向有关主管部门报告。选项B是施工单位的职责。

10. **【答案】** A

【解析】《建设工程质量管理条例》第六十七条规定，工程监理单位有下列行为之一的，责令改正，并处50万元以上100万元以下的罚款，降低资质等级或者吊销资质证书；有违法所得的，予以没收；造成损失的，承担连带赔偿责任：①与建设单位或者施工单位串通，弄虚作假、降低工程质量的；②将不合格的建设工程、建筑材料、建筑构配件和设备按照合格签字的。

11. **【答案】** D

【解析】《建设工程质量管理条例》第六十条和第六十一条规定，工程监理单位有下列行为的，责令停止违法行为或改正，处合同约定的监理酬金1倍以上2倍以下的罚款，可以责令停业整顿，降低资质等级；情节严重的，吊销资质证书：①超越本单位资质等级承揽工程的；②允许其他单位或者个人以本单位名义承揽工程的。

12. **【答案】** C

【解析】 项目董事会的职权：①负责筹措建设资金；②审核、上报项目初步设计和概算文件；③审核、上报年度投资计划并落实年度资金；④提出项目开工报告；⑤研究解决建设过程中出现的重大问题；⑥负责提出项目竣工验收申请报告；⑦审定偿还债务计划和生产经营方针，并负责偿还债务；⑧聘任或解聘项目总经理，并根据总经理的提名，聘任或解聘其他高级管理人员。

13. **【答案】** C

【解析】 项目总经理的职权：①编制并组织实施项目年度投资计划、建设进度计划；②组织编制项目初步设计文件；③编制项目财务预算、决算；④组织项目后评价，提出项目后评价报告；⑤组织招标工作，编制和确定招标方案，确定中标单位；⑥负责组织项目试生产和单项工程预验收；⑦编制并组织实施归还贷款和其他债务计划；⑧拟订生产经营计划、企业内部机构设置、工资福利方案。

14. **【答案】** A

【解析】 根据《必须招标的工程项目规定》范围内的项目，其勘察、设计、施工、监理以及与工程建设有关的重要设备、材料等的采购达到下列标准之一的，必须进行招标：①施工单项合同估算价在400万元人民币以上；②重要设备、材料等货物的采购，单项合同估算价在200万元人民币以上；③勘察、设计、监理等服务的采购，单项合同估算价在100万元人民币以上。

二、多项选择题

1. **【答案】** ABCD

【解析】 建设工程监理性质可概括为服务性、科学性、独立性和公平性四方面。

2. **【答案】** ABD

【解析】 选项C体现的是监理独立性，选项E是公平性的体现。

3.【答案】CD

【解析】必须实行监理的工程范围有：①国家重点建设工程；②大中型公用事业工程（总投资额在3000万元以上）；③成片开发建设的住宅小区工程（建筑面积在5万m^2以上）；④利用外国政府或者国际组织贷款、援助资金的工程；⑤学校、影剧院、体育场馆项目。

4.【答案】AD

【解析】《建设工程质量管理条例》第六十条和第六十一条规定，工程监理单位有下列行为的，责令停止违法行为或改正，处合同约定的监理酬金1倍以上2倍以下的罚款，可以责令停业整顿，降低资质等级；情节严重的，吊销资质证书：①超越本单位资质等级承揽工程的；②允许其他单位或者个人以本单位名义承揽工程的。

5.【答案】AB

【解析】《建设工程安全生产管理条例》第五十七条规定，工程监理单位有下列行为之一的，责令限期改正；逾期未改正的，责令停业整顿，并处10万元以上30万元以下的罚款；情节严重的，降低资质等级，直至吊销资质证书；造成重大安全事故，构成犯罪的，对直接责任人员，依照刑法有关规定追究其刑事责任；造成损失的，依法承担赔偿责任：①未对施工组织设计中的安全技术措施或者专项施工方案进行审查的；②发现安全事故隐患未及时要求施工单位整改或者暂时停止施工的；③施工单位拒不整改或者不停止施工，未及时向有关主管部门报告的；④未依照法律、法规和工程建设强制性标准实施监理的。

6.【答案】BCE

【解析】项目总经理的职权：①编制并组织实施项目年度投资计划、建设进度计划；②组织编制项目初步设计文件；③编制项目财务预算、决算；④组织项目后评价，提出项目后评价报告；⑤组织招标工作，编制和确定招标方案，确定中标单位；⑥负责组织项目试生产和单项工程预验收；⑦编制并组织实施归还贷款和其他债务计划；⑧拟订生产经营计划、企业内部机构设置、工资福利方案。

7.【答案】AC

【解析】项目董事会的职权：①负责筹措建设资金；②审核、上报项目初步设计和概算文件；③审核、上报年度投资计划并落实年度资金；④提出项目开工报告；⑤研究解决建设过程中出现的重大问题；⑥负责提出项目竣工验收申请报告；⑦审定偿还债务计划和生产经营方针，并负责偿还债务；⑧聘任或解聘项目总经理，并根据总经理的提名，聘任或解聘其他高级管理人员。

8.【答案】AB

【解析】本题注意，任何一个项目的估算价都大于结算价，工程造价中不允许出现结算价超过估算价的情况。当结算价格已经达到招标要求，则估算价格也肯定达到招标要求了。选项C的估算价应该是100万元以上；选项D容易错选，“工程材料”应改为“重要工程材料”；选项E的估算价应该是200万元以上。

第二章　工程建设程序及组织实施模式

第一节　工程建设程序

考情分析：

近三年考情分析如表 2-1 所示。

近三年考情分析　　**表 2-1**

年份	2024 年	2023 年	2022 年
单选分值	4	1	3
多选分值	0	0	0
合计分值	4	1	3

本节主要知识点：

1. 项目建议书与可行性研究报告的内容（1～2 分）
2. 投资决策管理制度（2 分）
3. 施工图设计文件的审查内容（0～1 分）
4. 办理质量监督手续应提供的资料（0～1 分）
5. 开工日期的确定

知识点一　项目建议书与可行性研究报告的内容（1～2 分）

如表 2-2 所示。

项目建议书与可行性研究报告的内容　　**表 2-2**

序号	项目建议书的内容	可行性研究报告的内容
1	项目提出的必要性和依据	进行市场研究，以解决工程项目建设的必要性问题
2	产品方案、拟建规模和建设地点的初步设想	
3	资源情况、建设条件、协作关系，以及对设备技术引进国别、厂商的初步分析	进行工艺技术方案研究，以解决工程项目建设的技术可行性问题
4	投资估算、资金筹措及还贷方案设想	
5	项目进度安排	进行财务和经济分析，以解决工程项目建设的经济合理性问题
6	经济效益和社会效益的初步估计	
7	环境影响的初步评价	

典型例题

【例题 1】项目建议书是拟建项目单位向政府投资主管部门提出的要求建设某一工程项目的建议文件，应包括的内容有（　　）。(2018 年真题)

A. 项目提出的必要性和依据　　B. 项目社会稳定风险评估

C. 项目建设地点的初步设想　　D. 项目的进度安排

E. 项目融资风险分析

【答案】ACD

【例题 2】工程项目可行性研究应完成的工作内容是（　　）。(2022 年真题)

A. 进行项目的经济分析和财务评价　　B. 编制工程概算

C. 提出拟建规模的初步设想　　D. 进行环境影响的初步评价

【答案】A

【例题 3】项目建议书的内容包括（　　）。(2017 年真题)

A. 项目提出的必要性和依据

B. 投资估算、资金筹措及还贷方案设想

C. 产品方案、拟建规模和建设地点的初步设想

D. 项目建设重点、难点的初步分析

E. 环境影响的初步评价

【答案】ABCE

【例题 4】下列工作内容中，属于工程建设项目可行性研究内容的是（　　）。(2023 年真题)

A. 确定投资概算　　B. 进行工艺技术方案研究

C. 确定发包方案　　D. 提出拟建规模的初步设想

【答案】B

知识点二　投资决策管理制度（2 分）

根据《国务院关于投资体制改革的决定》，政府投资工程实行审批制，非政府投资工程实行核准制或登记备案制。

投资决策管理制度如表 2-3 所示。

投资决策管理制度　　表 2-3

<table>
<tr><th>资金来源</th><th colspan="3">制度:审批、核准、备案</th></tr>
<tr><td rowspan="4">政府投资</td><td rowspan="4">审批制</td><td>投资形式</td><td>审批内容</td></tr>
<tr><td rowspan="2">直接投资、资本金注入</td><td>项目建议书
可行性研究报告
初步设计
初步设计概算</td></tr>
<tr><td>不审查开工报告</td></tr>
<tr><td>投资补助、转贷、贷款贴息</td><td>只审查资金申请报告</td></tr>
<tr><td rowspan="2">非政府投资</td><td colspan="2">《政府核准的投资项目目录》内的项目核准制</td><td>只提交项目申请报告</td></tr>
<tr><td colspan="2">《政府核准的投资项目目录》外的项目备案制</td><td>向政府投资主管部门备案</td></tr>
</table>

典型例题

【例题 1】 根据《国务院关于投资体制改革的决定》，对于企业不使用政府资金投资建设的工程，区别不同情况实行（　　）。(2018 年真题)

A. 核准制或登记备案制　　B. 公示制或登记备案制

C. 听证制或公示制　　D. 听证制或核准制

【答案】 A

【解析】 根据《国务院关于投资体制改革的决定》，政府投资工程实行审批制，非政府投资工程实行核准制或登记备案制。

【例题 2】 根据《国务院关于投资体制改革的决定》，采用贷款贴息方式的政府投资工程，政府需要从投资的角度审批（　　）。(2020 年真题)

A. 项目建议书　　B. 可行性研究报告

C. 初步设计和概算　　D. 资金申请报告

【答案】 D

【例题 3】 根据《国务院关于投资体制改革的决定》，对于需要政府核准的投资项目，投资决策阶段需向政府提交的文件是（　　）。(2022 年真题)

A. 项目申请报告　　B. 项目建议书

C. 初步设计概算　　D. 开工报告

【答案】 A

【解析】 企业投资建设《政府核准的投资项目目录》中的项目时，仅需向政府提交项目申请报告，不再经过批准项目建议书、可行性研究报告和开工报告的程序。

【例题 4】 对于采用资本金注入方式的政府投资工程，政府部门需要从投资决策角度审批的文件是（　　）。(2024 年真题)

A. 资金申请报告　　B. 开工报告

C. 项目申请报告　　D. 可行性研究报告

【答案】 D

【例题 5】 根据《国务院关于投资体制改革的决定》，对于企业投资《政府核准的投资项目目录》以外的项目，投资决策实行的制度是（　　）。(2016 年真题)

A. 审批制　　B. 核准制

C. 备案制　　D. 公示制

【答案】 C

【解析】 对于《政府核准的投资项目目录》以外的企业投资项目，实行备案制。除国家另有规定外，由企业按照属地原则向地方政府投资主管部门备案。

【例题 6】 根据《国务院关于投资体制改革的决定》，下列工程需由政府主管部门审批资金申请报告的有（　　）。(2014 年真题)

A. 采用投资补助方式的政府投资工程　　B. 采用转贷方式的政府投资工程

C. 采用贷款贴息方式的政府投资工程　　D. 采用资本金注入方式的政府投资工程

E. 采用直接投资方式的政府投资工程

【答案】 ABC

【解析】对于采用直接投资和资本金注入方式的政府投资工程，政府需要从投资决策的角度审批项目建议书和可行性研究报告，除特殊情况外，不再审批开工报告，同时还要严格审批其初步设计和概算；对于采用投资补助、转贷和贷款贴息方式的政府投资工程，则只审批资金申请报告。

【例题7】根据《国务院关于投资体制改革的决定》，民营企业投资建设《政府核准的投资项目目录》中的项目时，需向政府提交（　　）。(2019年真题)

A. 项目申请报告　　B. 可行性研究报告

C. 初步设计和概算　　D. 开工报告

【答案】A

【解析】企业投资建设《政府核准的投资项目目录》中的项目时，仅需向政府提交项目申请报告，不再经过批准项目建议书、可行性研究报告和开工报告的程序。

【例题8】根据《国务院关于投资体制改革的决定》，关于投资决策管理的说法，正确的是（　　）。(2021年真题)

A. 采用贷款贴息的政府投资工程需审批开工报告

B. 非政府投资工程需审批可行性研究报告

C. 采用投资补助的政府投资工程需审批工程概算

D. 非政府投资工程不需审批开工报告

【答案】D

【解析】选项A错误，采用贷款贴息的政府投资工程只审批资金申请报告，无须审批开工报告。选项B错误，非政府投资工程实行核准制或登记备案制，政府投资工程实行审批制。并且，只有对于采用直接投资和资本金注入方式的政府投资工程，政府需要从投资决策的角度审批项目建议书和可行性研究报告。选项C错误，对于采用投资补助、转贷和贷款贴息方式的政府投资工程，则只审批资金申请报告。选项D正确，非政府投资工程实行核准制或登记备案制，因此，不需审批开工报告。

知识点三 非政府投资工程的项目申请报告内容和备案告知内容

如表2-4所示。

非政府投资工程的项目申请报告内容和备案告知内容　　表2-4

项目	《政府核准的投资项目目录》中的项目	《政府核准的投资项目目录》以外的项目
制度形式	核准制	备案制
形式	仅需向政府提交项目申请报告	按属地原则向政府投资主管部门备案
内容	①企业基本情况 ②项目名称、建设地点、建设规模、建设内容等 ③项目利用资源情况分析及对生态环境的影响分析 ④项目对经济和社会的影响分析	①企业基本情况 ②项目名称、建设地点、建设规模、建设内容等 ③项目总投资额 ④项目符合产业政策的声明

典型例题

【例题】企业投资建设《政府核准的投资项目目录》中的项目时，仅需向政府提交项目申请报告，项目申请报告应包括的内容有（　　）。

A. 企业基本情况

B. 项目名称、建设地点、建设规模、建设内容等

C. 项目利用资源情况分析及对生态环境的影响分析

D. 项目对经济和社会的影响分析

E. 项目总投资额

【答案】 ABCD

【解析】 项目申请报告包括的内容有：①企业基本情况；②项目名称、建设地点、建设规模、建设内容等；③项目利用资源情况分析及对生态环境的影响分析；④项目对经济和社会的影响分析。

知识点四 勘察设计的工作内容

工程设计工作一般划分为两个阶段，即初步设计和施工图设计。重大工程和技术复杂工程，可根据需要增加技术设计阶段。

不同工程设计阶段的依据如表 2-5 所示。

不同工程设计阶段的依据　　表 2-5

阶段划分	依据
初步设计	可行性研究报告
技术设计(重大工程和技术复杂工程)	初步设计
施工图设计	初步设计或技术设计

初步设计不得随意改变被批准的可行性研究报告所确定的建设规模、产品方案、工程标准、建设地址和总投资等控制目标。如果初步设计提出的总概算为可行性研究报告总投资的 10%以上或其他主要指标需要变更时，应说明原因和计算依据，并重新向原审批单位报批可行性研究报告。

典型例题

【例题 1】 在通常情况下，建设工程设计工作划分为两个阶段指的是（　　）。(2024 年真题)

A. 方案设计和施工图设计　　B. 初步设计和施工图设计

C. 初步设计和技术设计　　D. 技术设计和方案设计

【答案】 B

【例题 2】 在建设工程勘察设计工作中，对于重大工程和技术复杂工程，可根据需要增加（　　）阶段。(2016 年真题)

A. 详细勘察　　B. 方案设计

C. 技术设计　　D. 施工图审查

【答案】 C

【解析】 工程设计工作一般划分为两个阶段，即初步设计和施工图设计。重大工程和技术复杂工程，可根据需要增加技术设计阶段。

【例题 3】 建设工程初步设计是根据（　　）的要求进行具体实施方案的设计。（2014 年真题）

A. 可行性研究报告　　B. 项目建议书

C. 使用功能　　D. 批准的投资额

【答案】 A

【解析】 初步设计是根据可行性研究报告的要求进行具体实施方案的设计，目的是阐明在指定的地点、时间和投资控制数额内，拟建项目在技术上的可行性和经济上的合理性，并通过对建设工程做出的基本技术经济规定，编制工程总概算。

【例题 4】 工程项目初步设计提出的总概算超过可行性研究报告确定的总投资（　　）以上时，应重新向原审批单位报批可行性研究报告。（2022 年真题）

A. 3%　　B. 5%

C. 10%　　D. 15%

【答案】 C

【解析】 如果初步设计提出的总概算为可行性研究报告总投资的 10%以上或其他主要指标需要变更时，应说明原因和计算依据，并重新向原审批单位报批可行性研究报告。

知识点五　施工图设计文件的审查内容（0～1 分）

建设单位应当将施工图送施工图审查机构审查。

施工图设计文件的审查内容：

（1）是否符合工程建设强制性标准；

（2）地基基础和主体结构的安全性；

（3）消防安全性；

（4）人防工程（不含人防指挥工程）防护安全性；

（5）是否符合民用建筑节能强制性标准，对执行绿色建筑标准的项目，还应当审查是否符合绿色建筑标准；

（6）勘察设计企业和注册执业人员以及相关人员是否按规定在施工图上加盖相应的图章和签字；

（7）其他法律、法规、规章规定必须审查的内容。

典型例题

【例题】 根据《房屋建筑和市政基础设施工程施工图设计文件审查管理办法》，审查施工图设计文件的主要内容包括（　　）。（2019 年真题）

A. 结构选型是否经济合理

B. 地基基础的安全性

C. 主体结构的安全性

D. 勘察设计企业是否按规定在施工图上盖章

E. 注册执业人员是否按规定在施工图上签字，并加盖执业印章

【答案】 BCDE

知识点六 建设准备与生产准备的区别

如表 2-6 所示。

建设准备与生产准备的区别 表 2-6

建设准备(为开工做准备)	生产准备(为投产做准备)
①征地、拆迁和场地平整 ②接通施工水电、通信、道路 ③组织招标选择监理单位、施工单位及设备、材料供应商 ④准备必要的施工图纸 ⑤办理工程质量监督和施工许可手续	①组建生产管理机构，制定管理制度 ②招聘和培训生产人员，组织生产人员参加设备的安装、调试和工程验收工作 ③落实原材料、燃料、水电气等的来源，并组织备品、备件等的订货

典型例题

【例题 1】下列工作中，属于建设准备工作的有（　　）。(2015 年真题)

A. 准备必要的施工图纸　　B. 办理施工许可手续

C. 组建生产管理机构　　D. 办理工程质量监督手续

E. 审查施工图设计文件

【答案】ABD

【例题 2】按照工程建设程序，实施阶段建设准备的工作内容是（　　）。(2024 年真题)

A. 组织施工招标工作　　B. 编制监理规划

C. 组织施工图纸会审　　D. 编制项目年度投资计划

【答案】A

知识点七 办理质量监督手续应提供的资料（0～1 分）

具体内容如表 2-7 所示。

办理质量监督手续的相关规定 表 2-7

谁负责办理	建设单位
办理的时间	在领取施工许可证或者开工报告前
提供资料	①施工图设计文件审查报告和批准书(注意：不提供设计文件) ②中标通知书和施工、监理合同 ③建设单位、施工单位和监理单位工程项目的负责人和机构组成 ④施工组织设计和监理规划(监理实施细则)

典型例题

【例题 1】建设单位在办理工程质量监督手续时，不需提供的资料是（　　）。(2017

年真题）

A. 施工图设计文件审查报告和批准书

B. 中标通知书和施工、监理合同

C. 施工组织设计和监理规划

D. 施工现场的施工图纸

【答案】 D

【例题 2】 实施监理的工程，办理工程质量监督注册手续需提供的资料有（ ）。（2014 年真题）

A. 必要的施工图纸

B. 施工图设计文件审查报告和批准书

C. 中标通知书和施工、监理合同

D. 建设单位、施工单位和监理单位工程项目负责人和机构组成

E. 施工组织设计和监理规划（监理实施细则）

【答案】 BCDE

知识点八 开工日期的确定

如表 2-8 所示。

开工日期的确定 **表 2-8**

项目	开工日期的确定	不能算作正式开工日
不需要开槽的	正式开始打桩的日期	①地质勘察、平整场地 ②旧建筑物拆除 ③临时建筑开工日 ④临时道路和水电等开工的日期
需要大量土石方的（如公路、水库工程）	开始进行土石方工程施工的日期	
分期建设的工程	设计文件中永久工程开工日	

典型例题

【例题 1】 建设工程开工时间是指工程设计文件中规定的任何一项永久性工程的（ ）开始日期。（2019 年真题）

A. 地质勘察

B. 场地旧建筑物拆除

C. 施工用临时道路施工

D. 正式破土开槽

【答案】 D

【例题 2】 某工程，施工单位于 3 月 10 日进入施工现场开始搭设临时设施，3 月 15 日开始拆除旧有建筑物，3 月 25 日开始永久性工程基础正式打桩，4 月 10 日开始平整场地。该工程的开工时间为（ ）。（2011 年真题）

A. 3 月 10 日

B. 3 月 15 日

C. 3 月 25 日

D. 4 月 10 日

【答案】 C

【解析】 按照规定，建设工程新开工时间是指工程设计文件中规定的任何一项永久性工程第一次正式破土开槽的开始日期。不需要开槽的工程，以正式开始打桩的日期作为开

工日期。

【例题 3】确定建设工程开工时间时，对于不需要开槽的，应以（　　）作为开工日期。(2024 年真题)

A. 既有建筑物开始拆除之日　　B. 施工场地平整完成之日

C. 正式开始打桩之日　　D. 打桩完成之日

【答案】C

第二节　工程建设组织实施模式

考情分析：

近三年考情分析如表 2-9 所示。

近三年考情分析　　**表 2-9**

年份	2024 年	2023 年	2022 年
单选分值	1	1	1
多选分值	0	0	0
合计分值	1	1	1

本节主要知识点：

1. 全过程工程咨询的特点（1 分）
2. 工程监理企业发展为全过程工程咨询企业需要做出的努力

知识点一　全过程工程咨询的特点（1 分）

如表 2-10 所示。

全过程工程咨询的特点　　**表 2-10**

含义	工程咨询方综合运用多学科知识、工程实践经验、现代科学技术和经济管理方法，采用多种服务方式组合，为委托方在项目投资决策、建设实施乃至运营维护阶段持续提供局部或整体解决方案的智力性服务活动
咨询方	可以是一家咨询单位，也可以是由多家咨询单位组成的联合体
委托方	可以是投资方、建设单位，也可能是项目使用或运营单位
三大特点	①咨询服务范围广： 一是全过程工程咨询覆盖项目投资决策、建设实施（设计、招标、施工）全过程集成化服务，有时还会包括运营维护阶段咨询服务 二是全过程工程咨询包含技术咨询和管理咨询 ②强调智力性策划： 运用工程技术、经济学、管理学、法学等多学科知识和经验，为委托方提供智力服务 ③实施多阶段集成： 通过多阶段集成化咨询服务，为委托方创造价值

续表

本质	①全过程工程咨询是一种工程建设组织模式，不是一种制度。工程监理、工程招标投标等属于制度，制度的本质是“强制性”而模式的本质是“选择性”。全过程工程咨询可包含工程监理，但不是替代关系 ②全过程工程咨询强调技术、经济、管理的综合集成服务；而项目管理服务主要侧重于管理咨询 ③要将“全过程”与“全寿命期”相区别。全过程工程咨询业务可以覆盖项目投资决策、建设实施全过程，但并非每一个项目都需要从头到尾进行咨询，也可以是其中若干阶段

典型例题

【例题 1】 关于全过程工程咨询的说法，正确的是（　　）。(2021 年真题)

A. 全过程工程咨询是一项新的制度

B. 全过程工程咨询不包含投资决策综合性咨询

C. 全过程工程咨询包含技术咨询和管理咨询

D. 全过程工程咨询是项目管理的一种新形式

【答案】 C

【解析】 选项 A 错误，全过程工程咨询是一种工程建设组织模式，不是一种制度。选项 B 错误，全过程工程咨询包含技术咨询和管理咨询。选项 D 错误，“全过程工程咨询”与“项目管理服务”不同。全过程工程咨询强调技术、经济、管理的综合集成服务；而项目管理服务主要侧重于管理咨询。因此，选项 C 正确。

【例题 2】 关于全过程工程咨询的说法，正确的是（　　）。(2022 年真题)

A. 全过程工程咨询侧重于工程建设实施阶段

B. 全过程工程咨询侧重于管理咨询

C. 全过程工程咨询是一种制度

D. 全过程工程咨询是一种智力服务

【答案】 D

【解析】 选项 A 错误，全过程工程咨询覆盖项目投资决策、建设实施（设计、招标、施工）全过程集成化服务，有时还会包括运营维护阶段咨询服务；选项 B 错误，全过程工程咨询包含技术咨询和管理咨询。

【例题 3】 关于全过程工程咨询的说法，正确的是（　　）。(2023 年真题)

A. 全过程工程咨询不包含项目的规划咨询

B. 全过程工程咨询是针对工程建设“全寿命期”

C. 全过程工程咨询强调工程建设全过程管理咨询

D. 全过程工程咨询强调通过多阶段集成化咨询服务为委托方创造价值

【答案】 D

【例题 4】 与传统的咨询服务不同，全过程工程咨询强调的是（　　）。(2024 年真题)

A. 咨询范围覆盖工程建设实施全过程

B. 提供高水平的项目管理服务

C. 技术、经济、管理的综合集成服务

D. 工程建设全过程管理咨询服务

【答案】C

知识点二　工程监理企业发展为全过程工程咨询企业需要做出的努力

工程监理企业要想发展为全过程工程咨询企业，需要在以下几方面做出努力：

（1）加大人才培养引进力度；

（2）优化调整企业组织结构；

（3）创新工程咨询服务模式；

（4）加强现代信息技术应用；

（5）重视知识管理平台建设。

典型例题

【例题】工程监理企业发展为全过程工程咨询企业，需要做出的努力有（　　）。（2020年真题）

A. 加强市场的宣传力度　　B. 优化调整企业组织结构

C. 加大人才培养引进力度　　D. 创新工程咨询服务模式

E. 重视知识管理平台建设

【答案】BCDE

本章精选习题

一、单项选择题

1. 下列选项中，属于工程项目建议书内容的是（　　）。

A. 比选确定设计方案　　B. 环境影响的初步评价

C. 经济效益测算分析　　D. 技术方案论证

2. 对于政府投资项目，不属于可行性研究应完成的工作是（　　）。

A. 进行市场研究　　B. 进行工艺技术方案研究

C. 进行环境影响的初步评价　　D. 进行财务和经济分析

3. 根据《国务院关于投资体制改革的决定》，对于采用投资补助、转贷和贷款贴息方式的政府投资工程，政府需要审批（　　）。

A. 项目建议书　　B. 可行性研究报告

C. 初步设计和概算　　D. 资金申请报告

4. 根据《房屋建筑和市政基础设施工程施工图设计审查管理办法》，施工图审查机构需要审查施工图设计文件的内容是（　　）。

A. 施工人员及设备配置的确定性　　B. 地基基础和主体结构的稳定性

C. 工程建设强制性标准的符合性　　D. 注册执业人员合格的符合性

5. 办理工程质量监督手续时需提供的文件是（　　）。

A. 施工图设计文件　　B. 施工组织设计文件

C. 监理单位质量管理体系文件　　D. 建筑工程用地审批文件

6. 关于全过程工程咨询的说法，正确的是（　　）。

A. 全过程工程咨询是一项新的制度

B. 全过程工程咨询不包含投资决策综合性咨询

C. 全过程工程咨询包含技术咨询和管理咨询

D. 全过程工程咨询是项目管理的一种新形式

二、多项选择题

1. 项目建议书是针对拟建工程项目编制的建议文件，其主要内容包括（　　）。

A. 项目提出的必要性和依据　　B. 拟建规模和建设地点的初步设想

C. 项目的技术可行性　　D. 项目投资估算

E. 项目进度安排

2. 根据《国务院关于投资体制改革的决定》，采用资本金进入方式的政府投资工程，政府需要从投资决策角度审批的事项有（　　）。

A. 项目建议书　　B. 可行性研究报告

C. 初步设计　　D. 工程预算

E. 开工报告

3. 根据《国务院关于投资体制改革的决定》，对于采用资本金注入方式的政府投资工程，政府需要审批（　　）。

A. 资金申请报告　　B. 项目建议书

C. 工程开工报告　　D. 施工组织设计

E. 可行性研究报告

4. 关于全过程工程咨询的说法，正确的是（　　）。

A. 全过程工程咨询是一项新的制度

B. “工程咨询方”可以是由多家咨询单位组成的联合体

C. 全过程工程咨询包含技术咨询和管理咨询

D. 项目管理服务可以替代全过程工程咨询服务

E. 全过程工程咨询可以替代工程监理

习题答案及解析

一、单项选择题

1. **【答案】** B

【解析】 项目建议书的内容视工程项目不同而有繁有简，但一般应包括以下几方面内容：①项目提出的必要性和依据；②产品方案、拟建规模和建设地点的初步设想；③资源情况、建设条件、协作关系，以及设备技术引进国别、厂商的初步分析；④投资估算、资金筹措及还贷方案设想；⑤项目进度安排；⑥经济效益和社会效益的初步估计；⑦环境影响的初步评价。

2.【答案】C

【解析】可行性研究应完成以下工作内容：①进行市场研究，以解决工程建设的必要性问题；②进行工艺技术方案研究，以解决工程建设的技术可行性问题；③进行财务和经济分析，以解决工程建设的经济合理性问题。

3.【答案】D

【解析】对于采用投资补助、转贷和贷款贴息方式的政府投资工程，则只审批资金申请报告。

4.【答案】C

【解析】施工图设计文件审查的内容：①是否符合工程建设强制性标准；②地基基础和主体结构的安全性；③消防安全性；④人防工程（不含人防指挥工程）防护安全性；⑤是否符合民用建筑节能强制性标准，对执行绿色建筑标准的项目，还应当审查是否符合绿色建筑标准；⑥勘察设计企业和注册执业人员以及相关人员是否按规定在施工图上加盖相应的图章和签字；⑦其他法律、法规、规章规定必须审查的内容。

5.【答案】B

【解析】办理质量监督注册手续时需提供下列资料：①施工图设计文件审查报告和批准书；②中标通知书和施工、监理合同；③建设单位、施工单位和监理单位工程项目的负责人和机构组成；④施工组织设计和监理规划（监理实施细则）；⑤其他需要的文件资料。

6.【答案】C

【解析】选项A错误，全过程工程咨询是一种工程建设组织模式，不是一种制度。选项B错误，全过程工程咨询包含技术咨询和管理咨询。选项D错误，“全过程工程咨询”与“项目管理服务”不同。全过程工程咨询强调技术、经济、管理的综合集成服务；而项目管理服务主要侧重于管理咨询。因此，选项C正确。

二、多项选择题

1.【答案】ABDE

【解析】项目建议书的内容视工程项目不同而有繁有简，但一般应包括以下几方面内容：①项目提出的必要性和依据；②产品方案、拟建规模和建设地点的初步设想；③资源情况、建设条件、协作关系，以及设备技术引进国别、厂商的初步分析；④投资估算、资金筹措及还贷方案设想；⑤项目进度安排；⑥经济效益和社会效益的初步估计；⑦环境影响的初步评价。

2.【答案】ABC

【解析】对于采用直接投资和资本金注入方式的政府投资工程，政府需要从投资决策的角度审批项目建议书和可行性研究报告，除特殊情况外，不再审批开工报告，同时还要严格审批其初步设计和概算；对于采用投资补助、转贷和贷款贴息方式的政府投资工程，则只审批资金申请报告。

3.【答案】BE

【解析】对于采用直接投资和资本金注入方式的政府投资工程，政府需要从投资决策的角度审批项目建议书和可行性研究报告，除特殊情况外，不再审批开工报告，同时还要严格审批其初步设计和概算；对于采用投资补助、转贷和贷款贴息方式的政府投资工程，则只审批资金申请报告。

4.【答案】BC

【解析】选项A错误，全过程工程咨询是一种工程建设组织模式，不是一种制度。选项B正确，“工程咨询方”可以是具备相应资质和能力的一家咨询单位，也可以是由多家咨询单位组成的联合体。选项C正确，全过程工程咨询包含技术咨询和管理咨询。选项D错误，“全过程工程咨询”与“项目管理服务”不同。全过程工程咨询强调技术、经济、管理的综合集成服务；而项目管理服务主要侧重于管理咨询。选项E错误，全过程工程咨询是一种工程建设组织模式，不是一种制度。工程监理、工程招标投标等属于制度，制度的本质是“强制性”，而模式的本质是“选择性”。全过程工程咨询可包含工程监理，但不是替代关系。

第三章　建设工程监理相关法律法规及标准

第一节　建设工程监理相关法律及行政法规

考情分析：

近三年考情分析如表 3-1 所示。

近三年考情分析　　表 3-1

常考法律法规	2024 年	2023 年	2022 年
《建筑法》	2	5	3
《招标投标法》	2	1	4
《民法典》(第三编：合同)	5	6	4
《安全生产法》	3	2	2
《建设工程质量管理条例》	3	4	4
《建设工程安全生产管理条例》	5	4	3
《生产安全事故报告和调查处理条例》	2	4	2
《招标投标法实施条例》	3	2	2
合计分值	25	28	24

一、《建筑法》(3～4 分)

考情分析：

近三年考情分析如表 3-2 所示。

近三年考情分析　　表 3-2

年份	2024 年	2023 年	2022 年
单选分值	2	3	1
多选分值	0	2	2
合计分值	2	5	3

主要知识点：

1. 施工许可证的领证条件（0～2 分）
2. 施工许可证的有效期（1 分）
3. 建筑工程发包与承包（1～2 分）
4. 建筑安全生产管理（1～2 分）

知识点一　施工许可证的领证条件（0～2分）

工程开工前，建设单位应当按照国家有关规定向工程所在地的县级以上人民政府建设主管部门申请领取施工许可证。

按照国务院规定的权限和程序批准开工报告的建筑工程，不再领取施工许可证。

建设单位申请领取施工许可证，应当具备下列条件：

（1）已经办理该建筑工程用地批准手续；

（2）依法应当办理建设工程规划许可证的，已经取得建设工程规划许可证；

（3）需要拆迁的，其拆迁进度符合施工要求；

（4）已经确定建筑施工企业；

（5）有满足施工需要的资金安排、施工图纸及技术资料；

（6）有保证工程质量和安全的具体措施。

典型例题

【例题1】根据《建筑法》，申请领取施工许可证应具备的条件有（　　）。（2022年真题）

A. 已经办理建筑工程用地批准手续　　B. 有满足施工需要的资金安排

C. 已经确定建筑施工企业　　D. 已经确定工程监理单位

E. 有保证工程质量和安全的具体措施

【答案】ABCE

【例题2】关于施工许可证申请条件的说法，正确的是（　　）。

A. 建设资金已经落实

B. 施工场地已具备施工条件，需要征收房屋的，征收工作应全部完成

C. 施工图设计文件已按规定审查合格

D. 已经办理建设用地使用权登记

【答案】C

知识点二　施工许可证的有效期（1分）（年年考）

如表3-3所示。

施工许可证的有效期　　**表3-3**

类别	施工许可证
开工期限	领证后3个月内
延期	可延期2次，每次不得超过3个月
自行废止	既不开工也不延期或延期超时限
停工	停工后，1个月内向发证机关报告
复工	停工少于1年的，报告后可立即复工
	停工超过1年的，报告后需核验复工

典型例题

【例题1】根据《建筑法》，施工许可证申请延期以两次为限，每次不超过（　　）个月。(2022年真题)

A. 1　　B. 2　　C. 3　　D. 6

【答案】C

【例题2】根据《建筑法》，在建的建筑工程因故中止施工的，建设单位应当自中止施工之日起（　　）内，向发证机关报告。(2018年、2023年真题)

A. 1周　　B. 2周　　C. 1个月　　D. 3个月

【答案】C

【例题3】根据《建筑法》，建设单位应当自领取施工许可证之日起（　　）个月内开工。因故不能按期开工的，应当向发证机关申请延期。(2021年真题)

A. 1　　B. 2　　C. 3　　D. 6

【答案】C

【例题4】根据《建筑法》，已办理施工许可证的工程，中止施工满（　　）的，恢复施工前建设单位应报发证机关核验施工许可证。(2024年真题)

A. 6个月　　B. 1年　　C. 2年　　D. 3年

【答案】B

【例题5】根据《建筑法》，关于施工许可的说法，正确的是（　　）。(2017年真题)

A. 建设单位应当自领取施工许可证之日起1个月内开工

B. 建设单位领取施工许可证时，应当有保证质量和安全的具体措施

C. 中止施工满3年的工程恢复施工前，建设单位应当报发证机关核验施工许可证

D. 建筑工程开工前，建设单位应当按照国家有关规定向工程所在地的市级以上人民政府建设主管部门申请施工许可证

【答案】B

【例题6】根据《建筑法》，关于建筑工程施工许可的说法，正确的是（　　）。(2023年真题)

A. 申领施工许可证需要有保证工程质量的具体措施

B. 建设行政主管部门应当自收到申请之日起一个月内，对符合条件的工程颁发许可证

C. 按国务院有关规定批准开工报告的建筑工程，因故不能按期开工超过三个月的，应重新办理开工报告的审批手续

D. 中止施工满一年的建筑工程恢复施工前，建设单位应当报发证机关核验施工许可证

E. 建设单位领取施工许可证后，因故不能按期开工的，应向发证机关申请延期

【答案】ADE

知识点三　建筑工程发包与承包（1～2分）（年年考）

提倡对建筑工程实行总承包，禁止将建筑工程肢解发包。建筑工程的发包单位可以将

建筑工程的勘察、设计、施工、设备采购一并发包给一个工程总承包单位，也可以将建筑工程勘察、设计、施工、设备采购的一项或者多项发包给一个工程总承包单位；但是，不得将应当由一个承包单位完成的建筑工程肢解成若干部分发包给几个承包单位。

按照合同约定，建筑材料、建筑构配件和设备由工程承包单位采购的，发包单位不得指定承包单位购入用于工程的建筑材料、建筑构配件和设备或者指定生产厂、供应商。

大型建筑工程或者结构复杂的建筑工程，可以由两个以上的承包单位联合共同承包。

两个以上不同资质等级的单位实行联合共同承包的，应当按照资质等级低的单位的业务许可范围承揽工程。共同承包的各方对承包合同的履行承担连带责任。

建筑工程总承包单位可以将承包工程中的部分工程发包给具有相应资质条件的分包单位；但是，除总承包合同中约定的分包外，必须经建设单位认可。施工总承包的，建筑工程主体结构的施工必须由总承包单位自行完成。

建筑工程总承包单位按照总承包合同的约定对建设单位负责；分包单位按照分包合同的约定对总承包单位负责。总承包单位和分包单位就分包工程对建设单位承担连带责任。

禁止总承包单位将工程分包给不具备相应资质的单位。禁止分包单位将其承包的工程再分包。

专业分包与劳务分包的对比如表 3-4 所示。

专业分包与劳务分包的对比　　**表 3-4**

专业分包	劳务分包
总包合同约定或建设单位同意	无需建设单位同意
主体结构不得进行专业分包	主体结构中的劳务作业可以分包
分包单位不得再进行专业分包	专业分包可以将劳务作业分包，但劳务分包不得再分包

典型例题

【例题 1】《建筑法》规定，大型建筑工程或者结构复杂的建筑工程，可以由两个以上的承包单位联合共同承包。共同承包的各方对承包合同的履行承担（　　）。（2015 年真题）

A. 主要责任　　B. 法律责任

C. 全部责任　　D. 连带责任

【答案】D

【解析】大型建筑工程或者结构复杂的建筑工程，可以由两个以上的承包单位联合共同承包。共同承包的各方对承包合同的履行承担连带责任。

【例题 2】根据《建筑法》，关于建筑工程发包与承包的说法，错误的是（　　）。（2016 年真题）

A. 分包单位按照分包合同的约定对建设单位负责

B. 主体结构工程施工必须由总承包单位自行完成

C. 除总承包合同中约定的分包工程，其余工程分包必须经建设单位认可

D. 总承包单位不得将工程分包给不具备相应资质条件的单位

【答案】A

【解析】选项 A 错误，分包单位按照分包合同的约定对“总承包”单位负责。

【例题 3】根据《建筑法》，关于工程发包与承包的说法，正确的有（　　）。（2020 年真题）

A. 提倡建设工程实行设计—招标—建造模式

B. 发包单位不得指定承包单位购入用于工程的建筑材料

C. 联合体各方按联合体协议约定分别承担合同责任

D. 禁止承包单位将其承包的全部建筑工程转包他人

E. 建筑工程主体结构的施工必须由总承包单位自行完成

【答案】BDE

【解析】选项 A 错误，提倡对建筑工程实行总承包，建筑工程的发包单位可以将建筑工程的勘察、设计、施工、设备采购一并发包给一个工程总承包单位，也可以将建筑工程勘察、设计、施工、设备采购的一项或者多项发包给一个工程总承包单位；但是，不得将应当由一个承包单位完成的建筑工程肢解成若干部分发包给几个承包单位。选项 C 错误，联合体的各方对承包合同的履行承担连带责任。

知识点四　建筑安全生产管理（1 分）

1. 建设单位的安全生产管理

建设单位应当向建筑施工企业提供与施工现场相关的地下管线资料。

有下列情形之一的，建设单位应当按照国家有关规定办理申请批准手续：

（1）需要临时占用规划批准范围以外场地的；

（2）可能损坏道路、管线、电力、邮电通信等公共设施的；

（3）需要临时停水、停电、中断道路交通的；

（4）需要进行爆破作业的；

（5）法律、法规规定需要办理报批手续的其他情形。

2. 施工单位的安全生产管理（1～2 分）

1）施工现场安全管理

施工现场安全由施工企业负责。实行施工总承包的，由总承包单位负责。

分包单位向总承包单位负责，服从总承包单位对施工现场的安全生产管理。分包单位不服从管理导致生产安全事故的，由分包单位承担主要责任。

2）安全生产教育培训

建筑施工企业应当建立、健全劳动安全生产教育培训制度，加强对职工安全生产的教育培训；未经教育培训的人员，不得上岗作业。

3）安全生产防护

建筑施工企业和作业人员在施工过程中，不得违章指挥或者违章作业。作业人员有权对影响人身健康的作业程序和作业条件提出改进意见，有权获得安全生产所需的防护用品。作业人员对危及生命安全和人身健康的行为有权提出批评、检举和控告。

4）工伤保险和意外伤害保险

建筑施工企业应当依法为职工参加工伤保险并缴纳工伤保险费。鼓励企业为从事危险作业的职工办理意外伤害保险，支付保险费。

5）装修工程施工安全

涉及建筑主体和承重结构变动的装修工程，建设单位应当在施工前委托原设计单位或者具有相应资质条件的设计单位提出设计方案；没有设计方案的，不得施工。

6）房屋拆除安全

房屋拆除应当由具备保证安全条件的建筑施工单位承担，由建筑施工单位负责人对安全负责。

7）施工安全事故处理

施工中发生事故时，建筑施工企业应当采取紧急措施减少人员伤亡和事故损失，并按照国家有关规定及时向有关部门报告。

典型例题

【例题 1】根据《建筑法》，建设单位领取施工许可证后，还应按照国家有关规定办理申请批准手续的情形包括（　　）。（2019 年真题）

A. 临时占用规划批准范围以外的场地　　B. 拆除场地内的旧建筑物

C. 进行爆破作业　　D. 临时中断道路交通

E. 可能损坏电力电缆

【答案】ACDE

【解析】有下列情形之一的，建设单位应当按照国家有关规定办理申请批准手续：①需要临时占用规划批准范围以外场地的；②可能损坏道路、管线、电力、邮电通信等公共设施的；③需要临时停水、停电、中断道路交通的；④需要进行爆破作业的；⑤法律、法规规定需要办理报批手续的其他情形。选项 B 属于领取施工许可证之前应完成的事情。

【例题 2】根据《建筑法》，实行施工总承包的工程，由（　　）负责施工现场安全。（2019 年真题）

A. 总承包单位　　B. 具体施工的分包单位

C. 总承包单位的项目经理　　D. 分包单位的项目经理

【答案】A

【例题 3】根据《建筑法》，在施工过程中，施工企业的施工作业人员的权利有（　　）。（2016 年真题）

A. 获得安全生产所需的防护用品

B. 根据现场条件改变施工图纸内容

C. 对危及生命安全和人身健康的行为提出批评

D. 对危及生命安全和人身健康的行为检举和控告

E. 对影响人身健康的作业程序和条件提出改进意见

【答案】ACDE

【例题 4】根据《建筑法》，关于建筑安全生产管理的说法，正确的是（　　）。（2023 年真题）

A. 施工单位应提供与施工现场相关的地下管线资料报主管部门备案

B. 施工单位应负责办理临时占用规划批准范围以外场地的相关批准手续

C. 施工分包单位应服从总承包单位对施工现场的安全生产管理

D. 施工单位应确保列入工程概算的安全施工措施费用于安全生产条件的改善

【答案】C

【解析】分包单位向总承包单位负责，服从总承包单位对施工现场的安全生产管理。

【例题 5】根据《建筑法》，关于建筑安全生产管理的说法，正确的是（　　）。（2021年真题）

A. 房屋拆除应当由具备保证安全条件的施工单位承担

B. 需要临时停水、停电的，施工单位应办理申请批准手续

C. 涉及承重结构变动的装修工程，施工单位应事前委托设计单位提出设计方案

D. 施工单位负责收集与施工现场相关的地下管线资料，并对管线采取保护措施

【答案】A

【解析】选项 B、C、D 错误，都属于建设单位的责任。

【例题 6】根据《建筑法》，关于工程监理单位职责的说法，正确的是（　　）。（2023年真题）

A. 发现工程设计不符合合同约定的质量要求，有权要求设计单位改正

B. 发现工程施工不符合设计要求，有权要求施工单位改正

C. 负责将监理内容及监理权限，书面通知被监理的施工单位

D. 涉及承重结构变动的装修工程，应要求设计单位提出设计方案

【答案】B

二、《招标投标法》(3 分)

考情分析：

近三年考情分析如表 3-5 所示。

近三年考情分析　　**表 3-5**

年份	2024 年	2023 年	2022 年
单选分值	0	1	1
多选分值	2	0	2
合计分值	2	1	3

主要知识点：

1. 招标文件的修改时间与投标文件编制的时间（1 分）
2. 投标文件的规定（1 分）
3. 评标、开标和中标的规定（1 分）

知识点一　招标

1. 招标限制要求

任何单位和个人不得将依法必须进行招标的项目化整为零或者以其他任何方式规避招标。

依法必须进行招标的项目，其招标投标活动不受地区或者部门的限制。

任何单位和个人不得违法限制或者排斥本地区、本系统以外的法人或者其他组织参加投标，不得以任何方式非法干涉招标投标活动。

2. 招标方式

公开招标：发布招标公告，邀请不特定的法人或其他组织。

邀请招标：邀请3家以上特定的法人或其他组织。

3. 招标代理机构

（1）是依法设立、从事招标代理业务并提供相关服务的社会中介组织。

（2）招标人具有编制招标文件和组织评标能力的，可以自行办理招标事宜。

（3）不得在所代理的招标项目中投标或者代理投标，也不得为所代理的招标项目的投标人提供咨询。

招标人不得向他人透露已获取招标文件的潜在投标人的名称、数量及可能影响公平竞争的有关招标投标的其他情况。

招标人对已发出的招标文件进行必要的澄清或者修改的，应当在招标文件要求提交投标文件截止时间至少15日前，以书面形式通知所有招标文件收受人。澄清或者修改的内容为招标文件的组成部分。

招标人根据招标项目的具体情况，可以组织潜在投标人踏勘项目现场。招标人设有标底的，标底必须保密。招标人应当确定投标人编制投标文件所需要的合理时间。依法必须进行招标的项目，自招标文件开始发出之日起至投标人提交投标文件截止之日止，最短不得少于20日。

典型例题

【例题1】根据《招标投标法》，自招标文件开始发出之日起，至投标人提交投标文件截止之日止，最短不得少于（　　）日。（2022年真题）

A. 10　　B. 15　　C. 20　　D. 30

【答案】C

【例题2】根据《招标投标法》，招标人对已发出的招标文件进行必要的澄清时，应在提交投标文件截止时间至少（　　）日前，以书面形式通知所有招标文件收受人。（2020年真题）

A. 5　　B. 10　　C. 15　　D. 20

【答案】C

【例题3】根据《招标投标法》，关于招标的说法，正确的有（　　）。（2017年真题）

A. 邀请招标，是指招标人以投标邀请书的方式邀请特定的法人投标

B. 采用邀请招标的，招标人可以告知拟邀请投标人向他人发出邀请的投标人的名称

C. 招标人不得以不合理的条件限制或排斥潜在投标人

D. 招标文件不得要求或标明特定的生产供应者

E. 招标人需澄清招标文件的，应以电话或书面形式通知所有招标文件收受人

【答案】CD

【解析】选项A容易错选，邀请招标，是指招标人以投标邀请书的方式邀请特定的“法人或其他组织”投标；选项B错误，采用邀请招标的，招标人“不得向他人透露”拟

邀请投标人向他人发出邀请的投标人的名称；选项 E 错误，招标人需澄清招标文件的，应以“书面形式”通知所有招标文件收受人，不得采用口头或电话形式。

知识点二 投标

投标人在投标截止前，可以补充、修改或者撤回已提交的投标文件，并书面通知招标人。补充、修改的内容为投标文件的组成部分。

投标人应当在投标截止时间前，将投标文件送达投标地点。招标人收到投标文件后，应当签收保存，不得开启。投标人数少于 3 人的，招标人应当重新招标。

在招标文件要求提交投标文件的截止时间后送达的投标文件，招标人应当拒收。

联合体投标的规定如表 3-6 所示。

联合体投标的规定 **表 3-6**

适用范围	大型 或结构复杂的项目
具体规定	①两个以上法人或其他组织可以组成一个联合体，以一个投标人身份共同投标 ②由同一专业的单位组成的联合体，按照资质等级较低的单位确定资质等级 ③招标人接受联合体投标并进行资格预审的，联合体应资格预审申请前组成 ④资格预审后联合体增减、更换成员的，其投标无效 ⑤招标人应在资格预审公告、招标公告或投标邀请书中载明是否接受联合体 ⑥联合体各方应签订共同投标协议，连同投标文件一并提交招标人 ⑦联合体以牵头人的名义提交投标保证金 ⑧联合体中标后各方应当共同与招标人签订合同，就中标项目向招标人承担连带责任 ⑨联合体各方在同一项目中以自己名义单独投标或者参加其他联合体投标的，相关投标均无效

典型例题

【例题 1】根据《招标投标法》，关于投标文件的规定，说法正确的是（　　）。（2016 年真题）

A. 投标人应当按照招标文件的要求编制投标文件

B. 投标人应当在招标文件要求提交投标文件的截止时间前送至招标地点

C. 投标人数为 5 人以下的应重新招标

D. 投标人在提交投标文件的截止时间前修改的内容不属于投标文件的组成部分

【答案】A

【解析】选项 B 错误，投标人应当在招标文件要求提交投标文件的截止时间前送至“投标地点”；选项 C 错误，投标人数为“3 人以下”的应重新招标；选项 D 错误，投标人在提交投标文件的截止时间前修改的内容“属于”投标文件的组成部分。

【例题 2】根据《招标投标法》，关于联合体投标的说法，正确的有（　　）。（2015 年真题）

A. 联合体资质等级按联合体各方较高资质确定

B. 联合体各方均应具备承担招标项目的相应能力

C. 联合体各方应当签订共同投标协议
D. 联合体各方应当就中标项目向招标人承担连带责任
E. 中标的联合体各方应当共同与招标人签订合同

【答案】BCDE

【解析】选项A错误，联合体资质等级按联合体各方“较低”资质确定。

知识点三 投标禁止的行为

（1）投标人不得串通投标报价。

（2）投标人不得以低于成本的报价竞标。

（3）投标人不得以他人名义投标或者以其他方式弄虚作假，骗取中标。

（4）禁止投标人以行贿的手段谋取中标。

典型例题

【例题】根据《招标投标法》，在招标投标活动中，投标人不得采取的行为包括（　）。(2016 年真题)

A. 相互串通投标报价
B. 以低于成本的报价竞标
C. 要求进行现场踏勘
D. 以他人名义投标
E. 以联合体方式投标

【答案】ABD

知识点四 开标与评标

如表 3-7 所示。

开标与评标 表 3-7

开标	①开标时间与投标截止时间是同一时间，由招标人主持 ②有权检查投标文件密封情况的人：投标人、投标人推选代表或公证人员 ③唱标 ④投标人对开标有异议，应当场提出，招标人当场答复
评标委员会	①5 人以上单数(由招标人代表和技术经济专家两部分组成) ②不得与投标人有利害关系，也不得是监管部门人员 ③专家人数不少于成员总数的 2/3 ④专家随机抽取；特殊项目可由招标人直接确定 ⑤定标前名单应保密
评标	①评标由评标委员会负责 ②评标委员会经评审，所有投标都不符合招标文件要求的，可以否决所有投标 ③招标文件没有规定的评标标准和方法不得作为评标的依据 ④评标委员不得向招标人征询确定中标人的意向；不得接受任何单位或者个人明示或者暗示提出的倾向或者排斥特定投标人的要求 ⑤招标项目设有标底的，招标人应当在开标时公布。标底只能作为评标的参考，不得以投标报价是否接近标底作为中标条件，也不得以投标报价超过标底上下浮动范围作为否决投标的条件

典型例题

【例题 1】 根据《招标投标法》，在工程建设招标投标过程中，开标的时间应在招标文件规定的（　　）公开进行。

A. 任意时间

B. 投标有效期内

C. 提交投标文件截止时间的同一时间

D. 提交投标文件截止时间之后三日内

【答案】 C

【例题 2】 根据《招标投标法》，关于开标程序的说法，正确的是（　　）。

A. 开标由招标人主持，邀请所有投标人参加

B. 开标时由行政监督部门检查投标文件的密封情况

C. 唱标时不必唱出投标人名称和投标价格

D. 未参加开标的投标人的投标文件不予拆封、宣读

【答案】 A

【解析】 选项 B 错误，有权检查投标文件密封情况的人：投标人、投标人推选代表或公证人员；选项 C 错误，唱标时应当宣读投标人名称、投标价格和投标文件的其他主要内容；选项 D 错误，招标人在招标文件要求提交投标文件的截止时间前收到的所有投标文件，开标时都应当当众予以拆封、宣读。

【例题 3】 依法必须进行招标的项目，其评标委员会由招标人代表和有关技术、经济等方面的专家组成。其技术、经济等方面的专家不得少于成员总数的（　　）。(2016 年真题)

A. 1/2　　B. 2/3　　C. 1/4　　D. 1/3

【答案】 B

【例题 4】 关于评标委员会组成的说法，正确的是（　　）。(2015 年真题)

A. 招标人代表 2 人，专家 6 人　　B. 招标人代表 2 人，专家 5 人

C. 招标人代表 2 人，专家 4 人　　D. 招标人代表 2 人，专家 3 人

【答案】 B

【解析】 依法必须进行招标的项目，其评标委员会由招标人代表和有关技术、经济等方面的专家组成，成员人数为 5 人以上单数。其中，技术、经济等方面的专家不得少于成员总数的 2/3。

【例题 5】 关于评标委员会的说法，正确的是（　　）。(2018 年真题)

A. 评标委员会成员的名单应当保密

B. 评标委员会成员的名单应当在开标后确定

C. 评标委员会中的技术专家不得多于成员总数的 2/3

D. 评标委员会中的专家一律采取随机抽取方式确定

【答案】 A

【解析】 选项 B 错误，评标委员会成员的名单一般在开标前确定；选项 C 错误，评标委员会中的技术专家“不得少于”成员总数的 2/3；选项 D 错误，评标委员会中的专家名

单，一般招标项目可以采取随机抽取方式，特殊招标项目可以由招标人直接确定。

知识点五　中标与签订合同（1分）

评标委员会完成评标后，应当向招标人提出书面评标报告，并推荐合格的中标候选人。招标人据此确定中标人。招标人也可以授权评标委员会直接确定中标人。在确定中标人前，招标人不得与投标人就投标价格、投标方案等实质性内容进行谈判。

中标人确定后，招标人应当向中标人发出中标通知书，并同时将中标结果通知所有未中标的投标人。中标通知书对招标人和中标人具有法律效力，中标通知书发出后，招标人改变中标结果或者中标人放弃中标项目的，应当依法承担法律责任。

招标人和中标人应当自中标通知书发出之日起 30 日内，按照招标文件和中标人的投标文件订立书面合同。招标人和中标人不得再行订立背离合同实质性内容的其他协议。

招标文件要求中标人提交履约保证金的（≤中标合同金额的10%），中标人应当提交。依法必须进行招标的项目，招标人应当自确定中标人之日起 15 日内，向有关行政监督部门提交招标投标情况的书面报告。

典型例题

【例题 1】根据《招标投标法》，招标人和中标人应当自中标通知书发出之日起（　　）日内，按照招标文件和中标人的投标文件订立书面合同。(2021 年、2022 年、2023 年真题)

A. 7　　B. 10　　C. 20　　D. 30

【答案】D

【例题 2】根据《招标投标法》，招标人应当自确定中标人之日起（　　）日内，向有关行政监督部门提交招标投标情况的书面报告。(2019 年真题)

A. 10　　B. 15　　C. 20　　D. 30

【答案】B

【例题 3】根据《招标投标法》，关于开标、评标、中标和合同订立的说法，正确的有（　　）。(2021 年真题)

A. 开标应当在招标文件确定的提交投标文件截止时间的同一时间公开进行

B. 评标由招标人依法组建的评标委员会负责

C. 中标通知书对招标人和中标人具有法律效力

D. 评标委员会应当提出书面评标报告并确定中标人

E. 招标人和中标人不得再行订立背离合同实质性内容的其他协议

【答案】ABCE

【解析】评标委员会完成评标后，应当向招标人提出书面评标报告，并推荐合格的中标候选人。招标人据此确定中标人。招标人也可以授权评标委员会直接确定中标人。

【例题 4】根据《招标投标法》，在确定中标人前，招标人不得与投标人就（　　）等实质性内容进行谈判。(2024 年真题)

A. 投标保证金　　B. 投标价格

C. 履约保证金　　D. 投标方案

E. 投标文件递交

【答案】 BD

【解析】 在确定中标人前，招标人不得与投标人就投标价格、投标方案等实质性内容进行谈判。

三、《民法典》（第三编：合同）（5～6分）

考情分析：

近三年考情分析如表3-8所示。

近三年考情分析 **表3-8**

年份	2024年	2023年	2022年
单选分值	1	2	0
多选分值	4	4	4
合计分值	5	6	4

主要知识点：

1. 合同分类与合同形式（1分）
2. 要约与承诺（1～2分）
3. 合同效力与免责条款（1～2分）
4. 合同履行的一般规则与特殊规则
5. 合同的变更与终止

知识点一 合同分类与合同形式（1分）

建设工程合同包括工程勘察、设计、施工合同；建设工程监理合同、项目管理服务合同则属于委托合同。建设工程合同、建设工程监理合同、项目管理服务合同应当采用书面形式。

典型例题

【例题1】 根据《民法典》合同编，工程设计合同属于（　　）。（2021年真题）

A. 委托合同　　B. 技术合同

C. 技术开发合同　　D. 建设工程合同

【答案】 D

【例题2】 根据《民法典》，下列合同中不属于建设工程合同的是（　　）。（2019年真题）

A. 工程勘察合同　　B. 工程设计合同

C. 工程咨询合同　　D. 工程施工合同

【答案】 C

知识点二 要约与承诺（1～2分）

当事人订立合同，需要经过要约和承诺两个阶段（图3-1、表3-9）。

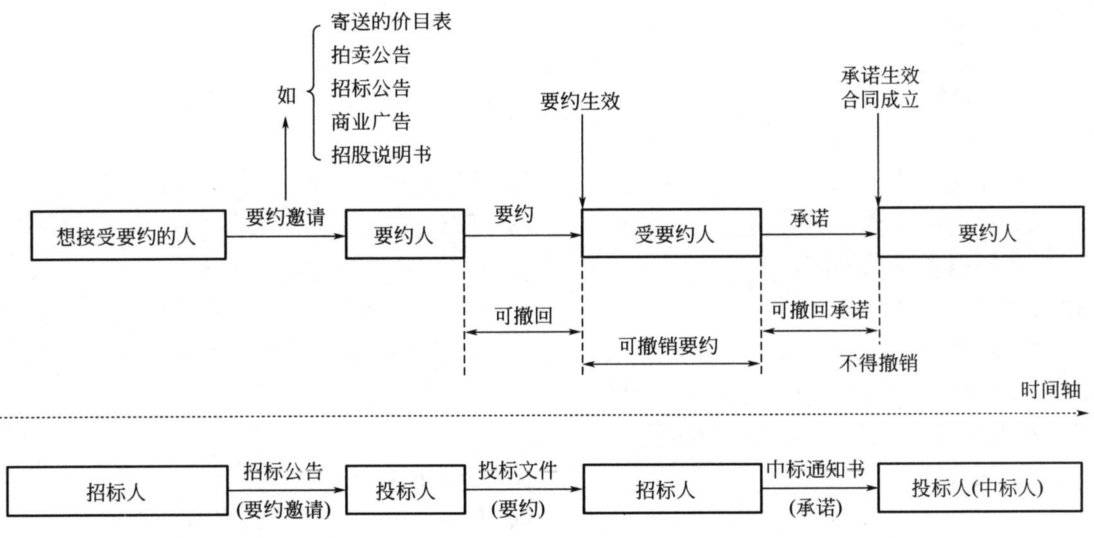

图 3-1　当事人订立合同前的要约和承诺阶段

要约与承诺　　**表 3-9**

项目	内容
要约邀请	希望他人向自己发出要约的意思表示，如招标公告、商业广告等 要约邀请并不是合同成立过程中的必经过程，它是当事人订立合同的预备行为，在法律上无须承担责任
要约	是希望与他人订立合同的意思表示，如投标文件
承诺	是受要约人同意要约的意思表示，如中标通知书 承诺的内容应当与要约的内容一致
要约撤回	要约撤回应当在要约到达受要约人之前或者与要约同时到达受要约人
要约撤销	撤销要约的通知应当在受要约人发出承诺通知之前到达受要约人
不得撤销	①要约人确定了承诺期限或者以其他形式明示要约不可撤销 ②受要约人有理由认为要约是不可撤销的，并已经为履行合同作了准备工作
要约失效	①要约被拒绝 ②要约被依法撤销 ③承诺期限届满，受要约人未做出承诺 ④受要约人对要约的内容做出实质性变更
承诺生效	承诺通知到达要约人时生效，承诺生效时合同成立 承诺生效的地点为合同成立的地点 承诺不需要通知的，根据交易习惯或者要约的要求做出承诺的行为时生效
	要约没有确定承诺期限的，承诺应当依照下列规定到达： ①要约以对话方式做出的，应当即时做出承诺 ②要约以信件或者电报做出的，承诺期限自信件载明的日期或者电报交发之日开始计算。信件未载明日期的，自投寄该信件的邮戳日期开始计算。要约以电话、传真、电子邮件等快速通信方式做出的，承诺期限自要约到达受要约人时开始计算
承诺撤回	撤回承诺的通知应当在承诺通知到达要约人前或者与承诺通知同时到达要约人
逾期承诺	逾期承诺（主观）或实质性变更的，可视为新要约

典型例题

【例题 1】 根据《民法典》，下列合同订立行为中，属于要约邀请的有（　　）。（2024 年真题）

A. 招标公告　　B. 投标报价
C. 寄送价目表　　D. 开标评标
E. 招股说明书

【答案】 ACE

【解析】 拍卖公告、招标公告、招股说明书、债券募集办法、基金招募说明书、商业广告和宣传、寄送的价目表等为要约邀请。

【例题 2】 下列文件属于要约的是（　　）。

A. 拍卖公告　　B. 投标文件
C. 招标文件　　D. 商业广告

【答案】 B

【解析】 在建设工程招标投标活动中，招标文件是要约邀请，对招标人不具有法律约束力；投标文件是要约，应受自己作出的与他人订立合同的意思表示的约束。

【例题 3】 根据《民法典》，当事人订立合同需要经过（　　）的过程。（2020 年真题）

A. 招标和投标　　B. 要约和承诺
C. 评标和中标　　D. 签字和盖章

【答案】 B

【例题 4】 甲建筑公司向乙供货商发出购买 100t 钢材的要约，价格为 3500 元/t。乙公司收到要约后，直接将 110t 钢材送进现场，甲公司接受并使用于工程。以下说法正确的是（　　）。

A. 乙公司的行为构成承诺
B. 乙公司的行为属于新要约
C. 甲公司接受钢材并使用于工程，构成承诺
D. 双方的合同已经成立
E. 乙的行为违背了甲公司的真实意思，合同不成立

【答案】 BCD

【解析】 选项 A 错误，乙公司收到要约后直接将 110t 钢材送进现场，属于改变了购买 100t 钢材的要约，因此，乙公司的行为属于新要约。选项 B 正确。“甲公司接受并使用于工程”，属于对购买 110t 钢材新要约做出的承诺。

【例题 5】 甲公司于 7 月 1 日向乙公司发出要约，出售一批原材料，要求乙公司在 1 个月内做出答复，该要约于 7 月 2 日到达乙公司。当月，因市场行情变化，该种原材料市场价格大幅上升，甲公司拟撤销该要约。根据《民法典》的规定，下列关于甲公司能否撤销要约的表述中，正确的是（　　）。

A. 不可以撤销该要约，因该要约确定了承诺期限
B. 可以撤销该要约，撤销通知在乙公司发出承诺通知之前到达乙公司即可
C. 可以撤销该要约，撤销通知在承诺期限届满前到达乙公司即可

D. 可以撤销该要约，撤销通知在乙公司发出承诺通知之前发出即可

【答案】A

【解析】要约人确定了承诺期限的，要约不得撤销。

【例题 6】根据《民法典》，关于要约的说法，正确的有（　　）。（2018 年真题）

A. 拒绝要约的通知到达要约人，该要约失效

B. 撤回要约的通知在受要约人发出承诺通知时到达受要约人，要约可撤回

C. 受要约人对要约的内容做出实质性变更，该要约失效

D. 承诺期限届满，受要约人未做出承诺，该要约有效

E. 要约人依法撤销要约，该要约失效

【答案】ACE

【解析】选项 B 错误，撤回要约的通知应当在要约到达受要约人之前或者与要约同时到达受要约人；选项 D 错误，承诺期限届满，受要约人未做出承诺，该要约失效。

【例题 7】根据我国《民法典》的规定，下列关于要约和承诺的说法，正确的是（　　）。

A. 合同的成立，必须要经过要约邀请、要约和承诺三个阶段

B. 要约可以撤回，也可以撤销

C. 要约到达受要约人时生效，承诺通知发出时生效

D. 承诺可以撤回，也可以撤销

E. 承诺期限届满，受要约人未做出承诺，要约失效

【答案】BE

【解析】选项 A 错误，当事人订立合同，需要经过要约和承诺两个阶段；选项 C 错误，承诺到达时生效；选项 D 错误，承诺可以撤回，但不得撤销。

【例题 8】根据《民法典》，关于要约和承诺的说法，正确的有（　　）。（2022 年真题）

A. 承诺是受要约人同意要约的意思表示

B. 要约以信件做出且未载明日期的，承诺期限自投寄该信件的日期开始计算

C. 承诺不需要通知的，在根据要约的要求做出承诺的行为时生效

D. 承诺的内容应当与要约的内容一致

E. 要约生效的地点为合同成立的地点

【答案】ACD

【例题 9】4 月 20 日，甲向乙发出函件称："本单位欲以 3800 元/t 的价格出售螺纹钢 100t，如欲购买，请于 5 月 10 日前回复"。乙于 4 月 27 日收到甲的函件，并于次日回函表示愿意购买。但由于投递错误，乙的回函于 5 月 11 日才到达甲处，因已超过 5 月 10 日的最后期限，甲未再理会乙，而将钢材出售给他人。根据《民法典》，关于甲、乙之间合同的说法，正确的是（　　）。

A. 合同成立且已生效，乙有权要求甲履行合同

B. 合同未成立，甲对乙不承担任何责任

C. 合同未成立，但乙有权要求甲赔偿信赖利益损失

D. 合同成立但未生效，甲有权以承诺迟到为由撤销要约

【答案】B

【解析】在这个案例中，甲向乙发出了要约，明确了价格、数量以及回复的最后期限。乙在收到要约后表愿意购买，但由于回函延误，导致甲在规定的期限内未能收到乙的承诺，因此按照《民法典》的规定“承诺生效时合同成立，但是法律另有规定或者当事人另有约定的除外”，即本合同尚未成立。

选项 A 错误，因为乙的承诺超过了甲设定的期限，甲没有收到乙在规定时间内的承诺，所以合同未成立，乙不能要求甲履行合同。

选项 B 正确，因为乙的承诺没有在甲规定的期限内到达甲处，根据《民法典》的规定，合同未成立，甲对乙不承担责任。

选项 C 错误，因为合同未成立，甲没有违反合同义务，乙也没有因信赖甲的承诺而产生实际损失，所以乙没有权利要求甲赔偿信赖利益损失。

选项 D 错误，因为乙的承诺没有在规定的期限内到达甲处，合同未成立，不存在成立但未生效的情况，甲也没有撤销要约的必要，因为要约的有效期已经过去。

【例题 10】甲公司根据乙公司的材料价格清单通过邮政快递寄出采购单，后通过电子邮件通知乙公司取消订单，如果邮政快递后于电子邮件到达，那么该情形为（　　）。

A. 要约撤销　　B. 要约撤回

C. 承诺撤回　　D. 承诺撤销

【答案】B

【解析】甲寄出的采购单属于要约，由于采购单未送达即被取消，即要约未生效，甲取消采购单，属于要约的撤回。即撤回意思表示的通知应当在意思表示到达相对人前到达相对人属于撤回要约。撤销要约的通知应当在受要约人发出承诺通知之前到达受要约人。

知识点三 合同成立

承诺生效时合同成立，但是法律另有规定或者当事人另有约定的除外。

1. 合同成立时间

（1）当事人采用合同书形式订立合同的，自当事人均签字、盖章或者按指印时合同成立。

（2）当事人采用信件、数据电文等形式订立合同要求签订确认书的，签订确认书时合同成立。

（3）当事人一方通过互联网等信息网络发布的商品或者服务信息符合要约条件的，对方选择该商品或者服务并成功提交订单时合同成立。

2. 合同成立地点

承诺生效的地点为合同成立的地点。采用数据电文形式订立合同的，收件人的主营业地为合同成立的地点；没有主营业地的，其住所地为合同成立的地点。当事人另有约定的，按照其约定。

当事人采用合同书形式订立合同的，最后签名、盖章或者按指印的地点为合同成立的地点，但是当事人另有约定的除外。

3. 合同成立的其他情形

合同成立的情形包括：

（1）法律、行政法规规定或者当事人约定合同应当采用书面形式订立，当事人未采用书面形式但是一方已经履行主要义务，对方接受的；

（2）采用合同书形式订立合同，在签名、盖章或者按指印之前，当事人一方已经履行主要义务，对方接受的。

典型例题

【例题】下列关于合同成立地点的说法，正确的有（　　）。

A. 要约生效的地点为合同成立的地点

B. 采用数据电文形式订立合同的，收件人没有主营业地的，其经常居住地为合同成立的地点

C. 承诺生效的地点为合同成立的地点

D. 采用数据电文形式订立合同的，收件人的主营业地为合同成立的地点

E. 当事人采用合同书形式订立合同的，双方当事人最后签字或者盖章的地点为合同成立的地点

【答案】BCDE

知识点四　格式条款（表 3-10）

格式条款　　表 3-10

概念	当事人为了重复使用而预先拟定，并在订立合同时未与对方协商的条款
提示说明义务	提供格式条款的一方应当提示对方注意免除或减轻其责任等与对方有重大利害关系的条款，按照对方的要求，对该条款予以说明
	提供格式条款的一方未履行提示或者说明义务，致使对方没有注意或者理解与其有重大利害关系的条款的，对方可以主张该条款不成为合同的内容
格式条款无效	提供格式条款一方不合理地免除或者减轻其责任、加重对方责任、限制或者排除对方主要权利的，该条款无效
争议解决	对格式条款的理解发生争议的，应当按照通常理解予以解释 对格式条款有两种以上解释的，应当做出不利于提供格式条款一方的解释 格式条款和非格式条款不一致的，应当采用非格式条款

典型例题

【例题 1】依据《民法典》，采用格式条款订立合同的，提供格式条款的一方未履行提示或者说明义务，致使对方没有注意或者理解与其有重大利害关系的条款的，对方可以主张（　　）。

A. 撤销该条款　　B. 确认该条款无效

C. 该条款不成为合同的内容　　D. 承担缔约过失责任

【答案】C

【例题 2】下列关于格式条款的表述，错误的有（　　）。

A. 格式条款是经双方协商采用的标准合同条款

B. 当格式条款与非格式条款不一致时，应当采用非格式条款

C. 提供格式条款方设置排除对方主要权利的条款无效
D. 若对争议条款有两种解释时，应做出有利于提供格式条款方的解释
E. 若对争议条款有两种解释时，应做出不利于提供格式条款方的解释

【答案】 AD

知识点五 缔约过失责任

当事人在订立合同过程中有下列情形之一，给对方造成损失的，应当承担损害赔偿责任：

（1）假借订立合同，恶意进行磋商；
（2）故意隐瞒与订立合同有关的重要事实或者提供虚假情况；
（3）有其他违背诚实信用原则的行为。

典型例题

【例题】 依据《民法典》，下列选项中，属于缔约过失责任的有（　　）。

A. 有违背诚实信用原则的行为
B. 提供虚假情况
C. 故意隐瞒与订立合同有关的重要事实
D. 假借订立合同，恶意进行磋商
E. 无权代理人代订的合同

【答案】 ABCD

知识点六 合同效力

1. 合同生效

依法成立的合同，自成立时生效。

依照法律、行政法规规定应当办理批准、登记等手续的，依照其规定。办理批准等手续影响合同生效的，不影响合同中履行报批等义务条款以及相关条款的效力。

2. 无权代理人代订合同

无权代理人以被代理人的名义订立合同，被代理人已经开始履行合同义务或者接受相对人履行的，视为对合同的追认。

法人的法定代表人或者非法人组织的负责人超越权限订立的合同，除相对人知道或者应当知道其超越权限外，该代表行为有效，订立的合同对法人或者非法人组织发生效力。

当事人超越经营范围订立合同的效力，应当依照法律规定确定，不得仅以超越经营范围确认合同无效。

3. 合同中的下列免责条款无效

（1）造成对方人身伤害的；
（2）因故意或者重大过失造成对方财产损失的。

合同无效或被撤销的，不影响合同中有关解决争议条款的效力。

典型例题

【例题1】 根据《民法典》，导致合同免责条款无效的情形是（　　）。（2017年真题）

A. 一方以欺诈、胁迫的手段订立合同，损害国家利益

B. 造成对方人身伤害的

C. 恶意串通，损害国家、集体或者第三人利益

D. 损害社会公共利益

【答案】B

【解析】选项 A、C、D 属于合同无效的情形。

【例题 2】根据《民法典》合同编，关于合同效力的说法，正确的有（　　）。（2021 年真题）

A. 因未办理批准手续而影响合同生效的，合同中履行报批义务的条款相应失效

B. 超越经营范围订立的合同，不得仅以超越经营范围确认合同无效

C. 因重大过失造成对方财产损失的，合同免责条款无效

D. 造成对方人身损害的，合同免责条款无效

E. 合同被撤销的，合同中有关解决争议方法的条款相应失效

【答案】BCD

【解析】选项 A 错误，依照法律、行政法规规定应当办理批准、登记等手续的，依照其规定。办理批准等手续影响合同生效的，不影响合同中履行报批等义务条款以及相关条款的效力。

4. 合同履行（表 3-11）

合同履行　　表 3-11

合同生效后，没有约定或者约定不明确的	第一步：可以协议补充 第二步：不能达成补充协议的，按照合同有关条款或者交易习惯确定 第三步：仍不能确定的，适用《民法典》的规定
质量要求不明确的	按照国家标准、行业标准履行；没有国家标准、行业标准的，按照通常标准或者符合合同目的的特定标准履行
价款或者报酬不明确的	按照订立合同时履行地的市场价格履行
履行地点不明确的	给付货币的，在接受货币一方所在地履行 交付不动产的，在不动产所在地履行 其他标的，在履行义务一方所在地履行
履行期限不明确的	债务人可以随时履行，债权人也可以随时要求履行，但应当给对方必要的准备时间
履行方式不明确的	按照有利于实现合同目的的方式履行
履行费用的负担不明确的	由履行义务一方负担。因债权人原因增加的履行费用，由债权人负担

【例题 3】合同内容约定不明确，不能达成补充协议，按照交易习惯不能解决时，根据《民法典》的规定，正确的说法有（　　）。

A. 质量要求不明确，可按照国家标准、行业标准履行

B. 履行期限不明确，债权人可以随时履行，但应当给对方必要的准备时间

C. 价款不明确的，可按照合同签订时履行地的市场价格履行

D. 履行地点不明确，给付货币的，在给付货币一方所在地履行

E. 履行费用负担不明确的，由债权人承担

【答案】 ABC

5. 价格调整（表 3-12）

价格调整 **表 3-12**

执行政府定价或政府指导价的，在合同约定的交付期限内政府价格调整时	按照交付时的价格计价	
逾期交付标的物的	价格上涨时，按照原价格执行	
	价格下降时，按照新价格执行	
逾期提取标的物或者逾期付款的	价格上涨时，按照新价格执行	
	价格下降时，按照原价格执行	

【例题 4】 执行政府定价的合同，当事人一方逾期提取货物，遇到政府上调价格时，应当按（　　）执行。

A. 原价格　　B. 新价格

C. 市场价格　　D. 原价和新价的平均价格

【答案】 B

【例题 5】 下列选项中，执行政府定价或者政府指导价的标的物，价格调整说法正确的有（　　）。

A. 逾期交付标的物的，遇价格上涨时，按照原价格执行

B. 逾期交付标的物的，遇价格下降时，按照新价格执行

C. 逾期提取标的物或者逾期付款的，遇价格上涨时，按照新价格执行

D. 逾期提取标的物或者逾期付款的，遇价格下降时，按照原价格执行

E. 在合同约定的交付期限内政府价格调整时，按照签订合同时的价格计价

【参考答案】 ABCD

6. 债务履行

以支付金钱为内容的债，除法律另有规定或者当事人另有约定外，债权人可以请求债务人以实际履行地的法定货币履行。

（1）多项标的的履行。标的有多项而债务人只需履行其中一项的，债务人享有选择权；但另有约定的除外。

享有选择权的当事人在约定期限内或者履行期限届满未做出选择，经催告后在合理期限内仍未选择的，选择权转移至对方。

（2）多个债权人情形。债权人为 2 人以上，标的可分，按照份额各自享有债权的，为按份债权；债务人为 2 人以上，标的可分，按照份额各自负担债务的，为按份债务。按份债权人或者按份债务人的份额难以确定的，视为份额相同。

债权人为 2 人以上，部分或者全部债权人均可以请求债务人履行债务的，为连带债权；债务人为 2 人以上，债权人可以请求部分或者全部债务人履行全部债务的，为连带债务。

（3）连带债务。连带债务人之间的份额难以确定的，视为份额相同。

实际承担债务超过自己份额的连带债务人，有权就超出部分在其他连带债务人未履行的份额范围内向其追偿，并相应地享有债权人的权利，但是不得损害债权人的利益。

【例题 6】根据《民法典》的有关规定，下列关于连带责任的说法，不正确的是（　　）。

A. 债权人可以向任意连带债务人主张全部债权

B. 连带债务人的债务份额难以确定的，视为份额相同

C. 连带责任，由法律规定或者当事人约定

D. 实际承担债务超过自己份额的连带债务人无权享有债权人的权利

【答案】D

知识点七 抗辩权

应当先履行债务的当事人，有确切证据证明对方有下列情形之一的，可以中止履行：

（1）经营状况严重恶化；

（2）转移财产、抽逃资金，以逃避债务；

（3）丧失商业信誉；

（4）有丧失或者可能丧失履行债务能力的其他情形。

当事人没有确切证据中止履行的，应当承担违约责任。对方提供担保的，应当恢复履行。

典型例题

【例题 1】根据《民法典》，先履行债务的当事人有确切证据证明对方有（　　）情形的，可以中止履行合同。

A. 资产负债率大幅增加　　B. 经营状况严重恶化

C. 转移财产逃避债务　　D. 抽逃资金逃避债务

E. 丧失商业信誉

【答案】BCDE

【例题 2】甲公司与乙公司订立水泥买卖合同，合同约定，甲公司向乙公司购买水泥100t，甲公司于8月1日前向乙公司支付30%的预付款，余款于10月15日水泥交付后3日内付清。8月1日，甲公司未按合同约定支付预付款。10月15日，甲公司要求乙公司交付水泥。根据《民法典》，乙公司可以行使的权利是（　　）。

A. 先履行抗辩权　　B. 同时履行抗辩权

C. 不安抗辩权　　D. 先诉抗辩权

【答案】A

【解析】当事人互负债务，有先后履行顺序，应当先履行债务一方未履行的，后履行一方有权拒绝其履行请求。先履行一方履行债务不符合约定的，后履行一方有权拒绝其相应的履行请求。

【例题 3】依据施工企业甲与材料供应商乙订立的买卖合同，甲应当先行支付乙货款的20%作为预付款，此时甲有确切证据证明乙经营状况严重恶化，关于甲的做法，正确的是（　　）。

A. 中止履行，并及时通知对方　　B. 通知乙即刻解除合同
C. 继续支付预付款　　D. 要求乙承担违约责任

【答案】 A

【解析】 抗辩权中止履行的，应当及时通知对方。

【例题4】 根据《民法典》，关于合同履行的说法，正确的有（　　）。（2022年真题）

A. 合同约定价款或者报酬不明确的，按照订立合同时订立地的市场价格履行
B. 合同约定的履行地点不明确，给付货币的，在给付货币一方所在地履行
C. 执行政府定价或指导价的，逾期交付标的物遇价格上涨时，按照原价格执行
D. 连带债务人之间的份额难以确定的，视为份额相同
E. 应当先履行债务的当事人有确切证据证明对方经营状况严重恶化的，可以中止履行

【答案】 CDE

知识点八 债权人的撤销权

撤销权的行使范围以债权人的债权为限。债权人行使撤销权的必要费用，由债务人负担。

撤销权自债权人知道或者应当知道撤销事由之日起1年内行使，自债务人的行为发生之日起5年内没有行使撤销权的，该撤销权消灭。债务人影响债权人的债权实现的行为被撤销的，自始没有法律约束力。

合同被撤销的，不影响合同中有关解决争议条款的效力。

典型例题

【例题】 甲公司以国产设备为样品，谎称进口设备，与乙施工企业订立设备买卖合同后乙施工企业知悉实情。关于该合同争议处理的说法，正确的有（　　）。

A. 若买卖合同被撤销后，有关争议解决条款也随之无效
B. 乙施工企业有权自主决定是否行使撤销权
C. 乙施工企业自合同订立之日起3年内没有撤销该合同的，撤销权消灭
D. 该买卖合同被法院撤销后，则该合同自始没有法律约束力
E. 乙施工企业有权自知道设备为国产之日起1年内主张撤销该合同

【答案】 BDE

知识点九 合同的变更与转让（表3-13）

合同的变更与转让　　表3-13

变更	当事人协商一致，可以变更合同 当事人对合同变更的内容约定不明确的，推定为未变更
不得转让	①合同性质不得转让 ②当事人约定不得转让 ③法律规定不得转让

续表

债权转让	应当通知债务人，但无需债务人同意；未经通知，该转让对债务人不发生效力 债权人转让权利的通知不得撤销，但经受让人同意的除外 债权人转让债权的，受让人取得与债权有关的从权利，但是该从权利专属于债权人自身的除外。受让人取得从权利不应该从权利未办理转移登记手续或者未转移占有而受到影响
债务转移	需要债权人同意，未经同意，转移无效；债权人未作表示，视为不同意
抗辩权	债务人接到债权转让通知后，债务人对让与人（原债权人）的抗辩，可以向受让人（新债权人）主张

典型例题

【例题 1】某施工合同约定质量标准为合格，监理工程师在巡视时要求承包人“把活儿做得更细些，到时不会少了你们的”。于是项目经理在施工中提高了质量标准，因此增加了费用，则该笔费用应由（　　）承担。

A. 发包人　　B. 承包人

C. 监理工程师　　D. 承包人和发包人共同

【答案】B

【解析】当事人对合同变更的内容约定不明确的，推定为未变更。

【例题 2】合同转让是合同变更的一种特殊形式，债权人可以将合同的权利全部或部分转让给第三人，下面可以转让的情形是（　　）。（2015 年真题）

A. 债务人主观意愿不同意转让　　B. 按照当事人约定不得转让

C. 根据合同性质不得转让　　D. 依照法律规定不得转让

【答案】A

【例题 3】关于合同权利转让的说法，正确的是（　　）。

A. 债权人转让权利的通知可以撤销

B. 债权人转让债权应当经债务人同意

C. 债务人接到债权转让通知后，债务人对让与人的抗辩，可以向受让人主张

D. 债权人转让权利的，受让人不能取得与债权有关的从权利

【答案】C

【解析】选项 A 错误，债权转让的通知不得撤销，但是经受让人同意的除外；选项 B 错误，债权人转让债权的无须取得债务人同意，但应当通知债务人；选项 D 错误，债权人转让债权的，受让人取得与债权有关的从权利。

【例题 4】根据《民法典》，关于合同变更和转让的说法，正确的是（　　）。（2024 年真题）

A. 债权人转让债权，无论是否通知债务人，该转让对债务人都发生效力

B. 受让人取得从权利未办理转移登记手续的，与债权有关的从权利无效

C. 债务人转移债务的，新债务人可以主张原债务人对债权人的抗辩

D. 因债权转让增加的履行费用，由受让人负担

【答案】C

【解析】选项 A 错误，债权人转让债权，未通知债务人的，该转让对债务人不发生效力。债权转让的通知不得撤销，但是经受让人同意的除外。

选项 B 错误，受让人取得从权利不应该从权利未办理转移登记手续或者未转移占有而受到影响。

选项 C 正确，债务人转移债务的，新债务人可以主张原债务人对债权人的抗辩。

选项 D 错误，因债权转让增加的履行费用，由让与人负担。

知识点十 合同的终止

(1) 债务已经按照约定履行；

(2) 合同解除；

(3) 债务相互抵消；

(4) 债务人依法将标的物提存；

(5) 债权人免除债务；

(6) 债权债务同归于一人；

(7) 法律规定或者当事人约定终止的其他情形。

有下列情形之一，难以履行债务的，债务人可以将标的物提存：

(1) 债权人无正当理由拒绝受领；

(2) 债权人下落不明；

(3) 债权人死亡未确定继承人、遗产管理人，或者丧失民事行为能力未确定监护人；

(4) 法律规定的其他情形。

债权人领取提存物的权利，自提存之日起 5 年内不行使而消灭，提存物扣除提存费用后归国家所有。

典型例题

【例题 1】 下列关于合同终止的情形，说法错误的是（　　）。

A. 债务已经按约定履行　　B. 债务人将全部债务转让给第三人

C. 债务人依法将标的物提存　　D. 债务相互抵消

【答案】 B

【例题 2】 根据《民法典》，合同权利义务终止的情形有（　　）。

A. 债务人依法将标的物抵押　　B. 债权人依法将标的物提存

C. 合同解除　　D. 债务相互抵消

E. 债权人免除债务

【答案】 CDE

【解析】 有下列情形之一的，债权债务终止：①债务已经按照约定履行；②合同解除；③债务相互抵销；④债务人依法将标的物提存；⑤债权人免除债务；⑥债权债务同归于一人；⑦法律规定或者当事人约定终止的其他情形。

四、《安全生产法》主要内容（3～4 分）

考情分析：

近三年考情分析如表 3-14 所示。

近三年考情分析　　表 3-14

年份	2024 年	2023 年	2022 年
单选分值	1	2	0
多选分值	2	0	2
合计分值	3	2	2

主要知识点：

1. 主要负责人、管理机构以及安全生产管理人员的职责（2 分）
2. 安全生产管理机构或者专职安全生产管理人员的配备（1 分）
3. 安全风险分级管控及事故隐患排查治理（0～1 分）
4. 出现安全事故应承担的法律责任

知识点一　主要负责人、管理机构以及安全生产管理人员的职责（2 分）

如表 3-15 所示。

主要负责人、管理机构以及安全生产管理人员的职责　　表 3-15

主要负责人的职责	管理机构以及安全生产管理人员的职责
建立、健全并落实本单位全员安全生产责任制，加强安全生产标准化建设	组织开展危险源辨识和评估；督促落实本单位重大危险源的安全管理措施
组织制定并实施本单位规章制度和操作规程	组织或者参与拟订规章制度、操作规程和应急救援预案
组织制定并实施安全教育培训计划	组织或者参与教育培训，并记录培训情况
组织制定并实施事故应急救援预案	组织或者参与本单位应急救援演练
组织建立并落实安全风险分级管控和隐患排查治理双重预防工作机制；督促、检查安全工作，及时消除隐患	检查生产状况，及时排查隐患，提出改进建议
保证本单位安全生产投入的有效实施	制止和纠正违章、强令冒险作业的行为
及时、如实报告生产安全事故	督促落实本单位安全生产整改措施

典型例题

【例题 1】根据《安全生产法》，保证本单位安全生产投入的有效实施，属于生产经营单位（　　）的工作职责。（2024 年真题）

A. 专职安全生产管理人员　　B. 主要负责人

C. 技术负责人　　D. 项目负责人

【答案】B

【例题 2】根据《安全生产法》，生产经营单位的安全生产管理人员应履行的职责有（　　）。（2021 年真题）

A. 组织制定本单位的生产安全事故应急救援预案

B. 建立本单位的安全生产责任制

C. 参与本单位应急救援演练

D. 制止违章指挥、强令违反规程的作为

E. 督促落实本单位重大危险源的安全管理措施

【答案】CDE

【例题 3】根据《安全生产法》，生产经营单位的主要负责人需要履行的安全生产管理职责有（　　）。(2021 年、2023 年真题)

A. 组织制定本单位安全生产规章制度和操作规程

B. 保证本单位安全生产投入的有效实施

C. 统筹使用生产经营资金和安全生产专项资金

D. 组织生产安全事故调查和处理

E. 组织制定并实施本单位安全生产教育和培训计划

【答案】ABE

【例题 4】根据《安全生产法》，生产经营单位主要负责人的安全生产工作职责有（　　）。(2024 年真题)

A. 组织编制危险性较大的分部分项工程专项施工方案

B. 组织制定本单位的生产安全事故应急救援预案

C. 组织建立本单位事故隐患排查治理机制

D. 组织制定本单位安全生产教育和培训计划

E. 组织实施本单位安全事故应急救援演练

【答案】BCD

知识点二　安全生产管理机构或者安全生产管理人员的配备（1 分）

矿山、金属冶炼、建筑施工、运输单位，以及危险物品的生产、经营、储存、装卸单位，应当设置安全生产管理机构或者配备专职安全生产管理人员。

上述单位以外的其他生产经营单位，从业人员超过 100 人的，应当设置安全生产管理机构或者配备专职安全生产管理人员；从业人员在 100 人以下的，应当配备专职或者兼职的安全生产管理人员。

典型例题

【例题 1】下列公司员工总数均不超过 100 人。依据《安全生产法》的规定，应当设置安全生产机构或配备专职安全生产管理人员的是（　　）。

A. 某废旧金属回收公司　　B. 某汽车配件制造公司

C. 某生鲜产品运输公司　　D. 某精密机械加工公司

【答案】C

【例题 2】根据《安全生产法》，下列生产经营单位应当设置安全生产管理机构或者配备专职安全生产管理人员的是（　　）。

A. 从业人员 80 人的危险化学品使用单位　　B. 从业人员 60 人的机械制造单位

C. 从业人员 90 人的食品加工单位　　D. 从业人员 50 人的建筑施工单位

【答案】D

【解析】选项 A 错误，危险物品的生产、经营、储存、装卸单位，应当设置安全生产管理机构或者配备专职安全生产管理人员，其中不包括使用单位。

【例题 3】依据《安全生产法》的规定，下列企业安全生产管理机构设置和安全生产管理人员配备符合规定的有（　　）。

A. 某大型商场有 120 名员工，未设置安全生产管理机构，配备 1 名专职安全管理人员

B. 某旅游公司有 105 名员工，未设置安全生产管理机构，配备 2 名兼职安全管理人员

C. 某客运公司有 95 名员工，未设置安全生产管理机构，配备 2 名兼职安全管理人员

D. 某仓储企业有 150 名员工，设置安全生产管理机构，配备 4 名专职安全管理人员

E. 某煤矿企业有 450 名员工，设置安全生产管理机构，配备 10 名专职安全管理人员

【答案】ADE

【解析】选项 B、C 错误，应当设置安全生产管理机构或专职安全管理人员。

知识点三　安全风险分级管控及事故隐患排查治理（0～1 分）

生产经营单位应当建立安全风险分级管控制度，按照安全风险分级采取相应的管控措施。生产经营单位应当建立、健全并落实生产安全事故隐患排查治理制度，采取技术、管理措施，及时发现并消除事故隐患。事故隐患排查治理情况应当如实记录，并通过职工大会或者职工代表大会、信息公示栏等方式向从业人员通报。其中，重大事故隐患排查治理情况应当及时向负有安全生产监督管理职责的部门和职工大会或者职工代表大会报告。

典型例题

【例题】2021 年新修订的《安全生产法》确立了双重预防工作机制。关于双重预防工作机制的说法，正确的有（　　）。

A. 双重预防工作机制是指安全风险分级管控和生产安全事故隐患排查治理

B. 生产经营单位主要负责人应当负责组织开展危险源辨识和评估

C. 负有安全生产监督管理职责的部门应当为生产经营单位建立统一的安全风险分级管控措施

D. 生产经营单位已经建立安全风险分级管控制度的，可以不再建立生产安全事故隐患排查治理制度

E. 从事生产经营活动的单位应当建立双重预防工作机制

【答案】AE

【解析】选项 B 错误，生产经营单位安全生产管理人员应当负责组织开展危险源辨识和评估；选项 C、D 错误，生产经营单位应当建立安全风险分级管控制度，按照安全风险分级采取相应的管控措施。生产经营单位应当建立、健全并落实生产安全事故隐患排查治理制度。

知识点四　生产经营单位投保责任

生产经营单位必须依法参加工伤保险，为从业人员缴纳保险费。国家鼓励生产经营单位投保安全生产责任保险；属于国家规定的高危行业、领域的生产经营单位，应当投保安全生产责任保险。

典型例题

【例题】安全生产责任保险是保险机构对投保的生产经营单位发生生产安全事故造成

的人员伤亡和有关经济损失等予以赔偿的保险，根据《安全生产法》及相关规定，下列有关安全生产责任保险的说法，正确的是（　　）。

A. 承保机构应当为生产经营单位提供生产安全事故预防技术服务

B. 生产经营单位应当投保安全生产责任保险

C. 安全生产责任保险属于生产经营单位投保的社会保险

D. 安全生产责任保险的被保险人是生产经营单位的从业人员

【答案】 A

【解析】 安全生产责任保险是保险机构对投保单位发生生产安全事故造成的人员伤亡和有关经济损失等予以赔偿，并且为投保单位提供生产安全事故预防服务的商业保险。因此，选项A正确。选项B错误，安全生产责任保险是一种带有公益性质的强制性商业保险。煤矿、非煤矿山、危险化学品、烟花爆竹、交通运输、建筑施工、民用爆炸物品、金属冶炼、渔业生产等高危行业领域的生产经营单位应当投保安全生产责任保险。对于上述行业之外的其他生产经营单位，国家鼓励其投保安全生产责任保险。因此，选项C也错误。选项D错误，安全生产责任保险的保障范围不仅包括企业从业人员，还包括第三者的人员伤亡和财产损失，以及相关救援救护、事故鉴定和法律诉讼等费用。

知识点五　从业人员的安全生产权利义务

（1）生产经营单位的从业人员有权了解其作业场所和工作岗位存在的危险因素、防范措施及事故应急措施，有权对本单位的安全生产工作提出建议。

（2）从业人员有权对本单位安全生产工作中存在的问题提出批评、检举、控告；有权拒绝违章指挥和强令冒险作业。

（3）从业人员发现直接危及人身安全的紧急情况时，有权停止作业或者在采取可能的应急措施后撤离作业场所。

（4）因生产安全事故受到损害的从业人员，除依法享有工伤保险外，依照有关民事法律尚有获得赔偿的权利的，有权提出赔偿要求。（赔偿＝工伤＋民事赔偿）

（5）从业人员在作业过程中，应当严格落实岗位安全责任，遵守本单位的安全生产规章制度和操作规程，服从管理，正确佩戴和使用劳动防护用品。

（6）从业人员应当接受安全生产教育和培训，掌握本职工作所需的安全生产知识，提高安全生产技能，增强事故预防和应急处理能力。

（7）从业人员发现事故隐患或者其他不安全因素，应当立即向现场安全生产管理人员或者本单位负责人报告；接到报告的人员应当及时予以处理。

典型例题

【例题1】 甲单位投资建设高层住宅，通过公开招标确定乙公司为总承包单位，乙公司将基坑开挖分包给丙公司，丙公司李工长带领10名工人在9m深基坑进行清理作业。由于护坡混凝土刚喷护完成，未达到养护强度，大型载重汽车在基坑边沿通道通行时可能导致边坡坍塌。根据《安全生产法》，关于李工长采取安全措施的做法，正确的是（　　）。

A. 安排专人观察情况，其余人员继续施工，发现危险立即撤离

B. 自己去找乙公司现场安全员沟通，建议停止大型运土车通过基坑边道行驶

C. 安排所有坑底施工人员暂时停止作业，撤离现场并马上报告丙公司现场经理

D. 要求工地所有人员立即撤离现场，停止工地施工作业

【答案】 C

【解析】 从业人员发现事故隐患或者其他不安全因素，应当立即向现场安全生产管理人员或者本单位负责人报告。

【例题 2】 某企业发生火灾事故，从业人员张某看到火势较大快速撤离现场时背部被灼伤，经鉴定为四级伤残。根据《安全生产法》，关于张某安全生产权利和义务的说法，正确的是（　　）。

A. 张某应当立即协助救火，保障企业财产安全，不得擅自撤离现场

B. 张某撤离现场前未请示当班领导，该企业有权降低其当班工资

C. 张某现场工作时未佩戴合格的劳动防护用品，无权享受工伤保险

D. 张某有权依照有关民事法律向该企业提出赔偿

【答案】 D

【解析】 从业人员发现直接危及人身安全的紧急情况时，有权停止作业或者在采取可能的应急措施后撤离作业场所，且不需要请示当班领导，因此，选项 A、B 错误。从业人员现场工作时未佩戴合格的劳动防护用品，导致伤害，仍然可以享受工伤保险。因生产安全事故受到损害的从业人员，除依法享有工伤保险外，依照有关民事法律尚有获得赔偿的权利的，有权提出赔偿要求，因此，选项 D 正确。

知识点六 生产安全事故的应急救援组织

危险物品的生产、经营、储存单位，以及矿山、金属冶炼、城市轨道交通运营、建筑施工单位应当建立应急救援组织；生产经营规模较小的，可以不建立应急救援组织，但应当指定兼职的应急救援人员。这些单位应当配备必要的应急救援器材、设备和物资，并进行经常性维护、保养，保证相关设备的正常运转。

典型例题

【例题 1】 依据《安全生产法》的规定，下列生产经营规模较大的公司中，应当建立应急救援组织的是（　　）。

A. 食品加工公司　　B. 建筑施工公司

C. 钟表制造公司　　D. 服装加工公司

【答案】 B

【例题 2】 根据《建设工程质量管理条例》，关于施工单位质量责任和义务的说法，正确的有（　　）。（2023 年真题）

A. 隐蔽工程隐蔽前，施工单位应当通知工程质量监督机构

B. 应按照国家有关规定办理工程质量监督手续

C. 施工过程中发现设计文件和图纸有差错的，应及时提出意见和建议

D. 应建立、健全施工质量检验制度

E. 需要临时中断道路交通时，向有关部门办理相关手续

【答案】 ACD

【解析】选项A正确，隐蔽工程隐蔽前，施工单位应当通知建设单位和工程质量监督机构；选项B、E属于建设单位的责任和义务。

【例题3】根据《安全生产法》，关于工程监理单位安全生产管理职责的说法，正确的是（　　）。（2023年真题）

A. 工程监理单位应设置安全生产管理机构

B. 工程监理单位应当建立健全本单位生产安全事故隐患排查治理制度

C. 工程监理人员应当参与施工单位应急救援演练

D. 工程监理单位应当投保安全生产责任保险

【答案】B

【解析】选项A错误，“施工单位”应设置安全生产管理机构；选项C错误，监理人员不需要参与施工单位应急救援演练；选项D错误，建筑施工企业应当投保安全生产责任保险。

五、《建设工程质量管理条例》（4～5分）

考情分析：

近三年考情分析如表3-16所示。

近三年考情分析 **表3-16**

年份	2024年	2023年	2022年
单选分值	1	2	2
多选分值	2	2	2
合计分值	3	4	4

主要知识点：

1. 建设单位的质量责任和义务（1～2分）
2. 竣工验收应当具备的条件
3. 施工单位的质量责任和义务（2分）
4. 设计单位的质量责任和义务
5. 建设工程保修（1题）
6. 法律责任（罚款）（1题）

知识点一　建设单位的质量责任和义务（1～2分）

（1）建设单位向勘察、设计、施工、工程监理等单位提供与建设工程有关的原始资料。

（2）建设单位应当报审施工图设计文件。

（3）实行监理的建设工程，建设单位应当委托监理。

（4）建设单位应当办理工程质量监督手续。

（5）建设单位不得任意压缩合理工期；不得降低建设工程质量。

（6）涉及建筑主体和承重结构变动的装修工程，建设单位应当在施工前委托原设计单位或者具有相应资质等级的设计单位提出设计方案；没有设计方案的，不得施工。

（7）建设单位应当组织竣工验收。

（8）竣工验收后，建设单位应当及时向建设行政主管部门移交建设项目档案。

典型例题

【例题 1】根据《建设工程质量管理条例》，涉及承重结构变动的装修工程，建设单位应当委托（　　）提出设计方案。（2022 年真题）

A. 装修设计单位　　B. 原设计单位

C. 装修施工单位　　D. 工程监理单位

【答案】B

【例题 2】根据《建设工程质量管理条例》，属于建设单位的质量责任和义务的是（　　）。（2020 年真题）

A. 办理工程质量监督手续　　B. 抽样检测现场试块

C. 建立、健全教育培训制度　　D. 组织竣工预验收

【答案】A

【解析】选项 B、C 属于施工单位的责任和义务，选项 D 属于监理单位的责任和义务。

【例题 3】根据《建设工程质量管理条例》，建设单位的质量责任和义务有（　　）。（2018 年真题）

A. 不使用未经审查批准的施工图设计文件　　B. 责令改正工程质量问题

C. 不得任意压缩合理工期　　D. 签署工程质量保修书

E. 向有关部门移交建设项目档案

【答案】ACE

【解析】选项 B 属于监理单位的责任和义务；选项 D 属于施工单位的责任和义务。

【例题 4】根据《建设工程质量管理条例》，属于建设单位的质量责任的是（　　）。

A. 国家重点建设工程应当委托监理

B. 报审施工图设计文件

C. 组织竣工预验收

D. 及时向建设行政主管部门移交建设项目档案

E. 确定工程项目的项目经理

【答案】ABD

【解析】选项 C 属于监理单位的责任和义务，选项 E 属于施工单位的责任和义务。

知识点二　竣工验收应当具备的条件

（1）完成建设工程设计和合同约定的各项内容；

（2）有完整的技术档案和施工管理资料；

（3）有工程使用的主要建筑材料、建筑构配件和设备的进场试验报告；

（4）有勘察、设计、施工、工程监理等单位分别签署的质量合格文件；

（5）有施工单位签署的工程保修书。

典型例题

【例题 1】根据《建设工程质量管理条例》，建设工程竣工验收应具备的条件有（　　）。（2022 年真题）

A. 完成建设工程设计和合同约定的各项内容

B. 有完整的技术档案和施工管理资料

C. 有勘察、设计单位分别签署的质量合格文件

D. 有完整的监理文件资料

E. 工程竣工预验收合格

【答案】 AB

【解析】 选项C错误，有“勘察、设计、施工、工程监理”等单位分别签署的质量合格文件，注意，一定是四家单位都签署，而不是其中的几家。选项D错误，有完整的技术档案和施工管理资料，而不是“监理文件资料”。选项E错误，不属于竣工验收的条件。

【例题2】 根据《建设工程质量管理条例》，建设工程竣工验收应具备的条件有（　　）。(2018年真题)

A. 有完整的技术档案和施工管理资料

B. 有施工、监理等单位分别签署的质量合格文件

C. 有质量监督机构签署的质量合格文件

D. 有工程造价结算报告

E. 有施工单位签署的工程保修书

【答案】 AE

【例题3】 建设工程承包单位在向建设单位提交工程竣工验收报告时，应出具的文件是（　　）。(2024年真题)

A. 质量缺陷责任书　　B. 质量保证函

C. 质量问题清单　　D. 质量保修书

【答案】 D

知识点三 勘察、设计单位的质量责任与义务

(1) 勘察、设计单位不得转包或者违法分包所承揽的工程。

(2) 勘察、设计单位对其勘察、设计的质量负责。设计文件应当符合规定的设计深度要求，并注明工程合理使用年限。

(3) 设计单位不得指定材料供应商，只能注明规格、型号、性能等技术指标；除有特殊要求外，不得指定生产厂、供应商。

(4) 设计单位还应当就审查合格的施工图设计文件向施工单位做出详细说明。(设计交底)

(5) 参与建设工程质量事故分析，并对因设计造成的质量事故，提出相应的技术处理方案。

典型例题

【例题】 根据《建设工程质量管理条例》，工程设计单位的质量责任和义务包括（　　）。(2016年真题)

A. 将工程概算控制在批准的投资估算之内

B. 设计方案先进可靠

C. 就审查合格的施工图设计文件向施工单位做出详细说明

D. 除有特殊要求的，不得指定生产厂、供应商

E. 参与建设工程质量事故分析

【答案】CDE

【解析】选项 A 属于建设单位的责任和义务。选项 B 错误，设计文件应当符合规定的设计深度要求，并未要求“先进”。

知识点四　施工单位的质量责任和义务（2 分）

1. 工程施工质量责任和义务

施工单位对建设工程的施工质量负责。

施工单位应当确定工程项目的项目经理、技术负责人和施工管理负责人。

施工单位还应当建立、健全教育培训制度，加强对职工的教育培训；未经教育培训或者考核不合格的人员，不得上岗作业。

总承包单位依法将建设工程分包给其他单位的，分包单位应当按照分包合同的约定对其分包工程的质量向总承包单位负责，总承包单位与分包单位对分包工程的质量承担连带责任。

施工单位必须按照工程设计图纸和施工技术标准施工，不得擅自修改工程设计，不得偷工减料。施工单位在施工过程中发现设计文件和图纸有差错的，应当及时提出意见和建议。

2. 质量检验

施工单位对建筑材料、建筑构配件、设备和商品混凝土进行检验，检验应当有书面记录和专人签字；未经检验或者检验不合格的，不得使用。

施工人员对涉及结构安全的试块、试件以及有关材料，应当在建设单位或者工程监理单位监督下现场取样，并送至具有相应资质等级的质量检测单位进行检测。

施工单位必须建立、健全施工质量的检验制度，严格工序管理，做好隐蔽工程的质量检查和记录。隐蔽工程在隐蔽前，施工单位应当通知建设单位和建设工程质量监督机构。

典型例题

【例题 1】根据《建设工程质量管理条例》，（　　）对建设工程的施工质量负责。

A. 建设单位　　B. 监理单位　　C. 施工单位　　D. 设计单位

【答案】C

【例题 2】根据《建设工程质量管理条例》，关于施工单位质量责任和义务的说法，正确的有（　　）。（2023 年真题）

A. 隐蔽工程隐蔽前，施工单位应当通知工程质量监督机构

B. 应按照国家有关规定办理工程质量监督手续

C. 施工过程中发现设计文件和图纸有差错的，应及时提出意见和建议

D. 应建立、健全施工质量检验制度

E. 需要临时中断道路交通时，向有关部门办理相关手续

【答案】ACD

【例题 3】在施工过程中，施工人员发现设计图纸不符合技术标准，施工单位技术负责

人采取的正确做法是（　　）。

A. 继续按照工程设计图纸施工

B. 按照技术标准修改工程设计

C. 及时向设计单位索赔

D. 及时提出意见和建议

E. 通过建设单位要求设计单位予以变更

【答案】DE

【解析】施工单位在施工过程中发现设计文件和图纸有差错的，应当及时提出意见和建议。

【例题 4】某钢筋混凝土工程的施工合同中规定，工程所需用的所有商品混凝土由建设单位负责供应，其余材料由施工单位负责采购，则（　　）。

A. 商品混凝土由建设单位负责检验，其他材料由施工单位负责检验

B. 商品混凝土由监理单位负责检验，其他材料由施工单位负责检验

C. 商品混凝土和其他材料均由施工单位负责检验

D. 商品混凝土和其他材料均由建设单位负责检验

【答案】C

【解析】施工单位必须建立、健全施工质量的检验制度，严格工序管理，做好检查和记录。施工单位采购的材料与建设单位采购的材料都应接受施工单位的检测。

【例题 5】施工人员对涉及结构安全的试块、试件以及有关材料，应当在（　　）监督下现场取样，并送至具有相应资质等级的质量检测单位进行检测。

A. 施工企业质量管理部门

B. 设计单位或监理单位

C. 工程质量监督机构

D. 建设单位或监理单位

【答案】D

【例题 6】根据《建设工程质量管理条例》的规定，隐蔽工程在隐蔽前，施工单位应当通知（　　）。

A. 建设单位

B. 建设工程质量监督机构

C. 监理单位

D. 建设行政主管部门

E. 设计单位

【答案】AB

【解析】本题特别容易错选，并不是每一个工程项目都有监理单位，因此，法律规定隐蔽工程在隐蔽前，施工单位应当通知建设单位和建设工程质量监督机构。

【例题 7】根据《建设工程质量管理条例》，施工单位的质量责任和义务有（　　）。（2015 年真题）

A. 报审施工图设计文件

B. 及时通知设计单位修改设计文件和图纸的差错

C. 不得使用未经检验或检验不合格的建筑材料

D. 做好隐蔽工程的质量检查和记录

E. 建立、健全职工教育培训制度

【答案】CDE

【解析】选项 A、B 属于建设单位的质量责任和义务。

【例题 8】根据《建设工程质量管理条例》，关于施工单位质量责任的说法，正确的有（　　）。（2020 年真题）

A. 未经教育培训或考试不合格人员，不得上岗作业

B. 发现设计文件有差错应及时要求设计单位修改

C. 按有关要求对建筑材料、构配件进行检验

D. 涉及结构安全的试块直接取样送检

E. 隐蔽工程在隐蔽前，应通知建设单位和质量监督机构

【答案】ACE

【解析】选项 B 属于建设单位的质量责任和义务；选项 D 错误，施工人员对涉及结构安全的试块、试件以及有关材料，应当在建设单位或者工程监理单位监督下现场取样，并送至具有相应资质等级的质量检测单位进行检测。

【例题 9】根据《建设工程质量管理条例》，属于施工单位的质量责任和义务的是（　　）。（2019 年真题）

A. 申领施工许可证

B. 办理工程质量监督手续

C. 建立、健全教育培训制度

D. 向有关主管部门移交建设项目档案

【答案】C

【解析】选项 A、B、D 属于建设单位的质量责任和义务。

【例题 10】根据《建设工程质量管理条例》，施工单位的质量责任和义务有（　　）。（2021 年真题）

A. 工程开工前按规定办理工程质量监督手续

B. 装修工程施工前委托设计单位提出设计方案

C. 需要安装的设备委托设计单位注明生产厂家、规格和型号

D. 总承包单位与分包单位对依法分包的工程质量承担连带责任

E. 隐蔽工程隐蔽前通知建设单位和工程质量监督机构

【答案】DE

【解析】选项 A、B、C 属于建设单位的质量责任和义务。

知识点五　建设工程返修

（1）《建设工程质量管理条例》规定，施工单位对施工中出现质量问题的建设工程或者竣工验收不合格的建设工程，应当负责返修。

（2）《合同法》规定，因施工单位的原因致使建设工程质量不符合约定的，发包人有权要求施工单位在合理期限内无偿修理或者返工、改建。

对于非施工单位原因造成的质量问题，施工单位也应当负责返修，但是因此而造成的损失及返修费用由责任方负责。

典型例题

【例题】对于非施工单位原因造成的质量问题，施工单位也应负责返修，造成的损失及返修费最终由（　　）负责。

A. 监理单位　　B. 责任方　　C. 建设单位　　D. 施工单位

【答案】 B

知识点六　监理单位的质量责任

（1）工程监理单位不得转让工程监理业务，既不能转包也不能分包。

（注：勘察、设计、施工均可以依法分包）

（2）监理单位不得与施工承包单位和供应单位有隶属、利害关系。

（3）监理单位总监理工程师应当按照法律法规、有关技术标准、设计文件和工程承包合同进行监理，对施工质量承担监理责任。

（4）监理工程师和总监理工程师的权限划分：

未经监理工程师签字，建筑材料、构配件和设备不得在工程上使用或者安装，施工单位不得进行下一道工序的施工。

未经总监理工程师签字，建设单位不拨付工程款，不进行竣工验收。

（5）监理工程师应当按照《建设工程监理规范》GB/T 50319—2013 的要求，采取旁站、巡视和平行检验等形式对建设工程实施监理。

典型例题

【例题 1】 根据《建设工程质量管理条例》，关于工程监理单位的质量责任和义务的说法，正确的是（　　）。（2018 年真题）

A. 监理单位代表建设单位对施工质量实施监理

B. 监理单位发现施工图有差错应要求设计单位修改

C. 监理单位将施工单位现场取样的试块送至检测单位

D. 监理单位组织设计、施工单位进行竣工验收

【答案】 A

【解析】 选项 B 错误，监理单位发现施工图有差错应向建设单位报告，由建设单位要求设计单位修改；选项 C 错误，施工人员对涉及结构安全的试块、试件以及有关材料，应当在建设单位或者工程监理单位监督下现场取样，并送至具有相应资质等级的质量检测单位进行检测；选项 D 错误，"建设单位"组织设计、施工单位进行竣工验收。

【例题 2】 根据《建设工程质量管理条例》，工程监理单位的质量责任和义务有（　　）。（2014 年真题）

A. 依法取得相应等级资质证书，并在其资质等级许可范围内承担工程监理业务

B. 与被监理工程的施工承包单位不得有隶属关系或其他利害关系

C. 按照施工组织设计要求，采取旁站、巡视和平等检验等形式实施监理

D. 未经监理工程师签字，建筑材料、建筑构配件和设备不得在工程上使用或安装

E. 未经监理工程师签字，建设单位不拨付工程款，不进行竣工验收

【答案】 ABD

【解析】 选项 C 错误，按照《建设工程监理规范》GB/T 50319—2013 的要求，采取旁站、巡视和平等检验等形式实施监理；选项 E 错误，未经"总监理工程师"签字，建设单位不拨付工程款，不进行竣工验收。

知识点七　工程质量保修（1题）

1. 质量保修书

（1）出具质量保修书的时间：建设工程承包单位在向建设单位提交工程竣工验收报告时，应当向建设单位出具质量保修书。

（2）保修书内容：质量保修书中应当明确建设工程的保修范围、保修期限和保修责任等。

（3）建设工程保修期的起始日：竣工验收合格之日。

典型例题

【例题 1】 根据《建设工程质量管理条例》，建设工程的保修期，应自（　　）之日起计算。（2017 年真题）

A. 工程竣工移交　　B. 竣工验收合格

C. 竣工验收报告移交　　D. 竣工结算完成

【答案】 B

【例题 2】 根据《建设工程质量管理条例》，建设工程承包单位向建设单位出具的质量保修书中应明确建设工程的（　　）。（2015 年真题）

A. 保修范围　　B. 保修期限

C. 保修要求　　D. 保修责任

E. 保修费用

【答案】 ABD

【例题 3】 依据《建设工程质量管理条例》，工程承包单位在（　　）时，应当向建设单位出具质量保修书。

A. 工程价款结算完毕　　B. 施工完毕

C. 提交工程竣工验收报告　　D. 竣工验收合格

【答案】 C

2. 保修的范围与保修期限

质量保修范围和保修期限由双方自主约定，没有约定、约定不明或约定无效的，按照法定的保修范围和保修期限履行保修义务。相关总结如表 3-17 所示。

简记为：约定≥法定，按约定；约定≤法定，约定无效，按法定。

法定保修范围及期限　　**表 3-17**

法定保修范围	法定最低保修期限
基础设施工程： （房屋建筑工程）地基基础 （房屋建筑工程）主体结构	设计文件注明的合理使用年限
屋面防水工程	≥5 年
有防水要求的卫生间、房间	
外墙面的防渗漏	

续表

法定保修范围	法定最低保修期限
供热系统	≥2 个供暖期
供冷系统	≥2 个供冷期
电气管线、给水排水管道 设备安装和装修工程	≥2 年

【例题 4】 根据《建设工程质量管理条例》，关于建设工程在正常使用条件下最低保修期限的说法，正确的有（　　）。

A. 屋面防水工程 3 年　　B. 电气管线工程 2 年

C. 给水排水管道工程 2 年　　D. 外墙面防渗漏 3 年

E. 地基基础工程 5 年

【答案】 BC

【例题 5】 根据《建设工程质量管理条例》，法定质量保修范围有（　　）。

A. 土石方工程　　B. 地基基础工程

C. 电气管线工程　　D. 景观绿化工程

E. 屋面防水工程

【答案】 BCE

【例题 6】 根据《建设工程质量管理条例》，关于质量保修期限的说法，正确的有（　　）。(2019 年真题)

A. 地基基础工程最低保修期限为设计文件规定的该工程合理使用年限

B. 屋面防水工程最低保修期限为 3 年

C. 给水排水管道工程最低保修期限为 2 年

D. 供热工程最低保修期限为 2 个供暖期

E. 建设工程的保修期自交付使用之日起计算

【答案】 ACD

【解析】 选项 B 错误，屋面防水工程最低保修期限为 5 年；选项 E 错误，建设工程保修期的起始日为竣工验收合格之日。

【例题 7】 根据《建设工程质量管理条例》，关于工程质量保修的说法，正确的是（　　）。(2023 年真题)

A. 工程保修期自交付使用之日起计算

B. 装修工程保修期限由发包方与设计方约定

C. 工程质量保修书中只需明确保修范围和保修期限

D. 屋面防水工程最低保修期限为五年

【答案】 D

3. 保修前提条件

施工单位承担保修责任的前提条件：

(1) 在保修期内；

(2) 在保修范围内；

（3）正常使用中发现的工程质量缺陷。

应注意：

（1）使用者使用不当或第三方造成损坏，或不可抗力造成的损坏，均不属于正常使用条件下发现的工程缺陷，施工单位不承担保修责任。

（2）正常使用条件下发现的工程缺陷，施工单位都承担保修责任。保修后，查明该工程缺陷是非施工原因造成的，该项保修费用可以向建设单位主张。

【例题 8】下列情形中属于保修范围的是（　　）。

A. 使用人将屋顶改为菜地导致房顶漏水　B. 因预埋件松动造成设备损坏

C. 因地震导致主体结构损坏　　　　　　D. 因日晒外墙装饰脱落

E. 因他人纵火导致损坏

【答案】BD

【解析】使用者使用不当或第三方造成损坏，或不可抗力造成的损坏，均不属于正常使用条件下发现的工程缺陷，施工单位不承担保修责任。

【例题 9】建设工程保修期内出现的质量问题，不属于施工单位保修责任的有（　　）。（2021 年真题）

A. 建设单位负责采购的给水排水管道破裂

B. 分包单位完成的屋面防水工程出现渗漏

C. 建设单位使用不当造成的质量缺陷

D. 运输公司货车撞裂建筑墙体

E. 不可抗力造成的质量缺陷

【答案】CDE

【解析】选项 A、B 属于正常使用条件下，且属于保修的范围，因此，施工单位应负责保修；选项 C、D、E 属于使用者使用不当或第三方造成损坏，或不可抗力造成的损坏，均不属于正常使用条件下发现的工程缺陷，施工单位不承担保修责任。

知识点八　工程竣工验收备案和质量事故报告

（1）建设单位应当自建设工程竣工验收合格之日起15 日内，将建设工程竣工验收报告和规划，公安消防、环保等部门出具的认可文件或者准许使用文件报建设行政主管部门或者其他有关部门备案。

（2）建设工程发生质量事故，有关单位应当在 24 小时内向当地建设行政主管部门和其他有关部门报告。

安全事故与质量事故的上报时间如表 3-18 所示。

安全事故与质量事故的上报时间　　**表 3-18**

安全事故	质量事故
1 小时内报县应急局	24 小时内报建设行政部门

典型例题

【例题】根据《建设工程质量管理条例》，建设工程发生质量事故，有关单位在

（　　）小时内向当地建设行政主管部门和其他有关部门报告。（2017 年真题）

A. 4　　B. 8　　C. 12　　D. 24

【答案】 D

知识点九　法律责任（罚款）（1 题）

该知识点近三年考情分析如表 3-19 所示。

近三年考情分析　　表 3-19

年份	2024 年	2023 年	2022 年
单选分值	0	2	0
多选分值	0	0	0
合计分值	0	2	0

《建设工程质量管理条例》中的相关规定如下：

第五十四条　违反本条例规定，建设单位将建设工程发包给不具有相应资质等级的勘察、设计、施工单位或者委托给不具有相应资质等级的工程监理单位的，责令改正，处五十万元以上一百万元以下的罚款。

第五十六条　违反本条例规定，建设单位有下列行为之一的，责令改正，处二十万元以上五十万元以下的罚款：

（一）迫使承包方以低于成本的价格竞标的；

（二）任意压缩合理工期的；

（三）明示或者暗示设计单位或者施工单位违反工程建设强制性标准，降低工程质量的；

（四）施工图设计文件未经审查或者审查不合格，擅自施工的；

（五）建设项目必须实行工程监理而未实行工程监理的；

（六）未按照国家规定办理工程质量监督手续的；

（七）明示或者暗示施工单位使用不合格的建筑材料、建筑构配件和设备的；

（八）未按照国家规定将竣工验收报告、有关认可文件或者准许使用文件报送备案的。

第五十七条　违反本条例规定，建设单位未取得施工许可证或者开工报告未经批准，擅自施工的，责令停止施工，限期改正，处工程合同价款百分之一以上百分之二以下的罚款。

第五十八条　违反本条例规定，建设单位有下列行为之一的，责令改正，处工程合同价款百分之二以上百分之四以下的罚款；造成损失的，依法承担赔偿责任：

（一）未组织竣工验收，擅自交付使用的；

（二）验收不合格，擅自交付使用的；

（三）对不合格的建设工程按照合格工程验收的。

第六十三条　违反本条例规定，有下列行为之一的，责令改正，处十万元以上三十万元以下的罚款：

（一）勘察单位未按照工程建设强制性标准进行勘察的；

（二）设计单位未根据勘察成果文件进行工程设计的；

（三）设计单位指定建筑材料、建筑构配件的生产厂、供应商的；

（四）设计单位未按照工程建设强制性标准进行设计的。

第六十四条　违反本条例规定，施工单位在施工中偷工减料的，使用不合格的建筑材料、建筑构配件和设备的，或者有不按照工程设计图纸或者施工技术标准施工的其他行为的，责令改正，处工程合同价款百分之二以上百分之四以下的罚款；造成建设工程质量不符合规定的质量标准的，负责返工、修理，并赔偿因此造成的损失；情节严重的，责令停业整顿，降低资质等级或者吊销资质证书。

第六十五条　违反本条例规定，施工单位未对建筑材料、建筑构配件、设备和商品混凝土进行检验，或者未对涉及结构安全的试块、试件以及有关材料取样检测的，责令改正，处十万元以上二十万元以下的罚款；情节严重的，责令停业整顿，降低资质等级或者吊销资质证书。

第六十六条　违反本条例规定，施工单位不履行保修义务或者拖延履行保修义务的，责令改正，处十万元以上二十万元以下的罚款，并对在保修期内因质量缺陷造成的损失承担赔偿责任。

第六十九条　违反本条例规定，涉及建筑主体或者承重结构变动的装修工程，没有设计方案擅自施工的，责令改正，处五十万元以上一百万元以下的罚款；房屋建筑使用者在装修过程中擅自变动房屋建筑主体和承重结构的，责令改正，处五万元以上十万元以下的罚款。

建设单位的违法行为及罚款数额总结如表 3-20 所示。

建设单位的违法行为及罚款数额　　**表 3-20**

罚款数额	建设单位的违法行为
20 万～50 万元	迫使承包方低于成本竞标
	任意压缩合理工期
	明示或暗示降低设计、施工质量
	设计文件未经审查或审查不合格擅自施工
	明示或暗示施工单位使用不合格的建筑材料
	必须监理而未实行监理
	未办理工程质量监督手续
	未将竣工验收报告报送备案
50 万～100 万元	将工程发包给资质不符的单位
处工程合同价款 1%～2%的罚款	无证施工(无施工许可证或开工报告)
处工程合同价款 2%～4%的罚款	未组织验收或验收不合格擅自交付使用
	不合格的建设工程按照合格工程验收

其他罚款数额总结如表 3-21 所示。

其他罚款数额总结 表 3-21

处酬金的 25%～50%	勘察、设计、监理转包(施工转包为 0.5%～1%)
1～2 倍酬金	无资质、借资质、超越资质(施工为 2%～4%)
处施工单位合同价款 2%～4%的罚款	施工单位偷工减料、使用不合格的材料
	不按照工程设计图纸或者施工技术标准施工
	施工单位无相应资质施工
施工单位 10 万～20 万元	未对材料检验或取样检测
	不履行保修或拖延保修
10 万～30 万元	勘察单位未按强制性标准勘察
	设计单位未按勘察成果文件、强制性标准设计
	设计单位指定材料生产厂、供应商
	监理单位未履行相应职责
	采用新结构、新工艺时,设计单位未在设计中提出保障安全事故的措施建议

典型例题

【例题 1】 根据《建设工程质量管理条例》，建设单位未按照国家规定将竣工验收报告、有关认可文件或准许使用文件报送有关部门备案的，将被处以（　　）的罚款。(2021 年真题)

A. 10 万元以上 20 万元以下　　B. 10 万元以上 30 万元以下

C. 20 万元以上 30 万元以下　　D. 20 万元以上 50 万元以下

【答案】 D

【解析】《建设工程质量管理条例》第五十六条规定，建设单位未按照国家规定将竣工验收报告、有关认可文件或者准许使用文件报送备案的，责令改正，处二十万元以上五十万元以下的罚款。

【例题 2】 根据《建设工程质量管理条例》，建设单位有（　　）行为的，将被处以 20 万以上 50 万元以下罚款。(2021 年真题)

A. 任意压缩合理工期

B. 建设项目必须实行工程监理而未实行

C. 未组织工程竣工验收擅自交付使用

D. 暗示施工单位违反工程建设强制性标准，降低工程质量

E. 工程验收不合格擅自交付使用

【答案】 ABD

【解析】《建设工程质量管理条例》第五十六条规定，违反本条例规定，建设单位有下列行为之一的，责令改正，处二十万元以上五十万元以下的罚款：①迫使承包方以低于成本的价格竞标的；②任意压缩合理工期的；③明示或者暗示设计单位或者施工单位违反工程建设强制性标准，降低工程质量的；④施工图设计文件未经审查或者审查不合格，擅自施工的；⑤建设项目必须实行工程监理而未实行工程监理的；⑥未按照国家规

定办理工程质量监督手续的；⑦明示或者暗示施工单位使用不合格的建筑材料、建筑构配件和设备的；⑧未按照国家规定将竣工验收报告、有关认可文件或者准许使用文件报送备案的。

【例题 3】根据《建设工程质量管理条例》，施工单位有（　　）行为的，责令改正，处工程合同价款 2%以上 4%以下的罚款。（2020 年真题）

A. 将承包的工程转包或违法分包

B. 施工中偷工减料

C. 不按照工程设计图纸或施工技术标准施工

D. 未对涉及安全的试块、试件取样检测

E. 使用不合格的建筑材料

【答案】BCE

【解析】《建设工程质量管理条例》第六十四条规定，违反本条例规定，施工单位在施工中偷工减料的，使用不合格的建筑材料、建筑构配件和设备的，或者有不按照工程设计图纸或者施工技术标准施工的其他行为的，责令改正，处工程合同价款百分之二以上百分之四以下的罚款；造成建设工程质量不符合规定的质量标准的，负责返工、修理，并赔偿因此造成的损失；情节严重的，责令停业整顿，降低资质等级或者吊销资质证书。

【例题 4】根据《建设工程质量管理条例》，关于违反条例规定进行罚款的说法，正确的有（　　）。（2018 年真题）

A. 必须实行工程监理但未实行的，对建设单位处 20 万元以上 50 万元以下罚款

B. 未按规定办理工程质量监督手续的，对施工单位处 20 万元以上 50 万元以下罚款

C. 超越本单位资质等级承揽工程监理业务的，对监理单位处监理酬金 1 倍以上 2 倍以下罚款

D. 工程监理单位转让工程监理业务的，对监理单位处监理酬金 1 倍以上 2 倍以下罚款

E. 未按照工程建设强制性标准进行设计的，对设计单位处 10 万元以上 30 万元以下罚款

【答案】ACE

【解析】选项 B 错误，应当处罚“建设单位”；选项 D 错误，对监理单位处监理酬金 25%以上 50%以下罚款。

【例题 5】根据《建设工程质量管理条例》，建设单位有（　　）行为的，责令改正，处工程合同价款百分之二以上百分之四以下的罚款。（2023 年真题）

A. 任意压缩合理工期

B. 将建设工程肢解发包

C. 迫使承包方以低于成本的价格竞标

D. 对不合格的建设工程按照合格工程验收

【答案】D

【解析】根据《建设工程质量管理条例》第五十八条，违反本条例规定，建设单位有下列行为之一的，责令改正，处工程合同价款百分之二以上百分之四以下的罚款；造成损失的，依法承担赔偿责任：①未组织竣工验收，擅自交付使用的；②验收不合格，擅自交付使用的；③对不合格的建设工程按照合格工程验收的。

六、《建设工程安全生产管理条例》(4～5分)

考情分析:

近三年考情分析如表3-22所示。

近三年考情分析 表3-22

年份	2023年	2022年	2021年
单选分值	0	1	2
多选分值	4	2	2
合计分值	4	3	4

主要知识点:

1. 建设单位的安全责任(1～2分)
2. 勘察、设计和监理单位的安全责任
3. 施工单位的安全责任(2～3分)
4. 法律责任(罚款)(1题)

知识点一 建设单位的安全责任(1～2分)

(1)依法办理有关批准手续。

(2)建设单位应当向施工单位提供施工现场及毗邻区域内地下管线资料。

(3)不得提出违法要求和随意压缩合同工期。

(4)在编制工程概算时,应当确定建设工程安全作业环境及安全施工措施所需费用。

(5)不得要求购买、租赁和使用不符合安全施工要求的用具设备等。

(6)申领施工许可证应当提供有关安全施工措施的资料。

(7)建设单位应当将拆除工程发包给具有相应资质等级的施工单位,并在拆除工程施工15日前,将下列资料报送建设工程所在地的县级以上地方人民政府建设行政主管部门或者其他有关部门备案:①施工单位资质等级证明;②拟拆除建筑物、构筑物及可能危及毗邻建筑的说明;③拆除施工组织方案;④堆放、清除废弃物的措施。

典型例题

【例题1】根据《建设工程安全生产管理条例》,属于建设单位安全责任的是(　　)。(2017年真题)

A. 定期进行专项安全检查　　B. 现场监督施工机械安装过程

C. 配置专职安全生产管理人员　　D. 编制工程概算时确定安全施工措施所需费用

【答案】D

【例题2】根据《建设工程安全生产管理条例》,依法批准开工报告的建设工程,建设单位应当自开工报告批准之日起(　　)日内,将保证安全施工的措施报送建设工程所在地的县级以上地方人民政府建设行政主管部门或其他有关部门备案。(2022年真题)

A. 5　　B. 7　　C. 10　　D. 15

【答案】D

【例题 3】根据《建设工程安全生产管理条例》，下列工作内容中，属于建设单位安全责任的是（　　）。（2024 年真题）

A. 建立健全全员安全生产责任制

B. 提供施工现场内地下管线资料

C. 审查施工组织设计中的安全技术措施

D. 暂停施工后组织制定安全整改措施

【答案】B

【例题 4】根据《建设工程安全生产管理条例》，拆除工程施工前，建设单位应报建设工程所在地县级以上地方人民政府建设主管部门或其他有关部门备案的资料有（　　）。（2023 年、2024 年真题）

A. 施工单位资质等级证明　　B. 可能危及毗邻建筑的说明

C. 拆除施工机具设备验收手续　　D. 废弃物无害化处理方案

E. 堆放、消除废弃物的措施

【答案】ABE

知识点二　设计单位的安全责任

设计单位应按法律、法规强制性标准设计，对涉及施工安全的重点部位和环节在设计文件中注明，并对防范安全生产事故提出指导意见或措施建议。采用新结构、新材料、新工艺的建设工程和特殊结构的建设工程，设计单位应当在设计中提出保障施工作业人员安全和预防生产安全事故的措施建议。设计单位和注册建筑师等注册执业人员应对设计负责。

典型例题

【例题】根据《建设工程安全生产管理条例》，设计单位的安全责任包括（　　）。（2019 年真题）

A. 在设计文件中注明涉及施工安全的重点部位和环节

B. 采用新结构的建设工程，应当在设计中提出保障施工作业人员安全的措施建议

C. 审查危险性较大的专项施工方案是否符合强制性标准

D. 对特殊结构的建设工程，应在投入使用中提出防范生产安全事故的指导性意见

E. 审查监测方案是否符合设计要求

【答案】AB

【解析】选项 C、E 属于监理单位的责任，选项 D 属于施工单位的安全责任。

知识点三　施工单位的安全责任（2～3 分）

1. 施工单位主要负责人与项目负责人的职责（表 3-23）

施工单位主要负责人与项目负责人的职责　　**表 3-23**

施工单位主要负责人	项目负责人
对本单位的安全生产工作全面负责	对建设工程项目的安全施工负责
建立健全安全生产责任制度和安全生产教育培训制度	落实安全生产责任制度、安全生产规章制度和操作规程

续表

施工单位主要负责人	项目负责人
制定安全生产规章制度和操作规程	组织制定安全施工措施，消除安全事故隐患
保证本单位安全生产条件所需资金的投入	确保安全生产费用的有效使用
对所承担的建设工程进行定期和专项安全检查，并做好安全检查记录	及时、如实报告生产安全事故

典型例题

【例题 1】根据《建设工程安全生产管理条例》，关于建筑施工单位的主要负责人对本单位安全生产工作职责的说法，错误的是（　　）。

A. 保证本单位安全生产条件所需资金的投入

B. 对建设工程项目的安全施工负责

C. 对所承担的建设工程进行定期和专项安全检查

D. 建立、健全安全生产责任制

【答案】B

【解析】选项A、C、D属于施工单位的主要负责人应当承担的工程项目的安全责任。

2. 施工单位的安全责任（2～3分）

（1）施工单位应当在其资质等级许可的范围内承揽工程。

（2）施工单位对列入建设工程概算的安全作业环境及安全施工措施所需费用，应当用于施工安全生产条件的改善，不得挪作他用。

（3）施工单位应当设立安全生产管理机构，配备专职安全生产管理人员。专职安全生产管理人员负责对安全生产进行现场监督检查。

（4）施工单位的主要负责人、项目负责人、专职安全生产管理人应当经建设行政主管部门或其他有关部门考核合格后方可任职。

（5）教育培训：三类人（企业主要负责人、项目负责人、专职安全员）考核合格，施工单位应当对管理人员和作业人员每年至少进行一次安全生产教育培训。作业人员进入新的岗位或新的施工现场，以及施工单位在采用新技术、新工艺、新设备、新材料时，应当对作业人员进行相应的安全生产教育培训。特种作业人员（垂直运输机械作业人员、安装拆卸工、爆破作业人员、起重信号工、登高架设作业人员）考核合格持证上岗。

（6）施工单位对因建设工程施工可能造成损害的毗邻建筑物、构筑物和地下管线等，应当采取专项防护措施。

（7）施工现场安全防护，危险处设置标志等。

（8）施工单位应当将施工现场的办公、生活区与作业区分开设置，并保持安全距离；施工单位不得在尚未竣工的建筑物内设置员工集体宿舍。施工现场使用的装配式活动房屋应当具有产品合格证。

（9）施工单位在使用施工起重机械和整体提升脚手架、模板等自升式架设设施前，应当组织有关单位进行验收，也可以委托具有相应资质的检验检测机构进行验收；使用承租的机械设备和施工机具及配件的，应由施工总承包单位、分包单位、出租单位和安装单位共同进行验收。验收合格的方可使用。

施工单位应当自施工起重机械和整体提升脚手架、模板等自升式架设设施验收合格之日起 30 日内，向建设行政主管部门或者其他有关部门登记。登记标志应当置于或者附着于该设备的显著位置。

（10）施工单位应当为施工现场从事危险作业的人员办理意外伤害保险。

意外伤害保险费由施工单位支付。实行施工总承包的，由总承包单位支付意外伤害保险费。意外伤害保险期限自建设工程开工之日起至竣工验收合格止。（注：详见《建设工程安全生产管理条例》第三十八条）

【例题 2】根据《建设工程安全生产管理条例》，关于施工单位安全责任的说法，正确的是（　　）。（2018 年真题）

A. 不得压缩合同约定的工期

B. 应当为施工现场人员办理意外伤害保险

C. 将安全生产保证措施报有关部门备案

D. 保证本单位安全生产条件所需资金的投入

【答案】D

【例题 3】根据《建设工程安全生产管理条例》，施工单位应当自施工起重机械和整体提升脚手架、模板等自升式架设设施验收合格之日起（　　）日内，向建设行政主管部门或者其他有关部门登记。（2022 年真题）

A. 60　　B. 30　　C. 20　　D. 10

【答案】B

【例题 4】根据《建设工程安全生产管理条例》，下列人员中，应当经建设行政主管部门或者其他有关部门考核合格后方可任职的有（　　）。（2022 年、2024 年真题）

A. 施工单位技术负责人　　B. 施工单位主要负责人

C. 施工项目技术负责人　　D. 施工项目负责人

E. 专职安全生产管理人员

【答案】BDE

【解析】施工单位的主要负责人、项目负责人、专职安全生产管理人应当经建设行政主管部门或其他有关部门考核合格后方可任职。

知识点四　安全技术措施和专项施工方案

1. 专项施工方案

施工单位应当在施工组织设计中编制安全技术措施和施工现场临时用电方案。

对达到一定规模的危险性较大的分部分项工程编制专项施工方案，并附具安全验算结果，经施工单位技术负责人、总监理工程师签字后实施，由专职安全生产管理人员进行现场监督。

对下列危险性较大的分部分项工程编制专项施工方案：①基坑支护与降水工程；②土方开挖工程；③模板工程；④起重吊装工程；⑤脚手架工程；⑥拆除、爆破工程；⑦其他危险性较大的工程。上述工程中涉及深基坑、地下暗挖工程、高大模板工程的专项施工方案，施工单位还应当组织专家进行论证、审查。

2. 专项施工方案的编制

以下工程由施工单位组织编制专项施工方案：①基坑支护与降水工程；②土方开挖工程；③模板工程；④起重吊装工程；⑤脚手架工程；⑥拆除、爆破工程；⑦其他危险性较大的工程。

起重机械安装拆卸工程、深基坑工程、附着式升降脚手架等专业工程实行分包的，其专项施工方案可由专业分包单位组织编制。

典型例题

【例题 1】 根据《建设工程安全生产管理条例》，施工单位应组织专家论证、审查专项施工方案的工程是（　　）。(2020 年真题)

A. 起重吊装工程　　B. 脚手架工程

C. 高大模板工程　　D. 拆除、爆破工程

【答案】 C

【例题 2】 根据《建设工程安全生产管理条例》，对于达到一定规模的危险性较大的分部分项工程，编制的专项施工方案除应附具安全验算结果外，还应经（　　）签字后方可实施。(2021 年真题)

A. 施工单位法定代表人、监理单位法定代表人

B. 施工单位技术负责人、监理单位技术负责人

C. 施工单位技术负责人、总监理工程师

D. 施工项目技术负责人、总监理工程师

【答案】 C

【例题 3】 下列实行专业分包的工程中，专项施工方案不能由专业分包单位组织编制的有（　　）。(2017 年真题)

A. 深基坑工程　　B. 附着式升降脚手架工程

C. 起重机械安装拆卸工程　　D. 高大模板工程

E. 拆除、爆破工程

【答案】 DE

【例题 4】 根据《建设工程安全生产管理条例》，达到一定规模的危险性较大的分部分项工程中，施工单位还应当组织专家对专项施工方案进行论证、审查的分部分项工程有（　　）。(2018 年真题)

A. 深基坑工程　　B. 脚手架工程

C. 地下暗挖工程　　D. 起重吊装工程

E. 拆除、爆破工程

【答案】 AC

【例题 5】 根据《建设工程安全生产管理条例》，属于施工单位的安全责任的是（　　）。(2021 年真题)

A. 拆除工程施工前将拆除施工组织方案报有关部门备案

B. 组织专家对高大模板工程的专项施工方案进行论证、审查

C. 编制工程概算时确定安全施工所需费用

D. 申办施工许可证时提供安全施工措施资料

【答案】B

【解析】选项 A、C、D 属于建设单位的安全责任。

【例题 6】根据《建设工程安全生产管理条例》，施工单位的安全责任有（　　）。（2022 年真题）

A. 申领施工许可证时提供安全施工措施资料

B. 将拆除工程施工组织方案报送有关部门备案

C. 组织专家对深基坑专项施工方案进行论证

D. 施工现场临时搭建的建筑物应符合安全使用要求

E. 为施工现场从事危险作业人员办理意外伤害保险

【答案】CDE

【解析】选项 A、B 属于建设单位的安全责任。

【例题 7】根据《建设工程安全生产管理条例》，关于建设单位安全责任的说法，正确的有（　　）。（2023 年真题）

A. 自开工报告批准之日起 15 日内，将保障安全施工的措施报送建设工程所在地县级以上地方人民政府建设行政主管部门备案

B. 申领施工许可证时，应当提供建设工程有关安全施工措施的资料

C. 在拆除工程施工 30 日前，将拆除施工组织方案报建设工程所在地县级以上地方人民政府建设行政主管部门备案

D. 对涉及高大模板工程的专项施工方案应组织专家论证

E. 建设工程实施平行发包的，建设单位应对施工现场安全生产负总责

【答案】ABE

【解析】选项 C 错误，“30 日”应改为“15 日”；选项 D 错误，容易错选，其属于施工单位的安全责任。

知识点五　生产安全事故的应急救援

实行施工总承包的，由总包单位统一组织编制安全生产事故应急救援预案，总包单位和分包单位各自组织并演练。

实行施工总承包的建设工程，由总承包单位负责上报事故。

典型例题

【例题 1】甲公司将某住宅项目发包给乙公司施工，并与丙公司签订监理合同。乙公司承接后，将其中的外墙装饰工程分包给丁公司。根据《建设工程安全生产管理条例》，负责统一组织编制建设工程生产安全事故应急救援预案的单位是（　　）。

A. 甲公司　　B. 丙公司　　C. 乙公司　　D. 丁公司

【答案】C

【解析】实行施工总承包的，由总包单位统一组织编制安全生产事故应急救援预案。

【例题 2】某建设工程由甲公司作为施工总承包单位，乙、丙、丁公司为分包单位，根据《建设工程安全生产管理条例》，关于事故应急救援和调查处理的说法，正确的是

（　　）。

A. 甲、乙、丙、丁公司应分别制定生产安全事故应急救援预案，各自建立应急救援组织或者配备应急救援人员，配备救援器材、设备，并定期各自组织演练

B. 该建设工程发生生产安全事故，应由甲公司组织乙、丙、丁公司共同向应急管理部门、建设行政主管部门或者其他有关部门报告

C. 该建设工程发生生产安全事故，应当由乙、丙、丁公司各自向应急管理部门、建设行政主管部门或者其他有关部门报告

D. 甲公司应当统一组织编制建设工程生产安全事故应急救援预案，甲公司和乙、丙、丁公司按照应急救援预案，各自建立应急救援组织或者配备应急救援人员，配备救援器材、设备，并定期组织演练

【答案】D

【解析】实行施工总承包的，由总包单位统一组织编制安全生产事故应急救援预案，总包单位和分包单位各自组织并演练。因此，选项 A 错误，选项 D 正确。选项 B、C 错误，实行施工总承包的建设工程，由总承包单位负责上报事故。

知识点六　法律责任（罚款）（1 题）（掌握建设单位、施工单位的处罚）

《建设工程安全生产管理条例》中的相关规定如下：

第六十四条　违反本条例的规定，施工单位有下列行为之一的，责令限期改正；逾期未改正的，责令停业整顿，并处五万元以上十万元以下的罚款；造成重大安全事故，构成犯罪的，对直接责任人员，依照刑法有关规定追究刑事责任：

（一）施工前未对有关安全施工的技术要求做出详细说明的；

（二）未根据不同施工阶段和周围环境及季节、气候的变化，在施工现场采取相应的安全施工措施，或者在城市市区内的建设工程的施工现场未实行封闭围挡的；

（三）在尚未竣工的建筑物内设置员工集体宿舍的；

（四）施工现场临时搭建的建筑物不符合安全使用要求的；

（五）未对因建设工程施工可能造成损害的毗邻建筑物、构筑物和地下管线等采取专项防护措施的。

第六十五条　违反本条例的规定，施工单位有下列行为之一的，责令限期改正；逾期未改正的，责令停业整顿，并处十万元以上三十万元以下的罚款：

（一）安全防护用具、机械设备、施工机具及配件在进入施工现场前未经查验或者查验不合格即投入使用的；

（二）使用未经验收或者验收不合格的施工起重机械和整体提升脚手架、模板等自升式架设设施的；

（三）委托不具有相应资质的单位承担施工现场安装、拆卸施工起重机械和整体提升脚手架、模板等自升式架设设施的；

（四）在施工组织设计中未编制安全技术措施、施工现场临时用电方案或者专项施工方案的。（2021 年针对此条出过考题）

建设单位的违法行为及罚款数额如表 3-24 所示。

建设单位的违法行为及罚款数额　　表 3-24

罚款数额	建设单位的违法行为
20 万～50 万元	迫使承包方低于成本竞标
	任意压缩合理工期
	明示或暗示降低设计、施工质量
	设计文件未经审查或审查不合格擅自施工
	明示或暗示施工单位使用不合格的建筑材料
	必须监理而未实行监理
	未办理工程质量监督手续
	未将竣工验收报告报送备案
	将拆除工程发包给不具备相应资质的施工单位
	对勘察、设计、施工、监理提出违反强制标准的要求
50 万～100 万元	将工程发包给资质不符的单位

典型例题

【例题】根据《建设工程安全生产管理条例》，对于（　　）的行为，责令限期改正，逾期未改正的，责令停业整顿，并处 10 万元以上 30 万元以下的罚款。（2021 年真题）

A. 监理单位发现安全事故隐患未及时要求施工单位整改或暂时停止

B. 设备出租单位出租未经安全性能检测的机械设备和施工机具及配件

C. 施工单位施工前未对有关安全施工的技术要求做出详细说明

D. 施工单位在施工现场临时搭建的建筑物不符合安全使用要求

E. 施工单位在施工组织设计中未编制安全技术措施或专项施工方案

【答案】AE

【解析】选项 B、C、D 罚款 5 万元以上 10 万元以下。

七、《生产安全事故报告和调查处理条例》（2～3 分）

考情分析：

近三年考情分析如表 3-25 所示。

近三年考情分析　　表 3-25

年份	2024 年	2023 年	2022 年
单选分值	0	0	0
多选分值	2	4	2
合计分值	2	4	2

主要知识点：

1. 安全事故等级的判断（1 分）
2. 事故报告的程序和内容
3. 事故调查的时间和内容

4. 法律责任（罚款）

知识点一 安全事故等级的判断（1分）

（1）特别重大事故是指一次造成30人以上死亡，或100人以上重伤（包括急性工业中毒，下同），或1亿元以上直接经济损失的事故。

（2）重大事故是指一次造成10人以上30人以下死亡，或者50人以上100人以下重伤，或者5000万元以上1亿元以下直接经济损失的事故。

（3）较大事故是指一次造成3人以上10人以下死亡，或者10人以上50人以下重伤，或者1000万元以上5000万元以下直接经济损失的事故。

（4）一般事故是指一次造成3人以下死亡，或者3人以上10人以下重伤，或者1000万元以下直接经济损失的事故。

（注："以上"包含本数，"以下"不含本数）

上述内容总结如图3-2所示。

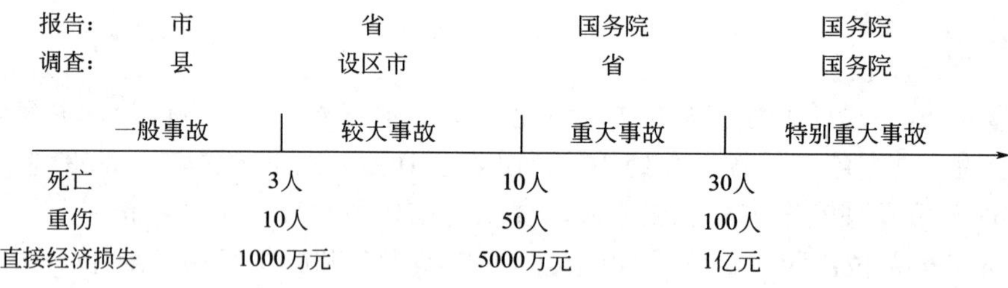

图3-2 安全事故等级总结

典型例题

【例题1】 根据《生产安全事故报告和调查处理条例》，某生产安全事故造成5人死亡、1亿元直接经济损失，该生产安全事故属（ ）。（2018年真题）

A. 特别重大事故　　B. 重大事故

C. 严重事故　　D. 较大事故

【答案】 A

【例题2】 某化工企业因管道泄漏，造成2人死亡，51人急性工业中毒，事故发生后第9天，急性工业中毒的人员中因抢救无效2人死亡，该事故等级属于（ ）。

A. 一般事故　　B. 较大事故

C. 重大事故　　D. 特别重大事故

【答案】 C

【例题3】 根据《生产安全事故报告和调查处理条例》，属于重大事故的是（ ）的事故。（2020年真题）

A. 造成3人死亡，直接经济损失3000万元

B. 造成5人死亡，直接经济损失1000万元

C. 造成30人重伤，直接经济损失3000万元

D. 造成10人重伤，直接经济损失5000万元

【答案】 D

【例题 4】 根据《生产安全事故报告和调查处理条例》，下列生产安全事故中，属于重大事故的有（　　）。(2023 年真题)

A. 造成 1 人死亡，50 人重伤，直接经济损失 4000 万元

B. 造成 6 人死亡，10 人重伤，直接经济损失 6000 万元

C. 造成 3 人死亡，40 人重伤，直接经济损失 4000 万元

D. 造成 4 人死亡，20 人重伤，直接经济损失 5000 万元

E. 造成 5 人死亡，30 人重伤，直接经济损失 3000 万元

【答案】 ABD

知识点二　事故报告的程序和内容

1. 事故报告的时间

事故发生后，事故现场有关人员应当立即向本单位负责人报告，单位负责人接到报告后，应当于 1 小时内向事故发生地县级以上人民政府安全生产监督管理部门和负有安全生产监督管理职责的有关部门报告。

安全生产监督管理部门和负有安全生产监督管理职责的有关部门逐级上报事故情况，每级上报的时间不得超过 2 小时。

2. 事故续报、补报

自事故发生之日起 30 日内，事故造成的伤亡人数发生变化的，应当及时补报。道路交通事故、火灾事故自发生之日起 7 日内，事故造成的伤亡人数发生变化的，应当及时补报。

典型例题

【例题 1】 根据《生产安全事故报告和调查处理条例》，单位负责人接到事故报告后，应当于（　　）小时内向事故发生地县级以上人民政府安全生产监督管理部门和负有安全生产监督管理职责的有关部门报告。

A. 1　　B. 2　　C. 8　　D. 24

【答案】 A

【例题 2】 依据《生产安全事故报告和调查处理条例》，事故造成的伤亡人数发生变化的，应当及时补报。其中，道路交通事故、火灾事故补报的时限为自事故发生之日起（　　）日内。

A. 3　　B. 7　　C. 15　　D. 30

【答案】 B

【例题 3】 依据《生产安全事故报告和调查处理条例》，生产安全事故造成的伤亡人数发生变化时，应当及时补报。补报的时限为自事故发生之日起（　　）日内。

A. 10　　B. 20　　C. 30　　D. 60

【答案】 C

【例题 4】 依据《生产安全事故报告和调查处理条例》的规定，下列情形中，应向安全监管部门进行事故补报的是（　　）。

A. 某化工厂发生火灾事故，造成 27 人死亡，10 人重伤；事故发生的第 29 天，2 名重伤人员死亡

B. 某高速公路发生车辆追尾事故，造成 10 人死亡，5 人重伤；10 天后，1 名重伤人员死亡

C. 某汽车生产企业发生机械伤害事故，造成 3 人死亡，2 人重伤；事故发生的第 30 天，其中 1 名重伤人员出院

D. 某建筑工地发生高处坠落事故，造成 5 人死亡，3 人重伤；事故发生的第 8 天，1 名重伤人员死亡

【答案】D

知识点三 事故调查的时间和内容

事故调查组应当自事故发生之日起 60 日内提交事故调查报告；特殊情况下，经负责事故调查的人民政府批准，提交事故调查报告的期限可以适当延长，但延长的期限最长不超过 60 日。技术鉴定所需时间不计入事故调查期限。

重大事故、较大事故、一般事故，负责事故调查的人民政府应当自收到事故调查报告之日起 15 日内做出批复；特别重大事故，30 日内做出批复，特殊情况下，批复时间可以适当延长，但延长的时间最长不超过 30 日。

事故报告及事故调查报告的内容对比如表 3-26 所示。

事故报告及事故调查报告的内容 **表 3-26**

事故报告的内容(大概的)	事故调查报告的内容(详细的)
①事故发生单位概况	①事故发生单位概况
②发生的时间、地点以及现场情况	②事故发生经过和事故救援情况
③事故的简要经过	③事故发生的原因和事故性质
④事故已经造成或者可能造成的伤亡人数和初步估计的直接经济损失	④事故造成的人员伤亡和直接经济损失
⑤已经采取的措施	⑤事故责任的认定以及对事故责任者的处理建议
⑥其他应当报告的情况	⑥事故防范和整改措施

典型例题

【例题 1】根据《生产安全事故报告和调查处理条例》，事故报告应包含的内容有（ ）。(2019 年、2022 年、2024 年真题)

A. 事故发生单位概况　　B. 事故发生的时间、地点

C. 事故发生的原因和性质　　D. 事故已造成的伤亡人数

E. 已采取的措施

【答案】ABDE

【例题 2】根据《生产安全事故报告和调查处理条例》，关于事故调查的说法，正确的有（ ）。(2023 年真题)

A. 特别重大事故由国务院或国务院授权有关部门组织事故调查组进行调查

B. 重大事故、较大事故由事故发生地省级人民政府负责调查

C. 未造成人员伤亡的一般事故，县级人民政府可以委托事故发生单位组织事故调查组进行调查

D. 事故发生地与事故发生单位不在同一个县级以上行政区域的，由事故发生地人民政府负责调查

E. 事故调查组应当自事故发生之日起 45 日内提交事故调查报告

【答案】ACD

【解析】选项 B 错误，重大事故由事故发生地省级人民政府负责调查，较大事故由事故发生地市级人民政府负责调查；选项 E 错误，事故调查组应当自事故发生之日起"60 日内"提交事故调查报告，特殊情况下，经批准，可以适当延长，但延长的期限最长不超过 60 日。

八、《招标投标法实施条例》(3 分)

考情分析：

近三年考情分析如表 3-27 所示。

近三年考情分析　　表 3-27

年份	2024 年	2023 年	2022 年
单选分值	1	0	0
多选分值	2	2	2
合计分值	3	2	2

主要知识点：

1. 邀请招标与直接发包的项目（1 分）
2. 招标文件的时间规定汇总（1 分）
3. 投标保证金、标底、投标限价、履约保证金（1 分）
4. 评标和中标的规定（0～1 分）

知识点一　邀请招标与直接发包的项目（1 分）

招标发包与直接发包如图 3-3 所示。

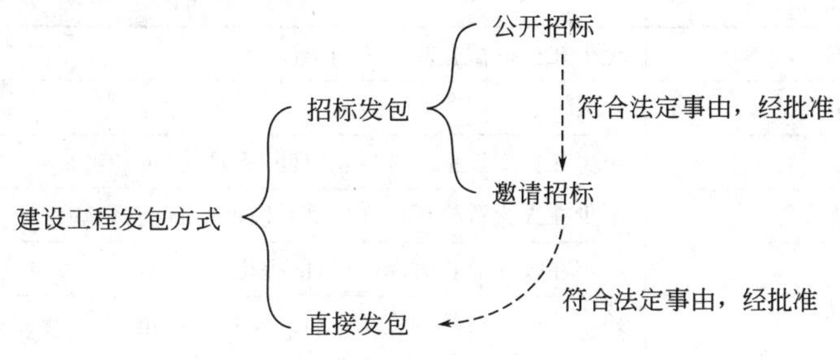

图 3-3　招标发包与直接发包

邀请招标与直接发包的项目如表 3-28 所示。

邀请招标与直接发包的项目　　　　表 3-28

公开招标	国有资金占控股或者主导地位的、依法必须进行招标的项目
邀请招标	①技术复杂、有特殊要求或者受自然环境限制，只有少量潜在投标人可供选择
	②采用公开招标方式的费用占项目合同金额的比例过大
可以不招标	①需要采用不可替代的专利或者专有技术
	②采购人依法能够自行建设、生产或者提供
	③已通过招标方式选定的特许经营项目投资人依法能够自行建设
	④需要向原中标人采购，否则将影响施工或者功能配套要求

典型例题

【例题 1】 根据《招标投标法实施条例》，依法招标的项目可以不招标的情形是（　　）。(2021 年真题)

A. 技术复杂，只有少量潜在投标人可供选择的

B. 受自然环境限制，只有少量潜在投标人可供选择的

C. 采购人依法能够自行建设的

D. 招标费用占项目合同金额的比例过大的

【答案】 C

【例题 2】 根据《招标投标法实施条例》，可采用邀请招标方式的情形有（　　）。

A. 技术复杂，有特殊要求，潜在投标人数量较少的

B. 受自然环境限制，只有少量潜在投标人可选择的

C. 公开招标方式的费用占项目合同金额比例过大的

D. 采用不可替代的专利或专有技术的

E. 采购人依法能够自行建设的

【答案】 ABC

知识点二　招标文件的时间规定汇总（1 分）

如表 3-29 所示。

招标文件的时间规定汇总　　　　表 3-29

事项	时间规定
招标人发出招标文件	至少在投标截止时间 20 日前
出售招标文件、资格预审文件	≥5 日
澄清、修改招标文件	至少在提交投标文件截止时间 15 日前(可顺延)
澄清、修改资格预审申请文件	至少在提交资格预审文件截止时间 3 日前(可顺延)
投标人对招标文件有异议	应当在投标截止时间 10 日前提出
	招标人应当自收到异议之日起 3 日内做出答复；做出答复前，应当暂停招标投标活动

招标投标时间轴如图 3-4 所示。

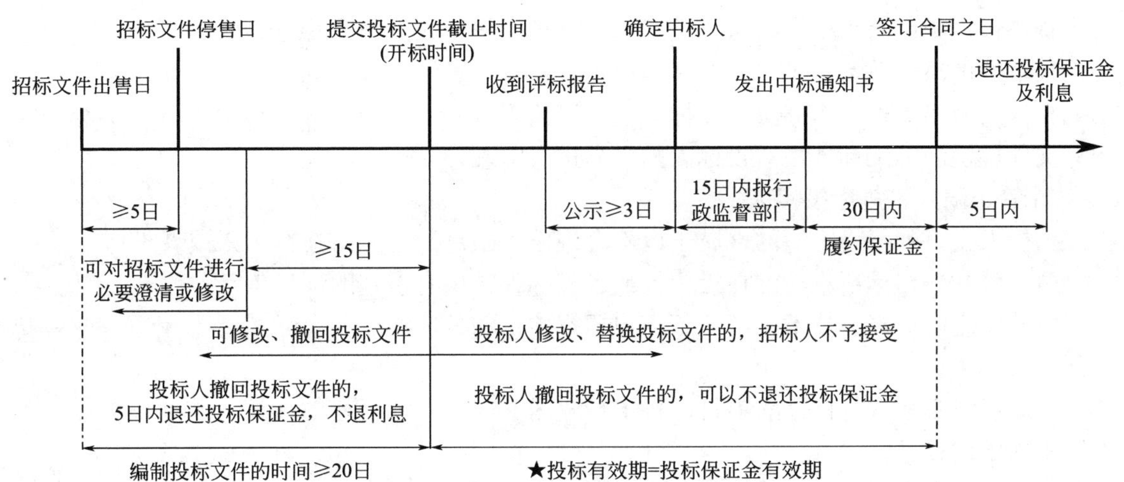

图 3-4　招标投标时间轴

典型例题

【例题 1】根据《招标投标法实施条例》，依法必须进行招标的项目，招标人应当组建资格审查委员会审查资格预审申请文件。自资格预审文件停止发售之日起不得少于（　　）日。(2018 年真题)

A. 3　　B. 5　　C. 7　　D. 10

【答案】B

【例题 2】根据《招标投标法实施条例》，潜在投标人或者其他利害关系人对招标文件有异议的，应在投标截止时间（　　）日前提出。(2017 年真题)

A. 2　　B. 3　　C. 7　　D. 10

【答案】D

【例题 3】根据《招标投标法实施条例》，潜在投标人或其他利害关系人对招标文件有异议的，应在投标截止时间（　　）日前提出。(2014 年、2016 年、2017 年真题)

A. 2　　B. 3　　C. 7　　D. 10

【答案】D

知识点三　投标的规定（1 分）

1. 资格预审

国有资金占控股或者主导地位的依法必须进行招标的项目，招标人应当组建资格审查委员会审查资格预审申请文件。

资格预审与资格后审的对比如表 3-30 所示。

资格预审与资格后审的对比　　表 3-30

资格预审	一般招标项目	招标人审查
	国有资金占控股或主导地位的依法必须进行招标的项目	资格审查委员会审查
资格后审	所有招标项目	评标委员会审查

资格预审结束后，招标人应当及时向资格预审申请人发出资格预审结果通知书。通过资格预审的申请人数量少于 3 人的，应当重新招标。

招标人采用资格后审办法对投标人进行资格审查的，应当在开标后由评标委员会按照招标文件规定的标准和方法对投标人的资格进行审查。

2. 禁止限制、排斥投标人

招标人有下列行为之一的，属于以不合理条件限制、排斥潜在投标人或者投标人：

（1）就同一招标项目向潜在投标人或者投标人提供有差别的项目信息；

（2）设定的资格、技术、商务条件与招标项目的具体特点和实际需要不相适应或者与合同履行无关；

（3）依法必须进行招标的项目以特定行政区域或者特定行业的业绩、奖项作为加分条件或中标条件；

（4）对潜在投标人或者投标人采取不同的资格审查或者评标标准；

（5）限定或者指定特定的专利、商标、品牌、原产地或者供应商；

（6）依法必须进行招标的项目非法限定潜在投标人或者投标人的所有制形式或者组织形式（如要求投标人必须是国企或央企）；

（7）其他（如招标人不得组织单个或者部分潜在投标人踏勘项目现场）。

（注：招标人对招标项目划分标段的，不得利用划分标段限制或者排斥潜在投标人；招标文件规定不选用联合体，不属于限制、排斥投标人）

典型例题

【例题 1】下列情形中，属于招标人以不合理条件限制、排斥潜在投标人或者投标人的有（　　）。

A. 就同一招标项目向潜在投标人或者投标人提供无差别的项目信息

B. 依法必须进行招标的项目以特定行业的业绩作为加分条件

C. 指定特定的专利、商标、品牌、原产地或者供应商

D. 设定的资格、技术、商务条件与招标项目的具体特点和实际需要相适应

E. 依法必须进行招标的项目限定潜在投标人或者投标人的组织形式

【答案】BC

【解析】选项 A、D 属于合法行为；选项 E 容易错选，依法必须进行招标的项目非法限定潜在投标人或者投标人的所有制形式或者组织形式。

3. 两阶段招标

如表 3-31 所示。

两阶段招标　　　　**表 3-31**

适用范围	技术复杂或无法精确拟定技术规格的项目
第一阶段	投标人提交不带报价的技术建议，招标人根据投标人提交的技术建议确定技术标准和要求，编制招标文件
第二阶段	招标人向在第一阶段提交技术建议的投标人提供招标文件，投标人按照招标文件的要求提交包括最终技术方案和投标报价的投标文件 招标人要求投标人提交投标保证金的，应当在第二阶段提出

【例题 2】 技术复杂的建设工程项目，招标人可采用两阶段招标。关于第二阶段评标的说法，错误的是（　　）。（2017 年真题）

A. 评标委员会检查各投标书是否按照第一阶段提出的要求做出响应性修改

B. 投标人在澄清问题之后，应以书面形式对投标书的不明之处加以说明

C. 技术标未通过者，商务标原封不动退还给投标人

D. 技术标未通过者，但商务报价及优惠条件对项目有利的，可参加第二阶段评标

【答案】 D

【例题 3】 根据《招标投标法实施条例》，关于两阶段招标的说法，正确的有（　　）。（2024 年真题）

A. 投标有效期应从提交投标文件的截止之日起算

B. 投标人应在第一阶段提交不带报价的技术建议

C. 投标人应在第一阶段提交投标保证金

D. 招标人应在第二阶段编制标底

E. 招标人应根据投标人提交的技术建议编制招标文件

【答案】 ABE

【解析】 选项 A 正确，招标人应当在招标文件中载明投标有效期。投标有效期从提交投标文件的截止之日起算。

选项 B、E 正确，第一阶段，投标人按照招标公告或者投标邀请书的要求提交不带报价的技术建议，招标人根据投标人提交的技术建议确定技术标准和要求，编制招标文件。

选项 C 错误，第二阶段，招标人向在第一阶段提交技术建议的投标人提供招标文件，投标人按照招标文件的要求提交包括最终技术方案和投标报价的投标文件。招标人要求投标人提交投标保证金的，应当在第二阶段提出。

选项 D 错误，招标人可以自行决定是否编制标底。

4. 投标有效期

投标有效期从提交投标文件的截止之日起算。

投标有效期起点＝开标时间＝投标截止日期＝投标保证金有效期起点。

5. 标底及投标限价

（1）招标人可以自行决定是否编制标底。

（2）一个招标项目只能有一个标底。

（3）标底必须保密。

（4）招标人可以设有最高投标限价，但不得规定最低投标限价。

【例题 4】 根据《招标投标法实施条例》的规定，下列关于标底的说法正确的是（　　）。

A. 编制标底是强制性的，招标人必须编制

B. 招标人可以规定最低投标限价

C. 标底必须由招标人自行编制

D. 一个工程只能有一个标底

E. 编制的标底不能作为评标的依据，只能作为评标的参考

【答案】 DE

【例题 5】 关于招标文件的说法，正确的是（　　）。

A. 招标人可以在招标文件中设定最高投标限价和最低投标限价

B. 潜在投标人对招标文件有异议的，应当在投标截止时间 15 日前提出

C. 招标人应当在招标文件中载明投标有效期，投标有效期从提交投标文件的截止之日算起

D. 招标人对已经发出的招标文件进行必要的澄清的，应当在投标截止时间至少 10 日之前，通知所有获取招标文件的潜在投标人

【答案】 C

6. 投标保证金（表 3-32）

投标保证金 **表 3-32**

数额	投标保证金不得超过招标项目估算价的 2%
期限	投标保证金有效期应当与投标有效期一致
提交	实行两阶段招标的，应当在第二阶段提出
退还	投标人撤回（开标前）投标文件，应当自收到投标人书面撤回通知之日起 5 日内退还
	投标人撤销（开标后）投标文件的，招标人可以不退还投标保证金
	招标人最迟应当在“书面合同签订后”5 日内向“中标人和未中标的投标人”退还投标保证金及银行同期“存款”利息
建筑行业的保证金只有四种	投标保证金、履约保证金、工程质量保证金、农民工工资保证金

【例题 6】 根据《招标投标法实施条例》，招标人最迟应在书面合同签订后（　　）日内向中标人和未中标的投标人退还投标保证金及银行同期存款利息。（2014 年真题）

A. 3　　B. 5　　C. 10　　D. 15

【答案】 B

【例题 7】 根据《招标投标法实施条例》，关于投标保证金的说法，正确的是（　　）。（2020 年真题）

A. 投标保证金有效期应当与投标有效期一致

B. 投标保证金不得超过招标项目估算价的 5%

C. 投标保证金应当从投标人的商业账户中转出

D. 投标保证金应当在书面合同签订后 15 日内退还

【答案】 A

【解析】 选项 B 错误，投标保证金不得超过招标项目估算价的“2%”。投标保证金有效期应当与投标有效期一致。选项 C 错误，依法必须进行招标的项目的境内投标单位，投标保证金应当从其“基本账户”转出。选项 D 错误，招标人最迟应当在书面合同签订后“5 日内”向中标人和未中标的投标人退还投标保证金及银行同期存款利息。

【例题 8】 关于投标保证金的说法，正确的是（　　）。

A. 投标保证金有效期应当与投标有效期一致

B. 投标人应当按照招标文件的要求提交投标保证金

C. 实行两阶段招标的，招标人要求投标人提交投标保证金的，应当在第一阶段提出

D. 投标截止后投标人撤销投标文件的，招标人应当退还投标保证金，但无须支付银行同期存款利息

E. 投标保证金的金额一般由双方约定

【答案】 AB

【解析】 选项C错误，实行两阶段招标的，招标人要求投标人提交投标保证金的，应当在“第二阶段”提出；选项D错误，招标人最迟应当在书面合同签订后5日内向中标人和未中标的投标人退还投标保证金及银行同期存款利息；选项E错误，投标保证金由招标人在招标文件中要求投标人提交。

7. 投标要求（表 3-33）

投标要求　　表 3-33

投标人破产	投标人发生合并、分立、破产等重大变化的，应当及时书面告知招标人
投标限制	单位负责人为同一人或者存在控股、管理关系的不同单位，不得参加同一标段投标或者未划分标段的同一招标项目投标。违反以上规定的，相关投标均无效
否决投标	投标报价不得低于工程成本，不得高于最高投标限价。 投标报价低于工程成本或者高于最高投标限价总价的，应当否决投标
修改与撤回	①投标人在提交投标文件的截止时间前，可以补充、修改或者撤回 ②补充、修改或者撤回投标文件的，应当书面通知招标人 ③在提交投标文件的截止时间后，撤销投标文件的，不予退还投标保证金
送达与签收	①投标人应当在提交投标文件的截止时间前，将投标文件送达投标地点 ②招标人收到投标文件后，应当签收保存，不得开启 ③投标人少于3个的，招标人应当依法重新招标 ④在投标截止后或未按要求密封的投标文件，招标人应当拒收

8. 投标人之间串通投标

如表 3-34 所示。

投标人之间串通投标　　表 3-34

属于	①投标人之间协商投标报价等投标文件的实质性内容 ②投标人之间约定中标人 ③投标人之间约定部分投标人放弃投标或者中标 ④属于同一集团、协会、商会等，并按照该组织要求协同投标 ⑤投标人之间为谋取中标或者排斥特定投标人而采取的其他联合行动
视为	①不同投标人的投标文件由同一单位或者个人编制 ②不同投标人委托同一单位或者个人办理投标事宜 ③不同投标人的投标文件载明的项目管理成员为同一人 ④不同投标人的投标文件异常一致或者投标报价呈规律性差异 ⑤不同投标人的投标文件相互混装 ⑥不同投标人的投标保证金从同一单位或者个人的账户转出

【例题 9】 根据《招标投标法实施条例》，应视为投标人相互串通投标的情形有（　　）。（2016 年真题）

A. 互相约定投标保证金
B. 投标文件由同一单位编制
C. 投标保证金从同一单位账户转出
D. 投标文件出现异常一致
E. 有相同的类似工程业绩
【答案】BCD

知识点四 开标、评标、中标、履约保证金的规定（1分）

1. 开标与评标（表3-35）

开标与评标 表3-35

开标	①开标时间与投标截止时间是同一时间，由招标人主持 ②有权检查投标文件密封情况的人：投标人、投标人推选代表或公证人员 ③唱标 ④投标人对开标有异议，应当当场提出，招标人当场答复
评标委员会	评标由评标委员会负责： ①5人以上单数（由招标人代表和技术经济专家两部分组成） ②不得与投标人有利害关系，也不得是监管部门人员 ③专家不少于评标委员会人数的2/3 ④专家一般随机抽取 ⑤定标前名单应保密
评标	①评标委员会经评审，所有投标都不符合招标文件要求的，可以否决所有投标 ②招标文件没有规定的评标标准和方法不得作为评标的依据 ③评标委员不得向招标人征询确定中标人的意向 不得接受任何单位或者个人明示或者暗示提出的倾向或者排斥特定投标人的要求 ④招标项目设有标底的，招标人应当在开标时公布。标底只能作为评标的参考，不得以投标报价是否接近标底作为中标条件，也不得以投标报价超过标底上下浮动范围作为否决投标的条件 ⑤超过1/3的评标委员会成员认为评标时间不够的，招标人应当适当延长 ⑥中标候选人应当不超过3个，并标明排序。评标报告应当由评标委员会全体成员签字。评标委员会成员拒绝在评标报告上签字又不书面说明其不同意见和理由的，视为同意评标结果

2. 投标无效（表3-36）

投标无效 表3-36

拒收（不开标就能发现）	废标（开标后才发现）	澄清
未按要求密封	①没有单位盖章和单位负责人签字 ②联合投标没有共同协议 ③资格不符 ④提交两份标书或报价（未说明哪一个有效） ⑤低于成本价或高于限价竞标 ⑥未对招标文件实质问题做出响应 ⑦串通、弄虚作假、行贿等	含义不明确的内容
未送达指定地点		明显文字或者计算错误
逾期送达的		—
未通过资格预审		

典型例题

【例题 1】下列情形中，评标委员会应当否决的投标有（　　）。

A. 投标报价低于成本

B. 投标联合体没有提交共同投标协议

C. 投标报价高于招标文件设定的最高投标限价

D. 投标文件未经投标人负责人签字，也未经投标人盖章

E. 投标文件未按招标文件要求进行密封

【答案】ABCD

【解析】选项 E 属于招标人应当拒收投标文件的情形。

【例题 2】根据《招标投标法实施条例》，评标委员会应当否决其投标的情形有（　　）。（2023 年真题）

A. 投标文件未经投标单位盖章的

B. 投标文件未经投标单位负责人签字的

C. 投标文件未在投标截止时间之前送达的

D. 投标文件未按招标文件要求进行密封的

E. 投标联合体没有提交共同投标协议的

【答案】ABE

【解析】本题有瑕疵，否则本题只有 E 正确，考场中应以得分为原则。由于选项 C、D 属于招标人应当拒收的情形，因此本题综合考虑，选项 A、B、E 更为合适。

【例题 3】根据《招标投标法实施条例》和相关法律法规，下列评标委员会的做法中，错误的是（　　）。

A. 以所有投标都不符合招标文件的要求为由，否决所有投标

B. 拒绝招标人在评标时提出新的评标要求

C. 投标人弄虚作假的，否决其投标

D. 以投标报价超过标底上下浮动范围为由否决投标

【答案】D

【解析】标底只能作为评标的参考，不得以投标报价是否接近标底作为中标条件，也不得以投标报价超过标底上下浮动范围作为否决投标的条件。

【例题 4】根据《招标投标法实施条例》，下列关于投标文件的澄清和说明，说法正确的是（　　）。

A. 投标文件中有明显文字或者计算错误的，评标委员会可以要求投标人做出必要的澄清、说明

B. 投标人的澄清、说明可以采用书面形式或口头形式

C. 投标人可以主动就投标文件中含义不明确的内容向评标委员会提出澄清说明

D. 投标人在澄清说明中可以同时提出更优化的施工方案和报价

【答案】A

【解析】选项 B、D 错误，投标人的澄清、说明应当采用“书面”形式，并不得超出投标文件的范围或者改变投标文件的实质性内容。选项 C 错误，投标人“不得主动”就投

标文件中含义不明确的内容向评标委员会提出澄清说明。

【例题 5】关于评标的说法，正确的是（　　）。

A. 中标候选人应当不超过 3 个

B. 招标项目设有标底的，招标人应当在开标后公布

C. 评标委员会成员拒绝在评标报告上签字的，视为同意评标结果

D. 投标人口头的澄清、说明不得超出投标文件的范围

【答案】A

3. 中标（表 3-37）

中标的法定要求　　表 3-37

公示中标候选人	招标人应当自收到评标报告之日起 3 日内公示中标候选人，公示期不得少于 3 日 投标人或者其他利害关系人对评标结果有异议的，应当在中标候选人公示期间提出
确定中标人	招标人根据评标报告和推荐的中标候选人确定中标人 招标人也可以授权评标委员会直接确定中标人
	国有资金占控股或主导地位的必须招标项目，应当确定第一中标候选人为中标人
	排名第一的中标候选人：放弃中标、因不可抗力不能履行合同、不按照招标文件要求提交履约保证金、被查实存在影响中标结果的违法行为等情形 不符合中标条件的，招标人可以确定第二中标候选人为中标人，也可以重新招标
重新审查	中标候选人的经营、财务状况发生较大变化或者存在违法行为，招标人认为可能影响其履约能力的，应当在发出中标通知书前由原评标委员会重新审查确认
中标通知	①招标人应当向中标人发出中标通知书，并同时将中标结果通知所有未中标的投标人 ②中标通知书对招标人和中标人具有法律效力 ③必须招标的项目，招标人应当自确定中标人之日起 15 日内，向行政监督部门报告
履约保证金	中标人提交履约保证金的，履约保证金不得超过中标合同金额的 10% 招标文件要求中标人提交履约保证金，中标人拒绝提交的，应视为放弃中标项目

【例题 6】根据《招标投标法实施条例》，国有资金占控股地位的依法招标项目，关于如何确定中标人的说法，正确的是（　　）。

A. 招标人可以确定任何一名中标候选人为中标人

B. 招标人可以授权评标委员会直接确定中标人

C. 排名第一的中标候选人放弃中标，招标人应当确定第二中标候选人中标

D. 排名第一的中标候选人被查实不符合中标条件的，应当重新招标

【答案】B

【解析】国有资金占控股或者主导地位的依法必须进行招标的项目，招标人应当确定排名第一的中标候选人为中标人，因此，选项 A 错误。选项 B 正确，招标人可以直接确定中标人，也可以授权评标委员会直接确定中标人。选项 C、D 错在“应当”，应改为“可以”。

4. 履约保证金

投标保证金和履约保证金的对比如表 3-38、图 3-5 所示。

投标保证金和履约保证金的对比 表 3-38

区别	投标保证金	履约保证金
作用	约束所有投标人	约束中标人
提交时间	投标时	中标后,签合同前
份额	项目估算价的 2%	中标价的 10%

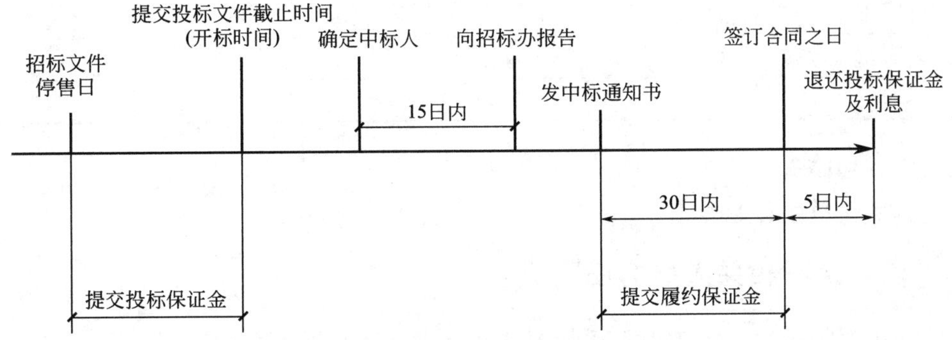

图 3-5 投标保证金和履约保证金

【例题 7】 根据《招标投标法实施条例》，招标文件要求中标人提交履约保证金的，履约保证金不得超过中标合同金额的（ ）。(2016 年真题)

A. 10% B. 8% C. 5% D. 3%

【答案】 A

【例题 8】 关于履约保证金的说法，正确的是（ ）。

A. 中标人必须交纳履约保证金

B. 履约保证金不得超过中标合同金额的 20%

C. 履约保证金是投标保证金的另一种表述

D. 中标人违反招标文件的要求拒绝提交履约保证金的，视为放弃中标项目

【答案】 D

【例题 9】 根据《招标投标法实施条例》，关于招标的说法，正确的有（ ）。(2021 年真题)

A. 资格预审文件或者招标文件的发售期不得少于 7 日

B. 潜在投标人对招标文件有异议的，应当在投标截止时间 15 日前提出

C. 招标人可以自行决定是否编制标底

D. 招标人不得组织部分潜在投标人踏勘工程现场

E. 招标人应当合理确定提交资格预审申请文件的时间

【答案】 CDE

【解析】 选项 A 错误，资格预审文件或者招标文件的发售期不得少于“5 日”；选项 B 错误，潜在投标人对招标文件有异议的，应当在投标截止时间“10 日”前提出。

第二节　建设工程监理规范

考情分析：

近三年考情分析如表 3-39 所示。

近三年考情分析　　**表 3-39**

年份	2024 年	2023 年	2022 年
单选分值	1	1	0
多选分值	0	0	2
合计分值	1	1	2

本节主要知识点：

监理相关人员的任职要求

知识点一　监理相关人员的任职要求

总监理工程师应由注册监理工程师担任。一名注册监理工程师可担任一项建设工程监理合同的总监理工程师。当需要同时担任多项建设工程监理合同的总监理工程师时，应经建设单位书面同意，且最多不得超过三项。

总监理工程师代表：经工程监理单位法定代表人同意，由总监理工程师书面授权，代表总监理工程师行使其部分职责和权力，具有工程类注册执业资格（如：注册监理工程师、注册造价工程师、注册建造师、注册工程师、注册建筑师等）或具有中级及以上专业技术职称、3 年及以上工程实践经验并经监理业务培训的人员。

专业监理工程师是指由总监理工程师授权，负责实施某一专业或某一岗位的监理工作，有相应监理文件签发权，具有工程类注册执业资格（如：注册监理工程师、注册造价工程师、注册建造师、注册工程师、注册建筑师等）或具有中级及以上专业技术职称、2 年及以上工程实践经验并经监理业务培训的人员。

监理员是指从事具体监理工作，具有中专及以上学历并经过监理业务培训的人员。监理员需要有中专及以上学历，并经过监理业务培训。

以上对比汇总于表 3-40 中。

监理相关人员的任职要求　　**表 3-40**

要求	总监理工程师代表	专业监理工程师	监理员
工程类执业资格或中级职称	√	√	
工程实践经验	3 年	2 年	—
经过监理业务培训	√	√	√
学历			中专

典型例题

【例题 1】 根据《建设工程监理规范》GB/T 50319—2013，总监理工程师代表可由具有中级以上专业技术职称、（ ）年及以上工程实践经验并经监理业务培训的人员担任。

A. 1　　B. 2　　C. 3　　D. 5

【答案】C

【例题 2】一名注册监理工程师要同时担任三项建设工程的总监理工程师时，应（ ）。

A. 征得质量监督机构书面同意　　B. 征得建设单位书面同意

C. 书面通知施工单位　　D. 书面通知建设单位

【答案】B

【例题 3】下列选项中，关于总监理工程师的说法，错误的是（ ）。

A. 总监理工程师应由注册监理工程师担任

B. 具有工程类注册执业资格（注册造价工程师、注册建造师）的人员，可以担任总监理工程师

C. 一名注册监理工程师可担任一项建设工程监理合同的总监理工程师

D. 一名注册监理工程师需要同时担任多项建设工程监理合同的总监理工程师时，应经建设单位书面同意，且最多不得超过三项

【答案】B

【解析】选项 B 错误，总监理工程师应由注册监理工程师担任。

【例题 4】根据《建设工程监理规范》GB/T 50319—2013，关于工程监理人员的说法，正确的有（ ）。（2022 年真题）

A. 总监理工程师应由注册监理工程师担任

B. 总监理工程师应由工程监理单位法定代表人书面任命

C. 总监理工程师代表可由具有中级专业技术职称、3 年及以上工程实践经验并经监理业务培训的人员担任

D. 专业监理工程师可由具有中级专业技术职称、2 年及以上工程实践经验的人员担任

E. 监理员可由具有初级专业技术职称并经监理业务培训的人员担任

【答案】ABC

【解析】选项 D 错误，专业监理工程师由总监理工程师授权，由具有工程类注册执业资格（如：注册监理工程师、注册造价工程师、注册建造师、注册工程师、注册建筑师等）或具有中级及以上专业技术职称、2 年及以上工程实践经验“并经监理业务培训”的人员担任。

本章精选习题

一、单项选择题

1. 根据《建筑法》，在建的建筑工程因故中止施工的，建设单位应当自中止施工之日起（ ）内，向施工许可证发证机关报告。

A. 10 日　　B. 15 日

C. 1 个月　　D. 2 个月

2. 实行施工总承包的，（　　）负责施工现场安全。

A. 业主　　　　B. 监理单位

C. 设计单位　　　　D. 总承包单位

3. 根据《建筑法》，关于建筑安全生产管理的说法，正确的是（　　）。

A. 要求企业为从事危险作业的职工办理意外伤害保险，支付保费

B. 未经安全生产教育培训的人员，在相关人等的带领下可以上岗作业

C. 施工作业人员有权获得安全生产所需的防护用品

D. 建设单位涉及建筑主体和承重结构变动的装修工程，没有设计方案的按原方案施工

4. 根据《招标投标法》，依法必须进行招标的项目，自招标文件开始发出之日起至投标人提交投标文件截止之日止，最短不得少于（　　）日。

A. 10　　　　B. 15

C. 20　　　　D. 30

5. 根据《招标投标法》，关于招标要求的说法，正确的（　　）。

A. 招标人在不影响他人竞争的情况下，可向他人透露有关招标投标的其他情况

B. 自招标文件开始发出之日起至投标人提交投标文件截止之日止，最短不得少于7日

C. 招标只能以公开招标的方式进行

D. 招标人不得强制投标人组成联合体共同投标

6. 根据《民法典》，工程勘察合同属于（　　）。

A. 承揽合同　　　　B. 技术咨询合同

C. 委托合同　　　　D. 建设工程合同

7. 根据《建设工程质量管理条例》，施工单位的质量责任和义务是（　　）。

A. 工程开工前，应按照国家有关规定办理工程质量监督手续

B. 工程完工后，应组织竣工预验收

C. 施工过程中，应立即改正所发现的设计图纸差错

D. 隐蔽工程在隐蔽前，应通知建设单位和建设工程质量监督机构

8. 某高层住宅在合同中约定工程保修期2年。在交付使用后第6至第8年间，发生了多种原因造成的质量缺陷，其中，施工单位应当承担保修责任的是（　　）。

A. 地震引起的外墙开裂　　　　B. 地基处理不当造成的不均匀沉降

C. 因堆物过多导致阳台意外倾覆　　　　D. 屋面防水材料老化引起的渗漏

9. 建设单位应当自建设工程竣工验收合格之日起（　　）日内，将竣工验收报告报建设行政主管部门备案。

A. 10　　　　B. 15

C. 30　　　　D. 60

10. 根据《建设工程质量管理条例》，建设单位有（　　）行为的，责令改正，处20

万元以上 50 万元以下的罚款。

A. 未组织竣工验收，擅自交付使用

B. 对验收不合格的工程，擅自交付使用

C. 将不合格的建设工程按照合格工程验收

D. 暗示设计单位违反工程建设强制性标准，降低工程质量

11. 根据《招标投标法实施条例》，可采用邀请招标的情形是（　　）。

A. 采购人依法能够自行建设

B. 需向原中标人采购，否则影响施工

C. 需采用不可替代的专利

D. 只有少量潜在投标人可供选择

二、多项选择题

1. 根据《建筑法》，建设单位申请领取施工许可证，应当具备的条件有（　　）。

A. 已经办理该建筑工程用地批准手续

B. 已取得规划许可证

C. 有满足施工需要的资金安排

D. 已确定建筑施工企业

E. 已确定工程监理企业

2. 关于施工许可证有效期的说法，正确的有（　　）。

A. 自领取施工许可证之日起 3 个月内不能按期开工的，应当申请延期

B. 施工许可证延期以 1 次为限，且不超过 6 个月

C. 施工许可证延期以 2 次为限，每次不超过 3 个月

D. 因故中止施工的，应当自中止施工之日起 1 个月内向施工许可证发证机关报告

E. 中止施工满 6 个月以上的工程恢复施工前，应当报施工许可证发证机关核验

3. 根据《建筑法》，关于建筑工程发包与承包的说法，正确的有（　　）。

A. 建筑工程造价应按国家有关规定，由发包单位与承包单位在合同中约定

B. 发包单位可以将建筑工程的设计、施工设备采购一并发包给一个承包单位

C. 按照合同约定，由承包单位采购的设备，发包单位可以指定生产厂

D. 两个资质等级相同的企业，方可组成联合体共同承包

E. 总包单位与分包单位就分包工程对建设单位承担连带责任

4. 根据《招标投标法》，关于招标的说法，正确的有（　　）。

A. 行政机关可以与其他单位合作，共同依法设立招标代理机构

B. 招标人具有编制招标文件和组织评标能力的，可以自行办理招标事宜

C. 招标代理机构应当在招标人委托的范围内办理招标事宜

D. 招标人应当根据招标项目的特点和需要编制招标文件

E. 招标人不得对已发出的招标文件进行修改和补充

5. 根据《招标投标法》，关于开标和评标的说法，正确的有（　　）。

A. 开标应当在招标文件确定的提交投标文件截止时间的同一时间公开进行

B. 评标由招标人依法组建的评标委员会负责
C. 评标委员会中技术、经济专家不得少于成员总数的 2/3
D. 评标委员会成员名单在开标前应当保密
E. 评标委员会经评审，认为所有投标都不符合招标文件要求的，应当重新评审

6. 根据《民法典》，属于委托合同的有（　　）。
A. 工程勘察合同　　B. 工程设计合同
C. 建设工程监理合同　　D. 施工合同
E. 项目管理合同

7. 根据《民法典》，关于要约与承诺的说法，错误的有（　　）。
A. 要约是希望与他人订立合同的意思表示
B. 要约邀请是合同成立过程中的必要过程
C. 要约到达受要约人可以撤回
D. 承诺是受要约人同意要约的意思表示
E. 承诺的内容应当与要约的内容一致

8. 根据《民法典》合同编，关于合同效力的说法，正确的有（　　）。
A. 因未办理批准手续而影响合同生效的，合同中关于履行报批义务的条款相应失效
B. 超越经营范围订立的合同，不得仅以超越经营范围确认合同无效
C. 因重大过失造成对方财产损失的，合同免责条款无效
D. 造成对方人身损害的，合同免责条款无效
E. 合同被撤销的，合同中有关解决争议方法的条款相应失效

9. 根据《安全生产法》，生产经营单位的安全生产管理机构及安全生产管理人员的职责有（　　）。
A. 建立、健全并落实本单位全员安全生产责任制
B. 组织制定并实施本单位的生产安全事故应急救援预案
C. 组织或者参与拟订本单位安全生产规章制度
D. 检查本单位的安全生产状况，及时排查生产安全事故隐患
E. 制止和纠正违章指挥、强令冒险作业、违反操作规程的行为

10. 根据《建设工程质量管理条例》，建设工程竣工验收应当具备的条件有（　　）。
A. 有施工单位签署的工程保修书
B. 有完整的技术档案和施工管理资料
C. 建设单位和施工企业已签署工程结算文件
D. 有监理单位和施工单位共同签署的质量合格文件
E. 有全部建筑材料、建筑构配件和设备的进场试验报告

11. 根据《建设工程质量管理条例》，施工单位的质量责任和义务有（　　）。
A. 报审施工图设计文件
B. 及时通知设计单位修改设计文件和图纸的差错
C. 不得使用未经检验或检验不合格的建筑材料

D. 做好隐蔽工程的质量检查和记录

E. 建立、健全职工教育培训制度

12. 根据《建设工程质量管理条例》，关于建设工程最低保修期限的说法，正确的有（　　）。

A. 房屋主体结构工程为设计文件规定的合理使用年限

B. 屋面防水工程为 3 年

C. 供热系统为 2 个供暖期

D. 电气管道工程为 3 年

E. 给水排水管道工程为 3 年

13. 根据《建设工程质量管理条例》，关于建设工程质量保修期的说法，正确的有（　　）。

A. 质量保修期的起始日是竣工验收合格之日

B. 对于电气管线工程，建设单位与施工企业经平等协商可以约定 5 年的质量保修期

C. 建设工程在超过合理使用年限后一律不得继续使用

D. 建设单位与施工企业就景观绿化工程可以约定 1 年的质量保修期

E. 质量保修期内，施工企业对工程的一切质量缺陷承担责任

14. 根据《建设工程质量管理条例》，存在下列（　　）行为的，可处 10 万元以上 30 万元以下罚款。

A. 勘察单位未按工程建设强制性标准进行勘察

B. 设计单位未根据勘察成果文件进行工程设计

C. 建设单位迫使承包方以低于成本的价格竞标

D. 建设单位明示施工单位使用不合格建筑材料

E. 设计单位指定建筑材料供应商

15. 根据《建设工程安全生产管理条例》规定，施工单位有（　　）行为的，责令限期改正，逾期未改正的，责令停业整顿，并处 5 万元以上 10 万元以下的罚款。

A. 施工前未对有关安全施工的技术要求做出详细说明的

B. 在尚未竣工的建筑物内设置员工集体宿舍的

C. 使用未经验收或者验收不合格的施工起重机械和整体提升脚手架、模板等自升式架设设施的

D. 在施工组织设计中未编制安全技术措施、施工现场临时用电方案或者专项施工方案的

E. 施工现场临时搭建的建筑物不符合安全使用要求的

16. 根据《生产安全事故报告和调查处理条例》，生产安全事故发生后，有关单位和部门应逐级上报事故情况，事故报告内容包括（　　）。

A. 事故发生单位概况

B. 事故发生的现场情况

C. 已采取的措施

D. 事故发生的原因

E. 事故发生的性质

17. 根据《招标投标法实施条例》，可以不进行招标的情形有（　　）。

A. 技术复杂、有特殊要求或者自然环境限制的工程

B. 需要采用不可替代的专利或者专有技术的工程

C. 采用招标方式的费用占项目合同金额的比例过大的工程

D. 采购人依法能够自行建设的工程

E. 因功能配套要求需要向原中标人采购的工程

18. 某工程项目招标投标出现的下列情形中，应当视为投标人相互串通投标的有（　　）。

A. 两份投标文件载明的项目经理均为李某

B. 投标人使用伪造的许可证件

C. 投标人提供虚假的财务状况或业绩

D. 两份投标文件的投标报价呈规律性差异

E. 两个投标人均委托某咨询单位办理投标事宜

19. 关于评标委员会组成及其行为的说法，错误的是（　　）。

A. 投标人的债权人不得担任评标委员会的专家成员

B. 评标由评标委员会负责

C. 评标委员会成员人数为 5 人，其中技术、经济专家 3 人

D. 评标委员会经评审，应当推荐至少 1 名中标候选人

E. 评标委员会成员的名单在评标结束前应保密，结束后可公开

20. 根据《建设工程监理规范》GB/T 50319—2013，非工程类注册执业人员担任总监理工程师代表的条件有（　　）。

A. 中级及以上专业技术职称

B. 大专及以上学历

C. 3 年以上工程实践经验

D. 工程类或工程经济类高等教育

E. 经过监理业务培训

习题答案及解析

一、单项选择题

1. **【答案】** C

【解析】 在建的建筑工程因故中止施工的，建设单位应当自中止施工之日起 1 个月内，向施工许可证发证机关报告。

2. **【答案】** D

【解析】 施工现场安全由施工企业负责。实行施工总承包的，由总承包单位负责。

3. **【答案】** C

【解析】《建筑法》规定，建筑施工企业应当依法为职工参加工伤保险缴纳工伤保险费。鼓励企业为从事危险作业的职工办理意外伤害保险，支付保险费。因此，选项 A 错误。选项 B 错误，建筑施工企业应当建立、健全劳动安全生产教育培训制度，加强对职工

安全生产的教育培训；未经教育培训的人员，不得上岗作业。选项D错误，涉及建筑主体和承重结构变动的装修工程，建设单位应当在施工前委托原设计单位或者具有相应资质条件的设计单位提出设计方案；没有设计方案的，不得施工。

4.【答案】C

【解析】依法必须进行招标的项目，自招标文件开始发出之日起至投标人提交投标文件截止之日止，最短不得少于20日。

5.【答案】D

【解析】选项A错误，招标人不得向他人透露有关招标投标的其他情况；选项B错误，自招标文件开始发出之日起至投标人提交投标文件截止之日止，最短不得少于20日；选项C错误，招标分为公开招标和邀请招标两种方式。

6.【答案】D

【解析】建设工程合同包括工程勘察、设计、施工合同；建设工程监理合同、项目管理服务合同则属于委托合同。

7.【答案】D

【解析】选项A属于建设单位的责任和义务；选项B属于监理单位的质量责任和义务；选项C错误，施工单位在施工过程中发现设计文件和图纸有差错的，应当及时提出意见和建议。

8.【答案】B

【解析】选项A错误，地震属于不可抗力造成的损坏，不属于正常使用条件下发现的工程缺陷，施工单位不承担保修责任；选项C错误，因堆物过多导致阳台意外倾覆属于使用者使用不当造成的损坏，不属于正常使用条件下发现的工程缺陷，施工单位不承担保修责任；选项D属于超出了保修的期限。

9.【答案】B

【解析】建设单位应当自建设工程竣工验收合格之日起15日内，将建设工程竣工验收报告和规划，公安消防、环保等部门出具的认可文件或者准许使用文件报建设行政主管部门或者其他有关部门备案。

10.【答案】D

【解析】选项A、B、C错误，《建设工程质量管理条例》第五十八条规定，建设单位有下列行为之一的，责令改正，处工程合同价款百分之二以上百分之四以下的罚款；造成损失的，依法承担赔偿责任：①未组织竣工验收，擅自交付使用的；②验收不合格，擅自交付使用的；③对不合格的建设工程按照合格工程验收的。

11.【答案】D

【解析】国有资金占控股或者主导地位的依法必须进行招标的项目，应当公开招标，但有下列情形之一的，可以邀请招标：①技术复杂、有特殊要求或者受自然环境限制，只有少量潜在投标人可供选择；②采用公开招标方式的费用占项目合同金额的比例过大。

二、多项选择题

1.【答案】ACD

【解析】建设单位申请领取施工许可证，应当具备下列条件：①已经办理该建筑工程用地批准手续，因此，选项A正确。②依法应当办理建设工程规划许可证的，已经取得建设工程规划许可证，因此，选项B错误。③需要拆迁的，其拆迁进度符合施工要求。④已经确定建筑施工企业，因此，选项D正确，选项E错误。⑤有满足施工需要的资金安排、施工图纸及技术资料，因此，选项C正确。⑥有保证工程质量和安全的具体措施。

2. **【答案】** ACD

【解析】 选项B错误，建设单位应当自领取施工许可证之日起3个月内开工。因故不能按期开工的，应当向发证机关申请延期，延期以两次为限，每次不超过3个月。选项E错误，建筑工程恢复施工时，应当向发证机关报告。中止施工满1年的工程恢复施工前，建设单位应当报发证机关核验施工许可证。

3. **【答案】** ABE

【解析】 选项C错误，按照合同约定，建筑材料、建筑构配件和设备由工程承包单位采购的，发包单位不得指定承包单位购入用于工程的建筑材料、建筑构配件和设备或者指定生产厂、供应商。选项D错误，两个以上不同资质等级的单位也可以组成联合共同承包，应当按照资质等级低的单位的业务许可范围承揽工程。

4. **【答案】** BCD

【解析】 选项A错误，招标代理机构不得与行政机关有隶属关系或利害关系，因为招标投标整个过程都需要接受有关行政监督部门的监督；选项E错误，招标人对已发出的招标文件进行必要的澄清或者修改的，应当在招标文件要求提交投标文件截止时间至少15日前，以书面形式通知所有招标文件收受人。

5. **【答案】** ABC

【解析】 选项D错误，评标委员会成员的名单在“中标结果确定前”应当保密；选项E错误，评标委员会经评审，认为所有投标都不符合招标文件要求的，可以否决所有投标。

6. **【答案】** CE

【解析】 建设工程合同包括工程勘察、设计、施工合同；建设工程监理合同、项目管理服务合同则属于委托合同。

7. **【答案】** BC

【解析】 选项B错误，当事人订立合同，需要经过要约和承诺两个阶段，要约邀请并不是合同成立过程中的必经过程。选项C错误，要约到达即生效。要约可以撤回，撤回要约的通知应当在要约到达受要约人前或者与要约同时到达受要约人。

8. **【答案】** BCD

【解析】 选项A错误，依照法律、行政法规规定应当办理批准、登记等手续的，依照其规定。办理批准等手续影响合同生效的，不影响合同中关于履行报批等义务的条款以及相关条款的效力。

9. **【答案】** CDE

【解析】 生产经营单位的安全生产管理机构以及安全生产管理人员的职责：①组织或者参与拟订本单位安全生产规章制度、操作规程和生产安全事故应急救援预案；②组织或者参与本单位安全生产教育和培训，如实记录安全生产教育和培训情况；③组织开展危险源辨识和评估，督促落实本单位重大危险源的安全管理措施；④组织或者参与本单位应急救援演练；⑤检查本单位的安全生产状况，及时排查生产安全事故隐患，提出改进安全生产管理的建议；⑥制止和纠正违章指挥、强令冒险作业、违反操作规程的行为；⑦督促落实本单位安全生产整改措施。选项A、B属于主要负责人的职责。

10.【答案】AB

【解析】竣工验收应当具备的条件：①完成建设工程设计和合同约定的各项内容；②有完整的技术档案和施工管理资料；③有工程使用的主要建筑材料、建筑构配件和设备的进场试验报告；④有勘察、设计、施工、工程监理等单位分别签署的质量合格文件；⑤有施工单位签署的工程保修书。

11.【答案】CDE

【解析】选项A、B属于建设单位的质量责任和义务。

12.【答案】AC

【解析】在正常使用条件下，屋面防水工程、有防水要求的卫生间、房间和外墙面的防渗漏，最低保修期限为5年。因此，选项B错误。电气管道、给水排水管道、设备安装和装修工程，最低保修期限为2年。因此，选项D、E错误。

13.【答案】ABD

【解析】选项C错误，建设工程在超过合理使用年限后需要继续使用的，产权所有人应当委托具有相应资质等级的勘察、设计单位鉴定，并根据鉴定结果采取加固、维修等措施，重新界定使用期；选项E错误，使用者使用不当或第三方造成损坏，或不可抗力造成的损坏，均不属于正常使用条件下发现的工程缺陷，施工单位不承担保修责任。

14.【答案】ABE

【解析】选项C、D应当处20万元以上50万元以下的罚款。

15.【答案】ABE

【解析】选项C、D应当处10万元以上30万元以下的罚款。

16.【答案】ABC

【解析】事故调查报告应当包括下列内容：①事故发生单位概况；②事故发生经过和事故救援情况；③事故造成的人员伤亡和直接经济损失；④事故发生的原因和事故性质；⑤事故责任的认定以及对事故责任者的处理建议；⑥事故防范和整改措施。

17.【答案】BDE

【解析】除《招标投标法》规定的可以不进行招标的特殊情况外，有下列情形之一的，可以不进行招标：①需要采用不可替代的专利或者专有技术；②采购人依法能够自行建设、生产或者提供；③已通过招标方式选定的特许经营项目投资人依法能够自行建设、生产或者提供；④需要向原中标人采购工程、货物或者服务，否则将影响施工或者功能配套要求；⑤国家规定的其他特殊情形。

18.【答案】ADE

【解析】选项B、C属于弄虚作假。

19.【答案】CDE

【解析】选项C错误，评标委员会由招标人代表，技术、经济专家组成，成员人数为5人以上单数，其中技术、经济专家不得少于成员总数的2/3。因此，评标委员会成员人数为5人，其中技术、经济专家应为“4人”。选项D错误，中标候选人应当不超过3个；评标委员会经评审，认为所有投标都不符合招标文件要求的，可以否决所有投标，因此，中标候选人可以为0个。选项E错误，评标委员会成员的名单在中标结果确定前应当保密。

20.【答案】ACE

【解析】总监理工程师代表指经工程监理单位法定代表人同意，由总监理工程师书面授权，代表总监理工程师行使其部分职责和权力，具有工程类注册执业资格（如：注册监理工程师、注册造价工程师、注册建造师、注册工程师、注册建筑师等）或具有中级及以上专业技术职称、3年及以上工程实践经验并经监理业务培训的人员。

第四章　工程监理企业与监理工程师

第一节　工程监理企业

考情分析：

近三年考情分析如表 4-1 所示。

近三年考情分析　　**表 4-1**

年份	2024 年	2023 年	2022 年
单选分值	1	1	1
多选分值	0	2	2
合计分值	1	3	3

本节主要知识点：

1. 工程监理企业资质等级（1 分）
2. 工程监理公司的设立和组织机构
3. 有限责任公司与股份有限公司的区别（1 分）
4. 工程监理企业经营活动准则的辨识（1 分）

知识点一　工程监理企业资质等级

根据 2020 年 11 月国务院常务会议审议通过的《建设工程企业资质管理制度改革方案》，工程监理企业资质分为综合资质和专业资质（图 4-1）。综合资质不分等级，专业资质等级压减为甲、乙两级。专业资质设有 10 个工程类别，包括：建筑工程、铁路工程、市政公用工程、电力工程、矿山工程、冶金工程、石油化工工程、通信工程、机电工程、民航工程。根据《公路水运工程监理企业资质管理规定》（交通运输部令 2022 年第 12 号），公路、水运工程监理企业资质均分为甲级、乙级和机电专项（图 4-2）。水利工程监理企业资质等级如图 4-3 所示。

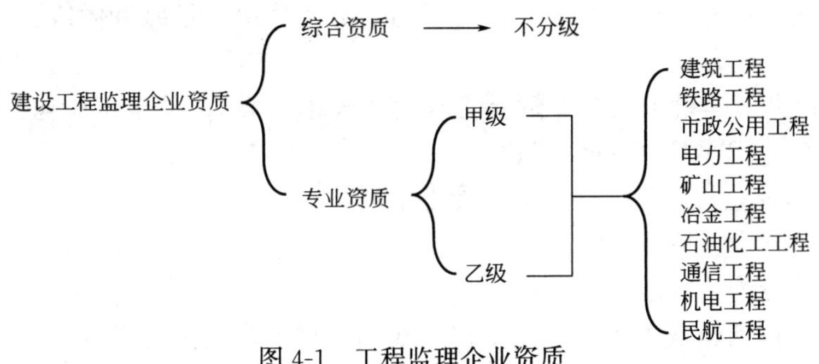

图 4-1　工程监理企业资质

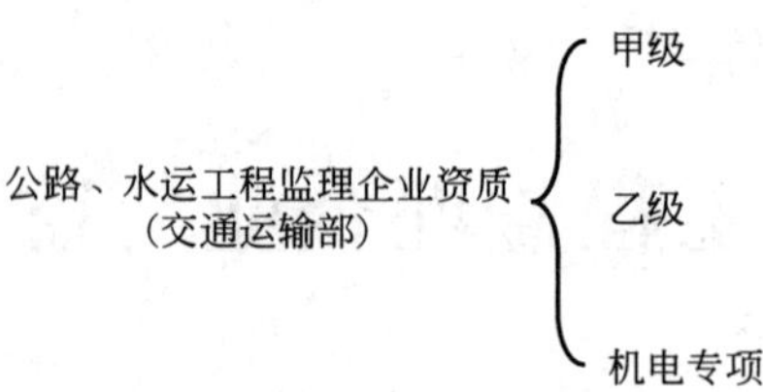

图 4-2　公路、水运工程监理企业资质

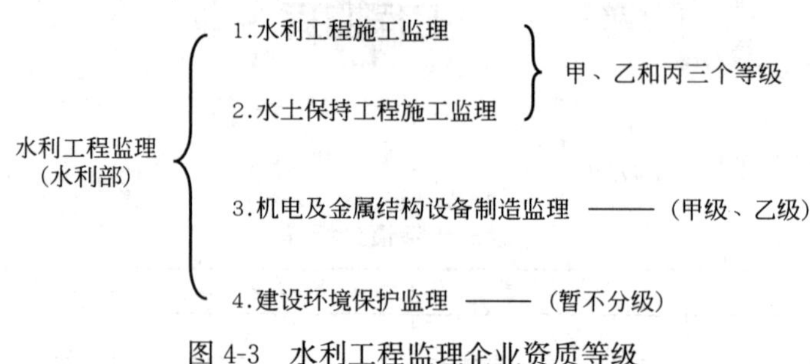

图 4-3　水利工程监理企业资质等级

典型例题

【例题 1】关于监理企业资质的说法，正确的是（　　）。

A. 工程监理企业资质将分为综合资质、专业资质和专项资质

B. 工程监理企业综合资质不分等级，专业资质分为甲、乙两级

C. 公路、水运工程监理企业资质均分为甲级、乙级

D. 水利工程建设环境保护监理专业资质分为甲、乙两级

【答案】B

【例题 2】水利工程监理企业资质分为（　　）专业。

A. 水利工程施工监理　　B. 水土保持工程施工监理

C. 机电及金属结构设备制造监理　　D. 建设环境保护监理

E. 民航工程施工监理

【答案】ABCD

【例题 3】根据《建设工程企业资质管理制度改革方案》，关于工程监理企业综合资质的说法，正确的是（　　）。（2023 年真题）

A. 分为一级和二级　　B. 分为甲级、乙级和专项

C. 不分等级　　D. 分为甲级、乙级和丙级

【答案】C

【例题 4】根据《建设工程企业资质管理制度改革方案》，关于工程监理企业资质的说法，正确的是（　　）。（2023 年真题）

A. 工程监理企业资质为综合资质和专业资质

B. 综合资质分为一级和二级

C. 专业资质分为甲、乙、丙三级

D. 专业资质包括建筑工程、公路工程、水利工程等多个工程类别

E. 工程监理企业可以申请资质增项

【答案】AE

【解析】选项B、C错误，综合资质不分等级，专业资质等级压减为甲、乙两级；选项D错误，专业资质设有10个工程类别，包括：建筑工程、铁路工程、市政公用工程、电力工程、矿山工程、冶金工程、石油化工工程、通信工程、机电工程、民航工程。其中取消了公路工程、水利工程。

知识点二　工程监理公司的设立和组织机构

1. 工程监理公司的设立

工程监理企业按公司制设立的，可以是有限责任公司，也可以是股份有限公司。有限责任公司应由1个以上50个以下股东出资设立，股东以其认缴的出资额为限对公司承担责任；股份有限公司可以采取发起设立或者募集设立的方式，股东以其认购的股份为限对公司承担责任。公司股东对公司依法享有资产收益、参与重大决策和选择管理者等权利。

设立公司应依法制定公司章程。公司章程对公司、股东、董事、监事、高级管理人员具有约束力。公司的经营范围由公司章程规定。公司可以修改公司章程，变更经营范围。

股东应在公司章程上签名或者盖章。

公司营业 执照签发日期为公司成立日期。

公司设立分公司，应向公司登记机关申请登记，领取营业执照。

2. 工程监理公司组织机构

1）有限责任公司组织机构

（1）股东会。有限责任公司股东会由全体股东组成。股东会是公司的权力机构，依照《公司法》行使下列职权：①选举和更换董事、监事，决定有关董事、监事的报酬事项；②审议批准董事会的报告；③审议批准监事会的报告；④审议批准公司的利润分配方案和弥补亏损方案；⑤对公司增加或者减少注册资本作出决议；⑥对发行公司债券作出决议；⑦对公司合并、分立、解散、清算或者变更公司形式作出决议；⑧修改公司章程；⑨公司章程规定的其他职权。股东会可以授权董事会对发行公司债券作出决议。

（2）董事会。有限责任公司董事会成员为3人以上，其成员中可以有公司职工代表。职工人数300人以上的有限责任公司，除依法设监事会并有公司职工代表的外，其董事会成员中应当有公司职工代表。董事会中的职工代表由公司职工通过职工代表大会、职工大会或者其他形式民主选举产生。董事会依照《公司法》行使下列职权：①召集股东会会议，并向股东会报告工作；②执行股东会的决议；③决定公司的经营计划和投资方案；④制定公司的利润分配方案和弥补亏损方案；⑤制定公司增加或者减少注册资本以及发行公司债券的方案；⑥制定公司合并、分立、解散或者变更公司形式的方案；⑦决定公司内部管理机构的设置；⑧决定聘任或者解聘公司经理及其报酬事项，并根据经理的提名决定聘任或者解聘公司副经理、财务负责人及其报酬事项；⑨制定公司的基本管理制度；⑩公司章程规定或者股东会授予的其他职权。

规模较小或者股东人数较少的有限责任公司，可以不设董事会，设1名董事，行使《公司法》规定的董事会的职权。该董事可以兼任公司经理。

（3）经理。有限责任公司可以设经理，由董事会决定聘任或者解聘。经理对董事会负责，根据公司章程的规定或者董事会的授权行使职权。经理列席董事会会议。

（4）监事会。监事会成员为3人以上。监事会设主席1人，由全体监事过半数选举产生。监事会行使下列职权：①检查公司财务；②对董事、高级管理人员执行职务的行为进行监督，对违反法律、行政法规、公司章程或者股东会决议的董事、高级管理人员提出解任的建议；③当董事、高级管理人员的行为损害公司的利益时，要求董事、高级管理人员予以纠正；④提议召开临时股东会会议，在董事会不履行本法规定的召集和主持股东会会议职责时召集和主持股东会会议；⑤向股东会会议提出提案；⑥依照《公司法》规定，对董事、高级管理人员提起诉讼；⑦公司章程规定的其他职权。

2）股份有限公司组织机构

（1）股东会。股份有限公司股东会由全体股东组成。股东会是公司的权力机构，依照《公司法》行使职权。《公司法》关于有限责任公司股东会职权的规定，适用于股份有限公司股东会。

（2）董事会。股份有限公司设董事会。《公司法》关于有限责任公司董事会职权的规定，适用于股份有限公司董事会。

（3）经理。股份有限公司设经理，由董事会决定聘任或者解聘。经理对董事会负责，根据公司章程的规定或者董事会的授权行使职权。经理列席董事会会议。

公司董事会可以决定由董事会成员兼任经理。规模较小或者股东人数较少的股份有限公司，可以不设董事会，设1名董事，行使《公司法》规定的董事会的职权。该董事可以兼任公司经理。

（4）监事会。股份有限公司设监事会，监事会成员为3人以上。

无论是有限责任公司还是股份有限公司，监事会应包括股东代表和适当比例的公司职工代表，其中职工代表的比例不得低于1/3，具体比例由公司章程规定。监事会中的职工代表由公司职工通过职工代表大会、职工大会或者其他形式民主选举产生。董事、高级管理人员不得兼任监事。

典型例题

【例题1】关于有限责任公司的说法，正确是（　　）

A. 有限责任公司应由50个以上股东设立

B. 有限责任公司董事会成员为3～13人

C. 公司规模较小的，可以不设董事会，设1名董事

D. 监事会成员为3人

【答案】

【解析】选项A错误，有限责任公司应由1个以上50个以下股东出资设立。选项B错误，有限责任公司董事会成员为3人以上。选项C正确，规模较小或者股东人数较少的有限责任公司，可以不设董事会，设1名董事。选项D错误，监事会成员为3人以上。

【例题2】关于设立公司制企业的要求，正确的是（　　）。

A. 工程监理企业按公司制设立的，只能是有限责任公司

B. 股份有限公司应当采取募集的方式设立

C. 股份有限公司设经理，由股东会决定聘任或者解聘

D. 股份有限公司设监事会，监事会成员为3人以上

【解析】 选项A错误，工程监理企业按公司制设立的，可以是有限责任公司，也可以是股份有限公司。选项B错误，股份有限公司可以采取发起设立或者募集设立的方式，股东以其认购的股份为限对公司承担责任。选项C错误，股份有限公司设经理，由董事会决定聘任或者解聘。

【例题3】 关于股份有限公司的说法，正确的是（　　）。

A. 股份有限公司股东会由全体股东组成

B. 公司董事会成员不得兼任经理

C. 董事、高级管理人员可以兼任监事

D. 股份有限公司设监事会，监事会成员为5人以上

【答案】 A

【解析】 选项B错误，股份有限公司设经理，由董事会决定聘任或者解聘。经理对董事会负责，根据公司章程的规定或者董事会的授权行使职权。经理列席董事会会议。公司董事会可以决定由董事会成员兼任经理。选项C错误，董事、高级管理人员不得兼任监事。选项D错误，股份有限公司设监事会，监事会成员为3人以上。

知识点三　工程监理企业经营活动准则（表4-5）（2分）

工程监理企业经营活动准则　　表4-5

准则	具体表现
守法	①只能在核定的业务范围内开展经营活动 ②不得伪造、涂改、出租、出借、转让、出卖《资质等级证书》，不转让监理业务 ③在监理投标活动中，坚持诚实信用原则，不弄虚作假，不串标、不围标，不低于成本价参与竞争 ④依法依规签订建设工程监理合。严格按照建设工程监理合同约定履行义务，不违背自己承诺 ⑤不与被监理工程的施工及材料供应单位有或利害关系，不谋取非法利益 ⑥异地承接监理业务，要主动备案登记
诚信	①建立诚信建设制度，定期进行诚信建设制度实施情况检查考核 ②依据相关法律法规及合同约定，组建监理机构和派遣监理人员，配备必要的设备设施，开展工程监理工作 ③不弄虚作假、降低工程质量，不将不合格的建设工程、建筑材料、建筑构配件和设备按照合格签字，不以索、拿、卡、要等手段向建设单位、施工单位谋取不当利益，不以虚假行为损害工程建设各方合法权益 ④按规定进行检查和验证，按标准进行工程验收，确保工程监理全过程各项资料的真实性、时效性和完整性 ⑤加强内部管理，建立企业内部信用管理责任制度，健全服务质量考评体系和信用评价体系，不断提高企业信用管理水平 ⑥不泄露商业秘密及保密工程的相关情况 ⑦不用虚假资料申报各类奖项、荣誉 ⑧积极承担社会责任，践行社会公德，维护国家和公众利益 ⑨自觉践行自律公约，接受政府对监理工作的监督检查
公平	既要维护业主的利益，又不能损害承包商的合法利益 ①要具有良好的职业道德 ②要坚持实事求是 ③要熟悉有关建设工程合同条款

续表

准则	具体表现
公平	④要提高专业技术能力 ⑤要提高综合分析判断问题的能力
科学	①科学的方案：工程监理的方案主要是指监理规划和监理实施细则 ②科学的手段：借助先进的仪器 ③科学的方法

典型例题

【例题 1】工程监理企业从事建设工程监理活动时，应遵循“守法、诚信、公平、科学”的准则，体现“诚信”准则的是（　　）。（2018 年真题）

A. 建立、健全与建设单位的合作制度

B. 按照工程监理合同约定严格履行义务

C. 不得出借、转让工程监理企业资质证书

D. 具有良好的专业技术能力

【答案】A

【解析】选项 B、C 属于“守法”准则，选项 D 属于“公平”准则。

【例题 2】工程监理企业在核定的资质等级和业务范围内从事监理活动，体现了监理企业从事工程监理活动的（　　）准则。（2020 年真题）

A. 守法　　B. 诚信

C. 公平　　D. 科学

【答案】A

【例题 3】关于工程监理企业遵循“诚信”经营活动准则的说法，正确的有（　　）。（2020 年真题）

A. 配置先进的科学仪器开展监理工作

B. 诚信原则的主要作用在于指导当事人按合同约定履行义务

C. 应及时处理不诚信、履职不到位的工程监理人员

D. 按有关规定和合同约定进行施工现场检查和工程验收

E. 提高专业技术能力

【答案】CD

【解析】选项 A 属于“科学”准则，选项 B 属于“守法”准则，选项 E 属于“公平”准则。

【例题 4】下列行为中，体现工程监理单位科学化实施监理的是（　　）。

A. 配备相应的检测试验设备

B. 以合同为依据调解建设单位与施工单位的争议

C. 实事求是地编写监理日志

D. 按工程量清单进行工程计量

【答案】A

【解析】“科学”是指工程监理企业要依据科学的方案，运用科学的手段，采取科学的方法开展监理工作。

第二节　注册监理工程师

考情分析：

近三年考情分析如表 4-6 所示。

近三年考情分析　　　　**表 4-6**

年份	2023 年	2022 年	2021 年
单选分值	2	1	2
多选分值	2	2	4
合计分值	4	3	6

本节主要知识点：

1. 监理工程师考试和注册
2. 监理工程师考试的报名条件
3. 监理工程师的职业道德

知识点一　监理工程师考试和注册

监理工程师考试和注册如表 4-7 所示。

监理工程师考试和注册　　　　**表 4-7**

类别	具体规定
考试	全国统一大纲、统一命题、统一组织
适用范围	全国范围有效
类型	准入类
专业类别	土木建筑工程、交通运输工程、水利工程
成绩管理	实行 4 年为一个周期的滚动管理
	免考基础科目和增加专业类别的，成绩按照 2 年为一个周期滚动管理
注册	国家对监理工程师职业资格实行执业注册管理制度，监理工程师注册是政府对工程监理执业人员实行市场准入控制的有效手段
执业	取得监理工程师职业资格证书且从事工程监理及相关业务活动的人员，经过注册方可以注册监理工程师名义执业

典型例题

【例题 1】根据《监理工程师职业资格制度规定》，监理工程师职业资格考试成绩实行（　　）为一个周期的滚动管理办法。（2020 年、2024 年真题）

A. 1 年　　　　B. 2 年

C. 3 年　　　　D. 4 年

【答案】D

【例题 2】根据《监理工程师职业资格制度规定》，监理工程师职业资格考试专业类别划分正确的是（　　）。

A. 土木建筑工程、市政公用工程、水利工程

B. 土木建筑工程、交通运输工程、水利工程

C. 房屋建筑工程、水利水电工程、公路工程

D. 房屋建筑工程、市政交通工程、水利工程

【答案】B

【解析】国家设置监理工程师准入类职业资格，纳入国家职业资格目录。考试分 3 个专业类别，分别为：土木建筑工程、交通运输工程、水利工程。考生在报名时可根据实际工作需要选择。

【例题 3】政府对工程监理执业人员实行市场准入控制的手段是对监理工程师实行（　　）。（2023 年真题）

A. 滚动管理　　B. 继续教育

C. 注册管理　　D. 定期审核

【答案】C

【例题 4】关于注册监理工程师的说法，正确的有（　　）。（2021 年真题）

A. 国家对监理工程师职业资格实行执业注册管理制度

B. 监理工程师注册是政府对工程监理执业人员实行市场准入控制的有效手段

C. 住房和城乡建设部、交通运输部、水利部按专业类别分别负责监理工程师注册工作

D. 取得监理工程师职业资格证书且从事工程监理工作的人员，方可以注册监理工程师名义执业

E. 取得监理工程师职业资格证书且经注册的人员，方可以注册监理工程师名义执业

【答案】ABC

【解析】取得监理工程师职业资格证书且从事工程监理及相关业务活动的人员，经过注册方可以注册监理工程师名义执业。选项 D 错误，“未注册”。选项 E 错误，还需要“从事工程监理及相关业务活动”。

知识点二　监理工程师考试的报名条件

如表 4-8 所示。

监理工程师考试的报名条件　　表 4-8

专业要求	学历	从事施工、监理、设计等工作年限
工程类专业	大专	4 年
工学、管理学和工程类专业	本科	3 年
	硕士	2 年
	博士	无

具备以下条件之一的，参加考试可免考基础科目：

（1）已取得公路水运工程监理工程师资格证书；

（2）已取得水利工程建设监理工程师资格证书。

申请免考部分科目的人员在报名时应提供相应材料。

典型例题

【例题 1】根据《监理工程师职业资格考试实施办法》，已取得监理工程师一种专业职业资格证书的人员，报名参加其他专业科目考试的，可免考（　　）。（2022 年真题）

A. 专业　　B. 基础
C. 案例　　D. 实务

【答案】B

【例题 2】根据《监理工程师职业资格制度规定》，下列申请参加监理工程师职业资格考试的条件，正确的是（　　）。

A. 具有工程类专业大学专科学历，从事工程施工、监理、设计等业务工作满 5 年

B. 具有工程类专业大学本科学历或学位，从事工程施工、监理、设计等业务工作满 4 年

C. 具有工程类一级学科硕士学位或专业学位，从事工程施工、监理、设计等业务工作满 2 年

D. 具有工程类一级学科博士学位，从事工程施工、监理、设计等业务工作满 1 年

【答案】C

【解析】选项 A 错误，具有各工程大类专业大学专科学历（或高等职业教育），从事工程施工、监理、设计等业务工作满“4 年”；选项 B 错误，具有工学、管理科学与工程类专业大学本科学历或学位，从事工程施工、监理、设计等业务工作满 3 年；选项 C 正确，具有工学、管理科学与工程一级学科硕士学位或专业学位，从事工程施工、监理、设计等业务工作满 2 年；选项 D 错误，具有工学、管理科学与工程一级学科博士学位即可报考，无需工作年限。

【例题 3】监理工程师资格考试的专业科目成绩，需按照 2 年为一个周期进行滚动管理的有（　　）的人员。（2023 年真题）

A. 具有工学、管理科学与工程一级学科博士学位

B. 具有工程师及以上职称，从事工程施工、监理、设计等业务满 15 年

C. 取得公路水运工程监理工程师资格证书后增加专业类别

D. 取得水利工程监理工程师资格证书后增加专业类别

E. 取得土木建筑工程监理工程师资格证书后增加专业类别

【答案】CDE

知识点三　监理工程师的职业道德

监理工程师在执业过程中也要公平，不能损害工程建设任何一方的利益。为此，监理工程师应严格遵守如下职业道德守则：

（1）遵法守规，诚实守信。维护国家的荣誉和利益，遵守法规和行业自律公约，讲信誉，守承诺，坚持实事求是、公平、独立、诚信、科学地开展工作。

（2）严格监理，优质服务。执行有关工程建设法律、法规、标准和制度，履行工程监理合同规定的义务，提供专业化服务，保障工程质量和投资效益，改进服务措施，维护业主权益和公共利益。

（3）恪尽职守，爱岗敬业。遵守建设工程监理人员职业道德行为准则，履行岗位职责，做好本职工作，热爱监理事业，维护行业信誉。

（4）团结协作，尊重他人。树立团队意识，加强沟通交流，团结互助，不损害各方的名誉。

（5）加强学习，提升能力。积极参加专业培训，努力学习专业技术和工程监理知识，不断提高业务能力和监理水平。

（6）维护形象，保守秘密。抵制不正之风，廉洁从业，不谋取不正当利益。不为所监理工程指定承包商、建筑构配件、设备、材料生产厂家；不收受施工单位的任何礼金、有价证券等，不转借、出租、伪造、涂改监理证书及其他相关资信证明，不以个人名义承揽监理业务；不同时在两个或两个以上工程监理单位注册和从事监理活动；不在政府部门和施工、材料设备的生产供应等单位兼职。树立良好的职业形象。保守商业秘密，不泄露监理工程各方认为需要保密的事项。

典型例题

【例题 1】监理工程师的职业道德要求中，“廉洁从业，不谋取不正当利益”的具体行为要求有（　　）。（2022 年真题）

A. 不为所监理工程指定建筑构配件、设备生产厂家

B. 不收受所监理工程施工单位的任何礼金、有价证券

C. 不同时在两个以上工程监理单位注册和从事监理活动

D. 严格按工程技术标准提供专业化技术服务

E. 保守商业秘密，不泄露所监理工程各参建方认为需要保密的事项

【答案】ABCE

【例题 2】工程监理人员履行岗位职责，做好本职工作，体现了职业道德守则中的（　　）。（2023 年真题）

A. 严格监理，优质服务

B. 遵法守规，诚实守信

C. 团结协作，尊重他人

D. 恪尽职守，爱岗敬业

【答案】D

【例题 3】注册监理工程师在执业活动中应严格遵守的职业道德守则有（　　）。（改自 2018 年真题）

A. 履行工程监理合同规定的义务

B. 根据本人的能力从事监理的执业活动

C. 不以个人名义承揽监理业务

D. 接受继续教育

E. 不同时在两个以上监理单位注册和从事监理活动

【答案】ACE

【解析】选项 B、D 属于监理工程师的权利。

本章精选习题

一、单项选择题

1. 关于监理有限责任公司设立董事会的说法，正确的是（　　）。

A. 董事会成员为 3 人以上

B. 董事会成员不超过 5 人

C. 董事会成员应在 23 人以下

D. 执行董事不得兼任公司经理

2. 依据《公司法》的规定，关于设立公司制企业的要求，正确的是（　　）。

A. 股份有限公司的设立只能采取募集设立的方式

B. 股份有限公司的董事会成员不得兼任经理

C. 有限责任公司应由 50 个以下的股东出资设立

D. 有限责任公司设监事会时，其成员数量为 1～3 人

3. 工程监理企业要建立、健全与建设单位的合作制度，及时进行信息沟通，增强相互间信任，这体现了工程监理企业从事建设工程监理活动应遵循的（　　）准则。

A. 守法　　B. 诚信

C. 公平　　D. 科学

4. 根据《监理工程师职业资格考试实施办法》，对于免考基础科目和增加专业类别的人员，专业科目成绩实行（　　）年为一个周期的滚动管理办法。

A. 4　　B. 3

C. 2　　D. 1

5. 根据《监理工程师职业资格制度规定》，具有各工程大类专业大学专科学历，从事工程监理、施工、设计等业务工作满（　　）年者，可以申请参加监理工程师职业资格考试。

A. 3　　B. 4

C. 5　　D. 6

6. 下列关于监理工程师执业相关事项的说法中，错误的是（　　）。

A. 监理工程师不得同时受聘于两个或两个以上单位执业

B. 监理工程师可以从事建设工程监理、全过程工程咨询

C. 监理工程师不得从事工程建设某一阶段工程咨询

D. 监理工程师不得允许他人以本人名义执业

7. 工程监理实施过程中，监理人员依据监理实施细则要求使用检测仪器检测工程质量，表明工程监理遵循了（　　）的准则。

A. 守法　　B. 诚信

C. 公平　　D. 科学

二、多项选择题

1. 工程监理企业从事建设工程监理活动，应当遵循“守法、诚信、公平、科学”的准则，其中“守法”的具体要求为（　　）。

A. 在核定的业务范围内开展经营活动

B. 不伪造、涂改、出租、出卖资质等级证书

C. 按照合同的约定认真履行其义务

D. 离开原住所地承接监理业务，要主动向监理工程所在地省级建设行政主管部门备案登记，接受其指导和监督

E. 建立、健全内部管理规章制度

2. 工程监理企业从事建设工程监理活动，应当遵循“守法、诚信、公平、科学”的准则，其中“守法”的具体要求为（　　）。

A. 不泄露商业秘密及保密工程的相关情况

B. 坚持诚实信用原则，不弄虚作假，不串标

C. 严格按照建设工程监理合同履行义务

D. 依据法律法规及合同约定，组建监理机构开展工程监理工作

E. 自觉践行自律公约，接受政府对监理工作的监督检查

3. 根据《监理工程师职业资格制度规定》，关于监理工程师职业资格考试的说法，正确的有（　　）。

A. 监理工程师职业资格考试属于水平评价类职业资格考试

B. 监理工程师职业资格考试全国统一考试大纲、统一命题、统一阅卷

C. 取得监理工程师一种专业职业资格证书的人员，报考其他专业科目的，可以免考基础科

D. 具有各工程大类专业大学本科学历，从事工程施工业务工作满 3 年即可报考

E. 具有工学一级学科博士学位，从事工程设计业务工作满 1 年即可报考

4. 关于注册监理工程师的说法，正确的有（　　）。

A. 监理工程师考试成绩实行 4 年为一个周期的滚动管理办法

B. 具有工程类专业大学本科学历或学位，从事工程施工、监理、设计等业务工作满 2 年，可参加注册监理工程师考试

C. 住房和城乡建设部、交通运输部、水利部按专业类别分别负责监理工程师注册工作

D. 监理工程师职业资格考试属于水平评价类职业资格考试

E. 取得监理工程师职业资格证书且经注册的人员，方可以注册监理工程师名义执业

5. 根据《监理工程师职业资格考试实施办法》，监理工程师职业资格考试的专业类别有（　　）。(2024 年真题)

A. 土木建筑工程

B. 市政公用工程

C. 交通运输工程

D. 水利工程

E. 水土保持工程

习题答案及解析

一、单项选择题

1. **【答案】**A

【解析】选项A正确，有限责任公司设董事会，其成员为3人以上。因此，选项B错误。选项D错误，执行董事可以兼任公司经理。

2. **【答案】**C

【解析】选项A错误，股份有限公司的设立，可以采取发起设立或者募集设立的方式。选项B错误，股份有限公司的董事会成员可以兼任经理。选项D错误，股份有限公司设监事会，其成员不得少于3人。

3. **【答案】**B

【解析】建立、健全与建设单位的合作制度，及时进行信息沟通，增强相互间信任，体现的是“诚信”准则。

4. **【答案】**C

【解析】监理工程师职业资格考试成绩实行4年为一个周期的滚动管理办法，在连续的4个考试年度内通过全部考试科目，方可取得监理工程师职业资格证书。免考基础科目和增加专业类别的人员，专业科目成绩按照2年为一个周期滚动管理。

5. **【答案】**B

【解析】具有各工程大类专业大学专科学历（或高等职业教育），从事工程施工、监理、设计等业务工作满“4年”，可以申请参加监理工程师职业资格考试。

6. **【答案】**C

【解析】监理工程师可以从事建设工程监理、全过程工程咨询及工程建设某一阶段或某一专项工程咨询，以及国务院有关部门规定的其他业务。

7. **【答案】**D

【解析】科学是指工程监理企业要依据科学的方案，运用科学的手段，采取科学的方法开展监理工作。实施建设工程监理，必须借助于先进的科学仪器才能做好监理工作，如各种检测、试验、化验仪器、摄录像设备及计算机等，属于科学的手段的体现。

二、多项选择题

1. **【答案】**ABCD

【解析】选项E属于“诚信”准则。

2. **【答案】**BC

【解析】选项A、D、E属于“诚信”准则。

3. **【答案】**CD

【解析】选项A错误，2020年，住房和城乡建设部、交通运输部、水利部、人力资源和社会保障部联合印发的《监理工程师职业资格制度规定》明确规定，监理工程师属于“准入类”职业资格，纳入国家职业资格目录。选项B错误，监理工程师职业资格考试全国统一大纲、统一命题、统一组织，并未规定“统一阅卷”。选项E错误，具有工学、管理科学与工程一级学科博士学位即可报考，无需工作年限。

4. 【答案】AC

【解析】选项 B 错误，具有工程类专业大学本科学历或学位，从事工程施工、监理、设计等业务工作满“3 年”，可参加注册监理工程师考试。选项 D 错误，监理工程师属于“准入类”职业资格，纳入国家职业资格目录。选项 E 错误，取得监理工程师职业资格证书且从事工程监理及相关业务活动的人员，经过注册方可以注册监理工程师名义执业。因此，选项 E 还需要“从事工程监理及相关业务活动”。

5. 【答案】ACD

【解析】监理工程师职业资格考试分 3 个专业类别，分别为：土木建筑工程、交通运输工程、水利工程。考生在报名时可根据实际工作需要选择。

第五章　建设工程监理招标投标与合同管理

第一节　监理招标程序和评标办法

考情分析：

近三年考情分析如表 5-1 所示。

近三年考情分析　　**表 5-1**

年份	2024 年	2023 年	2022 年
单选分值	2	2	1
多选分值	2	4	4
合计分值	4	6	5

本节主要知识点：

1. 邀请招标与公开招标的优缺点
2. 监理招标的程序
3. 监理评标内容和方法（1 分）

知识点一　邀请招标与公开招标的优缺点

公开招标与邀请招标的对比如表 5-2 所示。

公开招标与邀请招标的对比　　**表 5-2**

对比项	公开招标	邀请招标
性质	非限制性竞争招标	限制性竞争招标
资格审查	资格预审	资格后审
优点	招标信息公开、招标程序规范性，有助于打破垄断，实现公平竞争。建设单位有较大的选择范围，能够大大降低串标、围标的可能性	可节约招标费用、缩短招标时间
缺点	准备招标、资格预审和评标的工作量大，招标时间长、招标费用较高	选择投标人的范围和投标人竞争的空间有限，可能会失去技术和报价方面有竞争力的投标者，失去理想中标人，达不到预期竞争效果

典型例题

【例题 1】建设工程监理招标方式包括（　　）。

A. 公开招标　　B. 竞争性谈判
C. 单一来源采购　　D. 邀请招标
E. 两阶段招标

【答案】 AD

【解析】 监理招标方式只有两种：公开招标和邀请招标。注意跟招标组织方式区分，招标组织方式是：自行招标和委托招标，故选 A、D。

【例题 2】 采用邀请招标方式选择工程监理单位时，建设单位的正确做法是（　　）。（2014 年真题）

A. 只需发布招标公告，不需要进行资格预审
B. 不仅需要发布招标公告，而且需要进行资格预审
C. 既不需要发布招标公告，也不进行资格预审
D. 不需要发布招标公告，但需要进行资格预审

【答案】 C

【解析】 采用邀请招标方式，建设单位不需要发布招标公告，也不进行资格预审（但可组织必要的资格审查），使招标程序得到简化。

【例题 3】 建设工程监理公开招标的缺点包括（　　）。

A. 准备招标、资格预审的工作量大
B. 监理单位的选择空间小
C. 招标时间长
D. 招标费用高
E. 合同价格较高

【答案】 ACD

【解析】 选项 B 错误，公开招标对应的是监理单位选择范围大；选项 E 错误，题干中的描述属于邀请招标的缺点；公开招标缺点：准备招标、资格预审和评标的工作量大，招标时间长、招标费用较高；邀请招标缺点：限制了竞争范围，选择投标人的范围和投标人竞争的空间有限，可能会失去技术和报价方面有竞争力的投标者，失去理想中标人，达不到预期竞争效果。

【例题 4】 关于公开招标和邀请招标的说法，正确的是（　　）。（2023 年真题）

A. 公开招标有助于实现公平竞争
B. 邀请招标能够杜绝串标、抬标和围标现象
C. 公开招标的招标时间长但招标费用低
D. 邀请招标属于非限制性竞争招标

【答案】 A

【例题 5】 下列工作中，公开招标和邀请招标均包含的环节是（　　）。（2022 年真题）

A. 发布招标公告　　B. 发售招标文件
C. 进行资格后审　　D. 进行资格预审

【答案】 B

【解析】 选项 A 错误，发布招标公告只存在公开招标；选项 C 错误，资格后审一般属于邀请招标；选项 D 错误，资格预审属于公开招标；选项 B 正确，不论公开招标发布招标

公告还是邀请招标发布投标邀请书，随后均要发售招标文件，故选 B。

【例题 6】 通过邀请招标方式确定监理人的，建设单位应进行的工作是（　　）。（2020 年真题）

A. 发出投标邀请书　　B. 发出招标公告

C. 发售招标方案　　D. 进行资格预审

【答案】 A

知识点二 监理招标的程序

（1）招标准备；

（2）发出招标公告或投标邀请书；

（3）组织资格审查；

（4）编制和发售招标文件；

（5）组织现场踏勘；

（6）召开投标预备会；

（7）编制和递交投标文件；

（8）开标、评标和定标；

（9）签订工程监理合同。

典型例题

【例题 1】 工程监理公开招标的工作包括：①招标准备；②组织资格审查；③召开投标预备会；④发出中标通知书。仅就上述工作而言，正确的工作流程是（　　）。（2021 年真题）

A. ①—②—③—④　　B. ①—③—②—④

C. ③—①—②—④　　D. ②—①—③—④

【答案】 A

【解析】 招标准备—组织资格审查—召开投标预备会—发出中标通知书，故选 A。

【例题 2】 属于评标委员会工作内容的是（　　）。（2020 年真题）

A. 组织现场踏勘　　B. 熟悉招标文件

C. 编写评标方法　　D. 编写评标细则

【答案】 B

【解析】 选项 A、C、D 错误，这些是招标人自身的工作内容，评标人只需要熟悉招标文件里的评标办法和标准开展评标工作即可，无权编制评标方法和评标规则（细则），故选 B。

【例题 3】 下列工作中，属于评标委员会工作内容的是（　　）。（2021 年真题）

A. 掌握招标工程的主要特点和需求

B. 编制招标文件及评标办法

C. 编写投标资格预审公告

D. 将招标投标情况书面报告招标投标监督机构

【答案】 A

【解析】 编制招标文件及评标办法，编写投标资格预审公告，将招标投标情况书面报告招标投标监督机构都属于招标人的工作内容，故选A。

1. 招标准备

建设工程监理招标准备工作包括：确定招标组织，明确招标范围和内容，编制招标方案等内容。

（1）确定招标组织。

（2）明确招标范围和内容。综合考虑工程特点、建设规模、复杂程度、建设单位自身管理水平等因素，明确建设工程监理招标范围和内容。

（3）编制招标方案。包括：划分监理标段、选择招标方式、选定合同类型及计价方式、确定投标人资格条件、安排招标工作进度等。

【例题4】 建设工程监理招标方案中需要明确的内容有（　　）。（2014年真题）

A. 监理招标组织

B. 监理标段划分

C. 监理投标人条件

D. 监理招标工作进度

E. 监理招标程序

【答案】 BCD

【解析】 编制招标方案包括：划分监理标段、选择招标方式、选定合同类型及计价方式、确定投标人资格条件、安排招标工作进度等。

【例题5】 工程监理招标方案应包含的内容有（　　）。（2022年真题）

A. 招标方式

B. 监理标段划分

C. 投标人须知

D. 评标专家名单

E. 招标工作进度

【答案】 ABE

【解析】 选项C错误，投标人须知属于招标文件的内容；选项D为干扰项，不选。编制招标方案包括：划分监理标段、选择招标方式、选定合同类型及计价方式、确定投标人资格条件、安排招标工作进度等。

2. 组织资格审查

资格审查分为资格预审和资格后审两种。

（1）资格预审是指在投标前，对申请参加投标的潜在投标人进行资质条件、业绩、信誉、技术、资金等多方面情况的审查。只有资格预审中被认定为合格的潜在投标人（或投标人）才可以参加投标。资格预审的目的是排除不合格的投标人，降低招标人的招标成本，提高招标工作效率。

工程监理资格审查大多采用资格预审的方式进行。

（2）资格后审是指在开标后，由评标委员会根据招标文件中规定的资格审查因素、方法和标准，对投标人资格进行审查。

【例题6】 工程监理招标时，对投标人的资格审查通常采用的方式是（　　）。

A. 资格会审

B. 资格预审

C. 资格后审

D. 资格竞审

【答案】 B

【例题7】 关于投标资格审查的说法，正确的是（　　）。（2023年真题）

A. 资格审查限制了潜在投标人公平获取投标竞争的机会

B. 资格审查增加了招标人和投标人的资源投入

C. 资格审查不能确保潜在投标人满足招标项目的资格条件

D. 资格审查是为了排除不合格的投标人和降低招标成本

【答案】D

3. 编制和发售招标文件（表 5-3）

招标文件既是投标人编制投标文件的依据，也是招标人与中标人签订建设工程监理合同的基础。

发售监理招标文件应按照招标公告或投标邀请书规定的时间、地点发售。

招标文件的组成和招标公告与投标邀请书的内容　　表 5-3

招标文件的组成	招标公告与投标邀请书的内容
招标公告（或投标邀请书）	建设单位的名称和地址
投标人须知	招标项目的性质
评标办法	招标项目的数量
合同条款及格式	招标项目的实施地点
委托人要求	招标项目的实施时间
投标文件格式	获取招标文件的办法

【例题 8】根据《标准监理招标文件》，属于工程监理招标文件内容的是（　　）。（2023 年真题）

A. 投标人须知　　B. 评标办法

C. 委托人要求　　D. 投标文件格式

E. 资格预审文件格式

【答案】ABCD

4. 投标预备会

招标人按照招标文件规定的时间组织投标预备会，澄清、解答潜在投标人在阅读招标文件和现场踏勘后提出的疑问。所有的澄清、解答都应当以书面形式予以确认，并发给所有购买招标文件的潜在投标人。

招标文件的书面澄清、解答属于招标文件的组成部分。

招标人同时可以利用投标预备会对招标文件中有关重点、难点内容主动做出说明。

5. 定标

（1）公示中标候选人，确定中标人，向中标人发出中标通知书。

（2）将中标结果通知所有未中标的投标人。

（3）在 15 日内按有关规定将监理招标投标情况书面报告提交招标投标行政监督部门。

【例题 9】根据《招标投标法》，依法必须进行招标的项目，招标人应当自确定中标人之日起（　　）日内，向有关行政监督部门提交招标投标情况的书面报告。（2018 年真题）

A. 7　　B. 15

C. 20　　D. 30

【答案】B

6. 签订工程监理合同

招标人与中标人应当自发出中标通知书之日起30日内，依据中标通知书、招标文件中的合同构成文件签订工程监理合同。

【例题10】下列有关建设工程监理招标的表述，正确的是（　　）。

A. 资格审查大多采用资格后审的方式进行

B. 采用邀请招标时，应向三个以上具备承担招标项目能力、资信良好的特定工程监理单位发出投标邀请书

C. 招标准备阶段的工作内容之一是“明确招标范围和内容”

D. 资格预审的目的是排除不合格的投标人，进而降低招标人的招标成本

E. 投标预备会上明确的澄清、解答内容仅发给提出问题的潜在投标人

【答案】BCD

【解析】选项A错误，资格审查大多采用资格预审的方式进行；选项E错误，投标预备会上澄清解答的内容需要向所有潜在投标人给予书面说明，故选B、C、D。

知识点三 监理评标内容和方法（1分）

1. 工程监理评标内容

建设工程监理招标属于服务类招标，其标的是无形的“监理服务”。

选择工程监理单位最重要的原则是“基于能力的选择”，而不应将服务报价作为主要考虑因素。

建设工程监理评标的内容：

（1）工程监理单位的基本素质。

（2）工程监理人员配备。

（3）建设工程监理大纲（评标的重点）；评标时，应重点评审工程监理大纲的全面性、针对性和科学性。

（4）试验检测仪器设备及其应用能力。

（5）建设工程监理费用报价（审查报价构成，而不是价格高低）。

典型例题

【例题1】在建设工程监理招标中，选择工程监理单位应遵循的最重要的原则是（　　）。（2016年真题）

A. 报价优先　　B. 基于制度的要求

C. 技术优先　　D. 基于能力的选择

【答案】D

【解析】“基于能力的选择”加深这几个字在脑海里的条件反射，纯靠语言理解容易错选B。选择工程监理单位最重要的原则是“基于能力的选择”，而不应将服务报价作为主要考虑因素。故选D。

【例题2】建设工程监理招标的标的是（　　）。（2016年真题）

A. 监理酬金　　B. 监理设备

C. 监理人员　　D. 监理服务

【答案】D

【解析】建设工程监理招标属于服务类招标，其标的是无形的“监理服务”。故选 D。

【例题 3】评标时应重点评审监理大纲的（　　）。（2016 年真题）

A. 全面性　　B. 程序性

C. 针对性　　D. 科学性

E. 创新性

【答案】ACD

【解析】评标时应重点评审工程监理大纲的全面性、针对性和科学性。

【例题 4】根据《标准监理招标文件》，属于监理投标文件内容的是（　　）。（2021 年真题）

A. 投标人须知　　B. 监理大纲

C. 合同条款　　D. 监理规划

【答案】B

【解析】选项 A 错误，投标人须知是招标文件的内容；选项 C 错误，合同条款是投标成功后合同的内容；选项 D 错误，监理规划是签订监理合同和拿到设计文件后项目监理机构的工作内容，故选 B。

【例题 5】建设工程监理评标时，对投标人着重应考察的内容有（　　）。（2022 年真题）

A. 类似工程监理业绩和经验

B. 总监理工程师的综合能力和业绩

C. 监理规划及巡视方案

D. 试验检测仪器设备配备

E. 监理服务费调整系数

【答案】ABDE

【解析】选项 C 错误，题干问的是监理评标时，还没有签订监理合同，监理规划和巡视方案是合同签订后才有的文件。

2. 建设工程监理评标方法

建设工程监理评标通常采用“综合评估法”，又称打分法、百分制计分评价法，即通过衡量投标文件是否最大限度地满足招标文件中规定的各项评价标准，对技术、企业资信、服务报价等因素进行综合评价从而确定中标人。

通常是在招标文件中明确规定需量化的评价因素及其权重，评标委员会按照综合评分由高到低的顺序确定中标候选人或直接选定得分最高者为中标人。

综合评估法是我国各地广泛采用的评标方法，其特点是量化所有评标指标，由评标委员会专家分别打分，减少了评标过程中的相互干扰，增强了评标的科学性和公正性。

【例题 6】采用定量综合评估法进行建设工程监理评标的优点有（　　）。（2014 年真题）

A. 可减少评标过程中的相互干扰

B. 可增强评标的科学性

C. 可增强评标委员之间的深入交流

D. 可集中体现各个评标委员的意见

E. 可增强评标的公正性

【答案】 ABE

【解析】 选项C、D错误，其表述刚好相反。综合评估法是我国各地广泛采用的评标方法，其特点是量化所有评标指标，由评标委员会专家分别打分，减少了评标过程中的相互干扰，增强了评标的科学性和公正性。

3. 建设工程监理评标示例

投标人不得存在下列情形之一：

(1) 为招标人不具有独立法人资格的附属机构（单位）；

(2) 与招标人存在利害关系且可能影响招标公正性；

(3) 与本招标项目的其他投标人为同一个单位负责人；

(4) 与本招标项目的其他投标人存在控股、管理关系；

(5) 为本招标项目的代建人；

(6) 为本招标项目的招标代理机构；

(7) 与本招标项目的代建人或招标代理机构同为一个法定代表人；

(8) 与本招标项目的代建人或招标代理机构存在控股或参股关系；

(9) 与本招标项目的施工承包人以及建筑材料、建筑构配件和设备供应商有隶属关系或者其他利害关系；

(10) 被依法暂停或者取消投标资格；

(11) 被责令停产停业、暂扣或者吊销许可证、暂扣或者吊销执照；

(12) 进入清算程序，或被宣告破产，或其他丧失履约能力的情形；

(13) 在最近三年内发生重大监理质量问题（以相关行业主管部门的行政处罚决定或司法机关出具的有关法律文书为准）；

(14) 被工商行政管理机关在全国企业信用信息公示系统中列入严重违法失信企业名单；

(15) 被最高人民法院列入失信被执行人名单；

(16) 在近三年内投标人或其法定代表人、拟委任的总监理工程师有行贿犯罪行为的。

4. 投标有效期

除招标文件另有规定外，投标有效期为90天。

【例题7】 下列单位中，将被拒绝作为投标人的有（ ）。

A. 在最近三年内发生重大监理质量问题

B. 投标人为联合体的

C. 与本标段招标代理机构同为一个法定代表人

D. 与招标人同属一个行政主管部门的单位

E. 为招标人不具备独立法人资格的附属机构

【答案】 ACE

第二节 监理投标工作的内容和策略

考情分析：

近三年考情分析如表5-4所示。

近三年考情分析　　表 5-4

年份	2023 年	2022 年	2021 年
单选分值	2	3	3
多选分值	2	2	2
合计分值	4	5	5

本节主要知识点：

1. 建设工程监理投标工作内容
2. 监理大纲的主要内容（1 分）
3. 常用的监理投标策略

知识点一　建设工程监理投标工作内容

（1）投标决策；

（2）投标策划；

（3）投标文件编制；

（4）参加开标及答辩；

（5）投标后评估等内容。

典型例题

【例题 1】工程监理投标工作包括：①购买招标文件；②进行投标决策；③编制投标文件；④递送投标文件并参加开标会。仅就上述工作而言，正确的工作流程是（　　）。（2020 年真题）

A. ①—②—④—③　　B. ①—③—④—②

C. ①—②—③—④　　D. ②—①—③—④

【答案】C

【例题 2】监理投标文件应包含的内容有（　　）。（2022 年、2024 年真题）

A. 投标函　　B. 资格审查材料

C. 法定代表人授权委托书　　D. 监理实施细则

E. 监理报酬清单

【答案】ABCE

【解析】《标准监理招标文件》规定，投标文件应包括下列内容：①投标函及投标函附录；②法定代表人身份证明或授权委托书；③联合体协议书；④投标保证金；⑤监理报酬清单；⑥资格审查资料；⑦监理大纲；⑧投标人须知前附表规定的其他资料。

知识点二　建设工程监理投标决策

1. 投标决策原则

（1）充分衡量人员自身的技术实力能否满足工程项目要求，且要根据工程监理单位自身实力、经验和外部资源等因素来确定是否参与竞标。

（2）充分考虑国家政策、建设单位信誉、招标条件、资金落实情况等，保证中标后工程项目能顺利实施。

（3）集中优势力量参与一个较大工程的监理投标。

（4）对于竞争激烈、风险特别大或把握不大的工程项目，应主动放弃投标。

2. 投标决策定量分析方法

常用的投标决策定量分析方法有综合评价法和决策树法。

1）综合评价法

（1）确定影响投标的评价指标。考虑的指标一般包括：总监理工程师能力；监理团队配置；技术水平；合同支付条件；同类工程经验；可支配的资源条件；竞争对手数量和实力；竞争对手投标积极性；项目利润；社会影响；风险情况等。

（2）确定各项评价指标权重。各权重之和应当等于1。

（3）各项评价指标评分。可划分为好、较好、一般、较差、差五个等级，各等级赋予定量数值，如可按1.0、0.8、0.6、0.4、0.2进行打分。

（4）计算综合评价总分。将各项评价指标权重与等级评分相乘后累加，即可求出工程监理投标总分。

（5）决定是否投标。

2）决策树法

用决策树法分析，其决策过程如下：

（1）先根据已知情况绘出决策树；

（2）计算期望值（中标概率和损益值）；

（3）确定决策方案。

典型例题

【例题1】 采用综合评价法进行建设工程监理投标决策时，其工作环节包括（　　）。

A. 确定工程规模
B. 确定影响投标的评价指标
C. 确定各项评价指标权重
D. 各项评价指标评分
E. 计算综合评价总分

【答案】 BCDE

【解析】 综合评价法工作环节包括：①确定影响投标的评价指标；②确定各项评价指标权重，各权重之和应当等于1；③各项评价指标评分；④计算综合评价总分；⑤决定是否投标。

【例题2】 投标决策的综合评价法是将影响投标决策的主客观因素用某些指标表示出来，进行（　　）后决定是否参加投标的一种方法。（2023年真题）

A. 定性综合评价
B. 定量综合评价
C. 客观综合评价
D. 动态综合评价

【答案】 B

【例题3】（考查决策树法）某工程监理单位拥有的资源有限，只能在A和B两项大型工程中选择其中一项进行投标，或均不参加投标。若投标，根据过去投标经验，对两项工程各有高、低报价两种策略。投高价标，中标机会为30%；投低价标，中标机会为50%。

因此，该工程监理单位共有$A_{高}$、$A_{低}$、不投标、$B_{高}$、$B_{低}$五种方案。

工程监理单位根据过去承担过的类似工程数据进行分析，得到每种方案的利润和出现概率见表 5-5。如果投标未果，则会损失 5 万元（投标准备费）。

投标方案、利润和概率　　　　表 5-5

方案	效果	可能的利润(万元)	概率
$A_{高}$	优	500	0.3
	一般	100	0.5
	赔	−300	0.2
$A_{低}$	优	400	0.2
	一般	50	0.6
	赔	−400	0.2
不投标	—	0	1.0
$B_{高}$	优	700	0.3
	一般	200	0.5
	赔	−300	0.2
$B_{低}$	优	600	0.3
	一般	100	0.6
	赔	−100	0.1

【解析】根据上述情况，可画出决策树如图 5-1 所示。

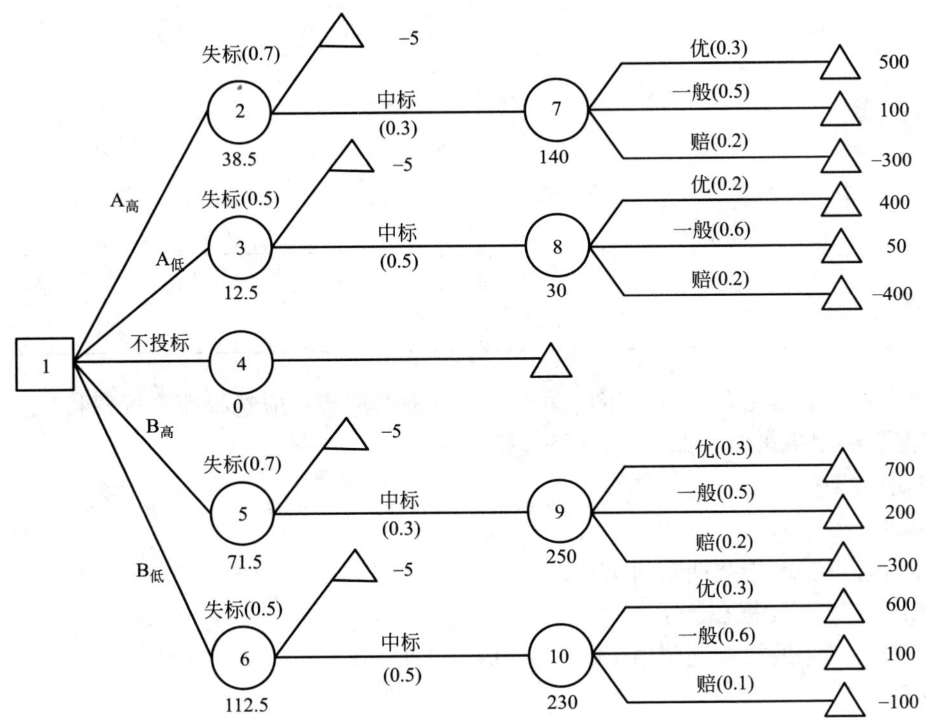

图 5-1　建设工程监理投标决策树

计算各自然状态点的损益期望值，以$A_{高}$方案为例：

（1）自然状态点7的损益期望值$E_7=0.3\times500+0.5\times100+0.2\times(-300)=140$万元，将此数值标在自然状态点7的上方（或下方）。

（2）自然状态点2的损益期望值$E_2=0.3\times140+0.7\times(-5)=38.5$万元。

同理，可分别求得自然状态点3、4、5、6、8、9、10的损益期望值。

至此，工程监理单位可以做出决策。如投A工程，宜投高价标；如投B工程，则应投低价标，而且从损益期望值的角度看，选定B工程投低价标，更为有利。

【例题4】某工程监理企业采用决策树法对监理投标方案进行定量分析时，决策树中考虑的因素有（　　）。（2020年、2024年真题）

A. 中标概率　　B. 可能的利润值

C. 损益期望值　　D. 业主期望值

E. 中标率的最大值

【答案】AC

【例题5】（节选自2024年土建专业案例分析）施工过程，发生了如下事件：

事件1：项目监理机构有A、B、C三个标段可进行投标（表5-6）。

案例分析（单位：万元）　　**表5-6**

标段	中标概率	投标费	效果	可能利润	概率
A标段	40%	8	优秀	400	0.3
			一般	200	0.5
			赔	−250	0.2
B标段	50%	6	优秀	400	0.2
			一般	150	0.6
			赔	−400	0.2
C标段	60%	10	优秀	250	0.3
			一般	100	0.6
			赔	−350	0.1

根据事件1的表格，绘制决策树图，并计算损益期望值应选择哪个标段投标。

【答案】绘制决策树，如图5-2所示。

计算损益期望值：

A标段：

自然状态点⑤的损益期望值E：$E_5=0.3\times400+0.5\times200+0.2\times(-250)=170$万元，将$E_5=170$万元标在⑤下面；

自然状态点②的损益期望值E：$E_2=0.4\times170+0.6\times(-8)=63.2$万元。

B标段：

自然状态点⑥的损益期望值E：$E_6=0.2\times400+0.6\times150+0.2\times(-400)=90$万元，将$E_6=90$万元标在⑥下面；

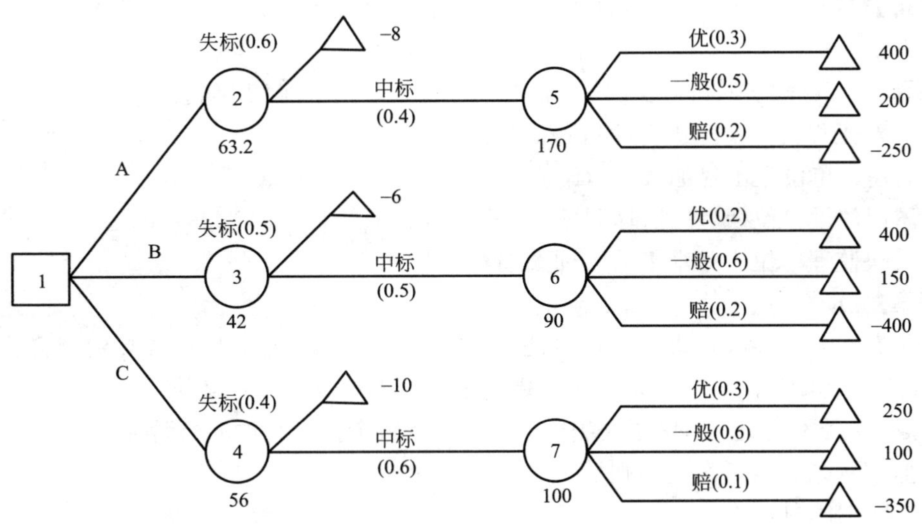

图 5-2　决策树

自然状态点③的损益期望值 E：$E_3=0.5\times90+0.5\times(-6)=42$ 万元。

C 标段：

自然状态点⑦的损益期望值 E：$E_7=0.3\times250+0.6\times100+0.1\times(-350)=100$ 万元，将 $E_7=100$ 万元标在⑦下面；

自然状态点④的损益期望值 E：$E_4=0.6\times100+0.4\times(-10)=56$ 万元。

至此，从损益期望值角度看，应选定 A 标段进行投标。

知识点三　监理大纲的主要内容（1 分）

工程监理投标文件的核心是反映监理服务水平高低的监理大纲，尤其是针对工程具体情况制定的监理对策，以及向建设单位提出的原则性建议等。

监理大纲的主要内容：

（1）工程概述；

（2）监理依据和监理工作内容（“三控两管一协调”和安全生产管理）；

（3）建设工程监理实施方案。这是监理评标的重点，建设单位一般会特别关注工程监理单位资源的投入，一方面是项目监理机构的设置和人员配备；另一方面是监理设备配置。

（4）建设工程监理难点、重点及合理化建议。建设工程监理难点、重点及合理化建议是整个投标文件的精髓。

典型例题

【例题 1】建设工程监理投标文件的核心是监理大纲，监理大纲内容不包括（　　）。（2017 年真题）

A. 工程概述　　B. 监理依据和监理工作内容

C. 建设工程监理实施方案　　D. 监理服务报价

【答案】D

【解析】监理大纲的主要内容：①工程概述；②监理依据和监理工作内容；③建设工程监理实施方案。

【例题 2】工程监理投标文件的核心内容是（　　）。(2022 年真题)

A. 针对工程具体情况进行项目特征分析

B. 向建设单位提出附加服务承诺

C. 体现建设单位期望的监理服务费建议书

D. 反映监理单位服务水平的监理大纲

【答案】D

【解析】工程监理投标文件的核心是反映监理服务水平高低的监理大纲，尤其是针对工程具体情况制定的监理对策，以及向建设单位提出的原则性建议等。

【例题 3】下列监理大纲的内容中，（　　）是整个投标文件的精髓。

A. 监理规划和监理实施细则

B. 监理工作内容

C. 建设工程监理实施方案

D. 建设工程监理难点、重点及合理化建议

【答案】D

【解析】建设工程监理难点、重点及合理化建议是整个投标文件的精髓。

【例题 4】工程监理投标时，编制监理实施方案应包括的内容有（　　）。(2023 年真题)

A. 监理招标函　　B. 招标工程量清单

C. 拟投入的资源　　D. 拟采用的监理方法和手段

E. 监理工作制度和流程

【答案】CDE

【解析】工程监理投标时，编制监理实施方案应包括的内容有：主要管理措施、技术措施以及控制要点；拟采用的监理方法和手段，监理工作制度和流程；监理文件资料管理和工作表式；拟投入的资源等。

知识点四　常用的监理投标策略

(1) 以信誉和口碑取胜；

(2) 以缩短工期等承诺取胜；

(3) 以附加服务取胜；

(4) 适应长远发展的策略。

典型例题

【例题 1】常用的监理投标策略包括（　　）。

A. 以投标报价取胜　　B. 以信誉和口碑取胜

C. 以缩短工期等承诺取胜　　D. 以附加服务取胜

E. 适应长远发展的策略

【答案】BCDE

【解析】常用的监理投标策略见知识点四。

【例题 2】在监理投标文件中展示其在工程设计方面的优势，并承诺提供设计优化服务，是工程监理单位采取的（　　）取胜策略。(2022 年真题)

A. 信誉　　B. 口碑

C. 附加服务　　D. 正常服务

【答案】C

【解析】选项 A、B 错误，其属于监理投标策略，而设计优化服务属于附加服务，故选 C。

知识点五　建设工程监理费用计取方法

如表 5-7 所示。

建设工程监理费用计取方法　　表 5-7

按费率计费	这种方法是按照工程规模大小和所委托的咨询工作繁简，以建设投资的一定百分比来计算 一般情况下，工程规模越大，建设投资越多，计算咨询费的百分比越小
按人工时计费	根据合同项目执行时间以补偿费加一定数额的补贴来计算咨询费总额 适用于临时性、短期咨询业务活动，或者不宜按建设投资百分比等方法计算咨询费的情形
按服务内容计费	这种方法是指在明确咨询工作内容的基础上，业主与工程咨询公司协商一致确定的固定咨询费，或工程咨询公司在投标时以固定价形式进行报价而形成的咨询合同价格。当实际咨询工作量有所增减时，一般也不调整咨询费 国内工程监理费用一般参考国家以往收费标准或以人工成本加酬金等方式计取

典型例题

【例题 1】下列工程监理费用计取方法中，适用于临时性、短期监理（咨询）业务活动的是（　　）。(2021 年真题)

A. 建设投资百分比法　　B. 工程建设强度法

C. 监理（咨询）人员工时法　　D. 监理（咨询）服务内容法

【答案】C

【例题 2】在建设工程监理费用计取方法中，（　　）是指在明确咨询工作内容的基础上，业主与工程咨询公司协商一致确定的固定咨询费，或工程咨询公司在投标时以固定价形式进行报价而形成的咨询合同价格。

A. 按费率计费　　B. 按人工时计费

C. 按服务内容计费　　D. 按服务时长计费

【答案】C

【例题 3】按照建设工程规模大小和所委托的工程监理工作服务内容的复杂程度，以建设投资的一定比例计取监理费用的方法是（　　）。(2023 年真题)

A. 费率计费法　　B. 工时计费法

C. 固定单价法　　D. 服务内容计量法

【答案】A

第三节　建设工程监理合同管理

考情分析：

近三年考情分析如表 5-8 所示。

近三年考情分析　　表 5-8

年份	2024 年	2023 年	2022 年
单选分值	2	1	2
多选分值	4	0	0
合计分值	6	1	2

本节主要知识点：

1. 监理合同的特点
2. 监理履约保证金格式（1 分）
3. 监理合同文件解释顺序（1 分）
4. 委托人主要义务
5. 监理人员需要完成的基本工作（2 分）
6. 监理人的违约责任

知识点一　监理合同的特点

建设工程监理合同是指委托人（建设单位）与监理人（工程监理单位）就委托的建设工程监理与相关服务内容签订的明确双方义务和责任的协议。

建设工程监理合同是一种委托合同。建设工程监理合同的标的是服务。

监理合同条款由通用合同条款和专用合同条款两部分组成，同时还以合同附件格式明确了合同协议书和履约保证金格式。

合同协议书是合同组成文件中唯一需要委托人和监理人签字盖章的法律文书。

典型例题

【例题】关于建设工程监理合同的说法，正确的是（　　）。(2021 年真题)

A. 建设工程监理合同是一种建设工程合同

B. 建设工程监理合同分为通用合同条款和专用合同条款两部分

C. 建设工程监理合同双方应是具有法人资格的企事业单位

D. 建设工程监理合同的标的是服务

【答案】D

【解析】选项 A 错误，建设工程监理合同是一种委托合同；选项 B 错误，建设工程监理合同分为合同协议书、通用合同条款和专用合同条款三部分；选项 C 错误，监理单位必须是法人，建设单位可以是法人也可以是自然人；选项 D 正确，建设工程监理合同的标的是服务。

知识点二　建设工程监理合同履约担保（1分）

（1）履约保证金形式。履约担保采用保函形式。

（2）担保期限。自委托人与监理人签订的合同生效之日起，至委托人签发工程竣工验收证书之日起 28 日后失效。（注：施工合同履约担保期限为发包人与承包人签订合同之日起，至签发工程移交证书日止）

（3）担保方式。采用无条件担保方式。

履约担保汇总如表 5-9 所示。

履约担保汇总　　表 5-9

担保方式		采用无条件担保方式
支付时间		担保人收到发包人书面形式提出的赔偿要求后在 7 日内无条件支付
担保期限	勘察设计	发包人与勘察/设计人签订的合同生效之日起，至发包人签收最后一批勘察成果/设计成果文件之日起 28 日后失效
	施工	发包人和承包人签订合同之日起，至签发工程移交证书日止
	监理	自委托人与监理人签订的合同生效之日起，至委托人签发工程竣工验收证书之日起 28 日后失效

施工合同的履行如图 5-3 所示。

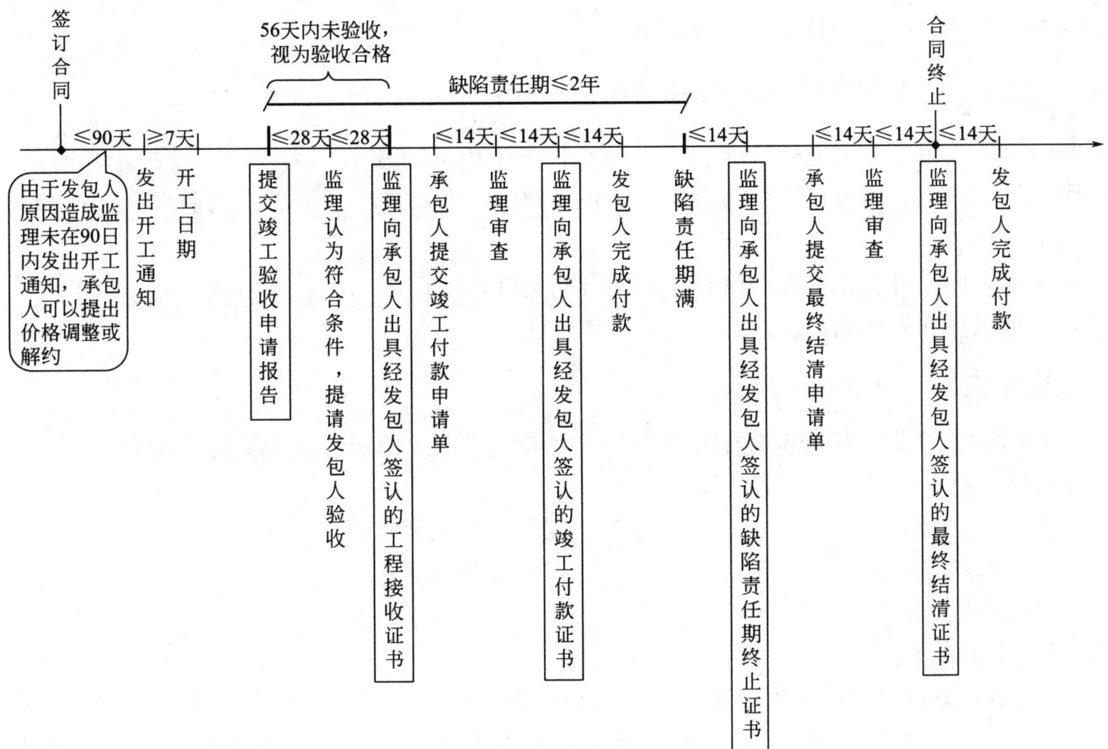

图 5-3　施工合同的履行

典型例题

【例题1】根据《标准监理招标文件》，建设工程监理合同履约担保至建设单位签发工程竣工验收证书之日起（　　）后失效。（2021年真题）

A. 14日　　B. 28日

C. 1个月　　D. 12个月

【答案】B

【解析】担保期限自委托人与监理人签订的合同生效之日起，至委托人签发工程竣工验收证书之日起28日后失效，故选B。

【例题2】根据《标准监理招标文件》，关于合同附件格式的说法，正确的是（　　）。（2020年真题）

A. 合同附件格式包括合同协议书、履约保证金格式和安全、廉政责任书格式

B. 合同协议书是合同组成文件中唯一要求委托人和监理人签字盖章的法律文书

C. 合同附件格式中要求履约保证金采用有条件担保方式

D. 合同附件格式中要求履约担保至委托人签发工程竣工验收证书之日失效

【答案】B

【解析】选项A错误，没有安全廉政责任书；选项C错误，履约保证金采用无条件担保；选项D错误，根据《标准监理招标文件》，建设工程监理合同履约担保至建设单位签发工程竣工验收证书之日起28日后失效。合同协议书是合同组成文件中唯一需要委托人和监理人签字盖章的法律文书。故选B。

知识点三　监理合同文件解释顺序（1分）

合同协议书与下列文件一起构成合同文件：①中标通知书；②投标函及投标函附录；③专用合同条款；④通用合同条款；⑤委托人要求；⑥监理报酬清单；⑦监理大纲；⑧其他合同文件。

上述合同文件互相补充和解释。如果合同文件之间存在矛盾或不一致之处，以上述文件的排列顺序在先者为准。

典型例题

【例题1】根据《标准监理招标文件》通用合同条款，组成监理合同的文件有（　　）。（2020年真题）

A. 中标通知书　　B. 委托人要求

C. 监理报酬清单　　D. 合同协议书

E. 监理规划

【答案】ABCD

【解析】合同协议书与下列文件一起构成合同文件：①中标通知书；②投标函及投标函附录；③专用合同条款；④通用合同条款；⑤委托人要求；⑥监理报酬清单；⑦监理大纲；⑧其他合同文件。

【例题2】建设工程监理合同文件包括：①专用合同条款；②中标通知书；③监理报酬

清单等。仅就上述合同文件而言，正确的优先解释顺序是（　　）。（2020 年真题）

A. ①—②—③　　B. ②—③—①

C. ③—②—①　　D. ②—①—③

【答案】 D

【解析】 解释顺序：合同协议书＞中标通知书＞投标函及投标函附录＞专用合同条款＞通用合同条款＞委托人要求＞监理报酬清单＞监理大纲＞其他合同文件。

【例题 3】 根据《标准监理招标文件》，下列合同文件解释的优先顺序中，正确的是（　　）。（2023 年真题）

A. 监理大纲—委托人要求—监理报酬清单

B. 中标通知书—合同协议书—专用合同条款

C. 合同协议书—中标通知书—监理报酬清单

D. 委托人要求—专用合同条款—监理大纲

【答案】 C

知识点四　委托人主要义务

（1）除专用合同条款另有约定外，委托人应在合同签订后 14 日内，将委托人代表的姓名、职务、联系方式、授权范围和授权期限书面通知监理人，由委托人代表在其授权范围和授权期限内，代表委托人行使权利、履行义务和处理合同履行中的具体事宜。委托人更换委托人代表的，应提前 14 日将更换人员的姓名、职务、联系方式、授权范围和授权期限书面通知监理人。

（2）委托人应在收到预付款支付申请后 28 日内，将预付款支付给监理人。

（3）符合专用合同条款约定的开始监理条件的，委托人应提前 7 日向监理人发出开始监理通知。

（4）委托人应按合同约定向监理人发出指示，委托人的指示应盖有委托人单位章，并由委托人代表签字确认。在紧急情况下，委托人代表或其授权人员可以当场签发临时书面指示。委托人代表应在临时书面指示发出后 24 小时内发出书面确认函，逾期未发出书面确认函的，该临时书面指示应被视为委托人的正式指示。

（5）委托人应在专用合同条款约定的时间内，对监理人书面提出的事项做出书面答复；逾期没有做出答复的，视为已获得委托人批准。

（6）委托人应当及时接收监理人提交的监理文件。如无正当理由拒收的，视为委托人已接收监理文件。

（7）委托人应在收到中期支付或费用结算申请后的 28 日内，将应付款项支付给监理人。委托人未能在前述时间内完成审批或不予答复的，视为委托人同意中期支付或费用结算申请。委托人不按期支付的，按专用合同条款的约定支付逾期付款违约金。

（8）委托人要求监理人进行外出考察、试验检测、专项咨询或专家评审时，相应费用不含在合同价格之中，由委托人另行支付。

（9）监理人提出的合理化建议降低工程投资、缩短施工期限或者提高工程经济效益的，委托人应按专用合同条款约定给予奖励。

典型例题

【例题 1】根据《标准监理招标文件》，监理服务期限自（　　）起计算。（2021 年真题）

A. 开始监理通知中载明的开始监理日期

B. 招标文件中载明的开始监理日期

C. 监理规划中载明的开始监理日期

D. 监理人实际进场日期

【答案】A

【解析】监理服务期限自开始监理通知中载明的开始监理日期起计算。施工服务期限也是自开工通知单上载明的开工日期起计算，两者可放在一起记忆，故选 A。

【例题 2】根据《标准监理招标文件》，关于监理合同中按天计算期限的说法，正确的是（　　）。

A. 除特别指明外，“天”是指日历天

B. 期限计算时应扣除法定公休日

C. 期限自指令、通知等发出当日开始计算

D. 期限最后一天的截止时间为 18：00

【答案】A

【解析】除特别指明外均指日历天。合同中按天计算时间的开始当天不计入从次日开始计算，期限最后一天的截止时间为当天 24：00。故选 A。

知识点五　监理人员需要完成的基本工作（2 分）

（1）收到工程设计文件后编制监理规划，并在第一次工地会议 7 天前报委托人。根据有关规定和监理工作需要，编制监理实施细则；

（2）熟悉工程设计文件，并参加由委托人主持的图纸会审和设计交底会议；

（3）参加由委托人主持的第一次工地会议；主持监理例会并根据工程需要主持或参加专题会议；

（4）审查施工承包人提交的施工组织设计，重点审查其中的质量安全技术措施、专项施工方案与工程建设强制性标准的符合性；

（5）检查施工承包人工程质量、安全生产管理制度及组织机构和人员资格；

（6）检查施工承包人专职安全生产管理人员的配备情况；

（7）审查施工承包人提交的施工进度计划，核查施工承包人对施工进度计划的调整；

（8）检查施工承包人的试验室；

（9）审核施工分包人资质条件；

（10）查验施工承包人的施工测量放线成果；

（11）审查工程开工条件，对条件具备的签发开工令；

（12）审查施工承包人报送的工程材料、构配件、设备的质量证明资料，抽检进场的工程材料、构配件的质量；

（13）审核施工承包人提交的工程款支付申请，签发或出具工程款支付证书，并报委托人审核、批准；

（14）在巡视、旁站和检验过程中，发现工程质量、施工安全存在事故隐患的，要求施工承包人整改并报委托人；

（15）经委托人同意，签发工程暂停令和复工令；

（16）审查施工承包人提交的采用新材料、新工艺、新技术、新设备的论证材料及相关验收标准；

（17）验收隐蔽工程、分部分项工程；

（18）审查施工承包人提交的工程变更申请，协调处理施工进度调整、费用索赔、合同争议等事项；

（19）审查施工承包人提交的竣工验收申请，编写工程质量评估报告；

（20）参加工程竣工验收，签署竣工验收意见；

（21）审查施工承包人提交的竣工结算申请并报委托人；

（22）编制、整理建设工程监理归档文件并报委托人。

典型例题

【例题1】根据《建设工程监理规范》GB/T 50319—2013，监理人员应参加（　　）主持召开的图纸会审会议。（2022年真题）

A. 建设单位　　B. 施工单位

C. 施工图审查机构　　D. 设计单位

【答案】A

【解析】图纸会审都是建设单位主持召开，监理施工单位参加，故选A。

【例题2】根据《标准监理招标文件》，监理人需要完成的基本工作有（　　）。（2018年真题）

A. 主持图纸会审和设计交底会议

B. 检查施工承包人的试验室

C. 查验施工承包人的施工测量放线成果

D. 审核施工承包人提交的工程款支付申请

E. 编写工程质量评估报告

【答案】BCDE

【解析】主持图纸会审和设计交底会议的是建设单位，选项B、C、D、E是监理单位的工作任务。

【例题3】根据《标准监理招标文件》，监理人的工作内容有（　　）。（2020年真题）

A. 收到施工组织设计文件后编制监理规划

B. 参加由委托人主持的第一次工地会议

C. 检查施工承包人的试验室

D. 查验施工承包人的施工测量放线成果

E. 核查施工承包人对施工进度计划的调整

【答案】BCDE

【解析】选项A错误，应该是监理合同和设计文件之后编制监理规划。

【例题4】按照《标准监理招标文件》，监理人员需要完成的基本工作包括（　　）。

A. 审核施工分包人资质条件

B. 主持召开第一次工地会议

C. 查验工程开工条件，对条件具备的签发开工令

D. 经委托人同意，签发工程暂停令

E. 组织工程竣工验收，签署竣工验收意见

【答案】 ACD

【解析】 选项 B、E 错误，主持召开第一次工地会议和组织工程竣工验收，签署竣工验收意见，都是建设单位的基本工作内容。

知识点六 更换总监理工程师的要求

监理人应按合同协议书的约定指派总监理工程师，并在约定的期限内到职。监理人更换总监理工程师应事先征得委托人同意，并应在更换 14 天前将拟更换的总监理工程师的姓名和详细资料提交委托人。总监理工程师 2 天内不能履行职责的，应事先征得委托人同意，并委派代表代行其职责。

工程监理单位调换总监理工程师，应征得建设单位书面同意；调换专业监理工程师时，总监理工程师应书面通知建设单位。

监理人应在接到开始监理通知之日起 7 天内，向委托人提交监理项目机构以及人员安排的报告，其内容应包括项目机构设置、主要监理人员和作业人员的名单及资格条件。主要监理人员应相对稳定，更换主要监理人员的，应取得委托人的同意，并向委托人提交继任人员的资格、管理经验等资料。除专用合同条款另有约定外，主要监理人员包括总监理工程师、专业监理工程师等；其他人员包括各专业的监理员、资料员等。

典型例题

【例题 1】 关于总监理工程师的监理职责说法，正确的是（　　）。

A. 监理人更换总监理工程师应事先通知委托人

B. 总监理工程师 2 天内不能履行职责的，应委派代表代行其职责，并通知委托人

C. 更换总监理工程师应事先征得委托人同意，并应在更换 14 天前将拟更换的总监理工程师的姓名和详细资料提交委托人

D. 更换总监理工程师应提前 7 天通知委托人

【答案】 C

【解析】 选项 A 错误，监理人更换总监理工程师应征得委托人同意；选项 B 错误，总监理工程师 2 天内不能履行职责的，应通知委托人，并委派代表代行其职责；选项 D 错误，应事先征得委托人同意。

【例题 2】 监理人应向委托人提交监理项目机构及人员安排报告的时间是（　　）。（2024 年真题）

A. 正式开工前 7 天

B. 发出开始施工通知前 7 天

C. 接到开始监理通知之日起 7 天内

D. 第一次工地会议前 7 天

【答案】C

知识点七　监理人违约责任

委托人违约与监理人违约的情形如表 5-10 所示。

委托人违约与监理人违约的情形　　表 5-10

当事人	违约情形
委托人违约	①委托人未按合同约定支付监理报酬 ②委托人原因造成监理停止 ③委托人无法履行或停止履行合同 ④委托人不履行合同约定的其他义务
监理人违约	①监理文件不符合规范标准及合同约定 ②监理人转让监理工作 ③监理人未按合同约定实施监理并造成工程损失 ④监理人无法履行或停止履行合同 ⑤监理人不履行合同约定的其他义务

典型例题

【例题 1】在合同履行中发生下列情况之一的，属监理人违约的是（　　）。

A. 委托人无法履行或停止履行合同

B. 委托人原因造成监理停止

C. 监理人无法履行或停止履行合同

D. 委托人不履行合同约定的其他义务

【答案】C

【解析】选项 A、B、D 明显是委托人违约，所以均为错误选项。

【例题 2】根据《标准监理招标文件》，监理人违约的情形有（　　）。(2020 年真题)

A. 编制的监理文件不符合规范标准及合同约定的

B. 由于疫情暂停项目监理工作的

C. 两次未及时编写监理例会会议纪要的

D. 转让合同内监理业务的

E. 未按建设单位的口头要求开展监理工作的

【答案】AD

【解析】选项 B 错误，疫情属于不可抗力，不属于监理违约；选项 C 错误，两次未及时编写监理例会会议纪要的不属于监理违约的情形；选项 E 错误，错在“口头”二字，应该是书面形式。

【例题 3】监理人首次违约时，委托人可向监理人发出（　　）通知，要求其在限定时间内纠正。(2022 年真题)

A. 整改　　B. 暂停工作

C. 暂停支付　　D. 解除合同

【答案】A

【解析】监理人发生违约情况时，委托人可向监理人发出整改通知，要求其在限定期限内纠正；逾期仍不纠正的，委托人有权解除合同并向监理人发出解除合同通知。

本章精选习题

一、单项选择题

1. 建设单位通过招标方式选择工程监理单位时，应遵循的最重要原则是（　　）。

A. 基于能力的选择　　B. 基于资质等级的比较

C. 基于附加服务的比较　　D. 基于服务报价的选择

2. 建设工程监理评标时，不需要评审的内容是（　　）。

A. 工程监理单位类似工程业绩

B. 工程监理服务报价

C. 试验检测仪器设备及应用能力

D. 监理规划

3. 建设工程监理大纲的内容包括（　　）。

A. 监理实施方案　　B. 监理企业组织机构

C. 监理工作细则　　D. 监理绩效考核标准

4. 工程监理单位进行监理投标时，不宜采用的投标策略是（　　）。

A. 以信誉和口碑取胜

B. 以附加服务取胜

C. 以监理服务报价取胜

D. 以适应长远发展的策略取胜

5. 在建设工程监理费用计取方法中，当实际咨询工作量有所增减时，一般也不调整咨询费的是（　　）。

A. 按费率计费　　B. 按人工时计费

C. 按服务内容计费　　D. 按服务时长计费

6. 关于建设工程监理合同的说法，正确的是（　　）。

A. 工程监理合同属于建设工程合同

B. 工程监理合同当事人双方必须是具有法人资格的企业单位

C. 工程监理合同的标的是服务

D. 工程监理合同履行结果是物质成果

7. 建设工程监理合同组成文件中唯一需要委托人和监理人签字盖章的法律文书是（　　）。

A. 合同协议书　　B. 履约保函

C. 通用合同条款　　D. 专用合同条款

8. 根据《标准监理招标文件》，建设工程监理合同履约担保至建设单位签发工程竣工验收证书之日起（　　）后失效。

A. 14 日　　B. 28 日

C. 7 日　　D. 21 日

9. 根据《标准监理招标文件》，仅就中标通知书、协议书、专用条件而言，优先解释顺序正确的是（　　）。

A. 协议书—专用条件—中标通知书

B. 协议书—中标通知书—专用条件

C. 中标通知书—协议书—专用条件

D. 中标通知书—专用条件—协议书

10. 下列关于工程监理职责的说法中，正确的是（　　）。

A. 监理人更换总监理工程师应事先征得委托人同意，并应在更换 7 天前将拟更换的总监理工程师的姓名和详细资料提交委托人

B. 监理人为履行合同发出的一切函件均应盖有监理人单位章或由监理人授权的项目机构章，并由监理人的专业监理工程师签字确认

C. 合同履行中，监理人可对委托人要求提出合理化建议

D. 监理人应在接到开始监理通知之日起 14 天内，向委托人提交监理项目机构以及人员安排的报告

11. 监理人在履行建设工程监理合同义务时，需完成的基本工作是（　　）。

A. 收到工程设计文件后编制监理规划，并在第一次工地会议 14 天前报委托人

B. 熟悉工程设计文件，并参加由委托人组织的专题会议

C. 审核施工承包人资质条件

D. 检查施工承包人工程质量、安全生产管理制度及组织机构人员

二、多项选择题

1. 建设单位在选择监理招标方式时，应重点考虑的因素有（　　）。

A. 有关必须招标项目的法律法规规定

B. 工程项目的特点

C. 工程项目的工程量

D. 监理单位的选择空间

E. 工程实施的紧迫程度

2. 关于工程监理单位承揽监理任务方式的说法，正确的有（　　）。

A. 建设单位可通过公开招标或邀请招标方式委托

B. 一般工程由建设单位直接委托，特别工程应通过招标方式委托

C. 建设单位不能直接委托，必须通过招标方式委托

D. 法律法规规定招标的，建设单位必须通过招标方式委托

E. 建设单位不能直接委托的，必须通过公开招标方式委托

3. 建设单位选择工程监理招标方式应考虑的因素有（　　）。

A. 建设工程法律法规规定

B. 工程项目特点

C. 工程监理单位的选择空间

D. 工程监理服务的难易程度

E. 工程项目实施的急迫程度

4. 建设工程监理招标分为公开招标和邀请招标两种方式，下列关于邀请招标特点的说法中，正确的有（　　）。

A. 邀请招标属于有限竞争性招标

B. 采用邀请招标方式，建设单位需要发布招标公告，但无须进行资格预审

C. 采用邀请招标方式，既可节约招标费用，又可缩短招标时间

D. 邀请招标方式的招标时间长，招标费用较高

E. 由于选择投标人的范围和投标人竞争的空间有限，邀请招标可能会失去技术和报价方面有竞争力的投标者

5. 建设工程监理招标的招标公告与投标邀请书应当载明的内容有（　　）。

A. 招标项目的实施时间

B. 评标办法

C. 招标项目的性质

D. 招标项目的数量

E. 获取招标文件的办法

6. 进行监理投标决策定量分析时，利用决策树法确定是否投标的工作内容是（　　）。

A. 确定决策树的方案枝

B. 确定各个评价指标权重

C. 计算损益值

D. 比较损益期望值的大小

E. 确定是否投标

7. 下列工程监理有关事项中，属于监理大纲的核心内容有（　　）。

A. 监理设备配置

B. 监理服务报价

C. 项目监理机构设置

D. 向建设单位提出的合理化建议

E. 工程监理的重点、难点分析

8. 根据《标准监理招标文件》，属于监理人义务的有（　　）。

A. 负责协调工程建设中所有外部关系

B. 参加由委托人主持的第一次工地会议

C. 审核施工分包人资质条件

D. 组织工程竣工验收

E. 审查施工承包人提出的竣工结算申请

9. 根据《标准监理招标文件》中的通用合同条款，建设工程监理合同履行过程中，属于监理人违约的情形有（　　）。

A. 转让监理工作的

B. 未报送监理规划并造成工程损失的

C. 未按时向委托人提交监理报酬支付申请的
D. 自行停止履行监理合同的
E. 监理文件不符合有关标准的

习题答案及解析

一、单项选择题

1. **【答案】** A

【解析】 建设工程监理招标属于服务类招标，其标的是无形的“监理服务”，因此，建设单位在选择工程监理单位最重要的原则是“基于能力的选择”，而不应将服务报价作为主要考虑因素。

2. **【答案】** D

【解析】 工程监理评标办法中，通常会将下列要素作为评标内容：①工程监理单位的基本素质，包括工程监理单位资质、技术及服务能力、社会信誉和企业诚信度，以及类似工程监理业绩和经验；②工程监理人员配备；③建设工程监理大纲；④试验检测仪器设备及其应用能力；⑤建设工程监理费用报价。

3. **【答案】** A

【解析】 监理大纲的主要内容：①工程概述；②监理依据和监理工作内容；③建设工程监理实施方案。

4. **【答案】** C

【解析】 选择有针对性的监理投标策略：①以信誉和口碑取胜；②以缩短工期等承诺取胜；③以附加服务取胜；④适应长远发展的策略。

5. **【答案】** C

【解析】 按服务内容计费这种方法是指在明确咨询工作内容的基础上，业主与工程咨询公司协商一致确定的固定咨询费，或工程咨询公司在投标时以固定价形式进行报价而形成的咨询合同价格。当实际咨询工作量有所增减时，一般也不调整咨询费。

6. **【答案】** C

【解析】 选项 A 错误，建设工程监理合同是一种委托合同；选项 B 错误，监理单位必须是法人，建设单位可以是法人也可以是自然人；选项 C 正确，建设工程监理合同的标的是服务；选项 D 错误，施工合同履行结果是物质成果，监理合同是一种服务成果。

7. **【答案】** A

【解析】 合同协议书是合同组成文件中唯一需要委托人和监理人签字盖章的法律文书。

8. **【答案】** B

【解析】 担保期限。自委托人与监理人签订的合同生效之日起，至委托人签发工程竣工验收证书之日起 28 日后失效。

9. **【答案】** B

【解析】 解释顺序：合同协议书＞中标通知书＞投标函及投标函附录＞专用合同条

款>通用合同条款，故选B。

10.【答案】C

【解析】选项A错在“7天”，正确应为“14天”。选项B错在“专业监理工程师”，正确应为“总监理工程师”。选项D错在“14天”，正确应为“7天”。

11.【答案】D

【解析】选项A错误，收到工程设计文件后编制监理规划，并在第一次工地会议7天前报委托人。选项B错误，熟悉工程设计文件，并参加由委托人主持的图纸会审和设计交底会议。选项C错误，应该审核施工分包人资质条件而不是承包人资质条件。故选D。

二、多项选择题

1.【答案】ABDE

【解析】建设单位应根据法律法规、工程项目特点、工程监理单位的选择空间及工程实施的急迫程度等因素合理、合规选择招标方式，并按规定程序向招标投标监督管理部门办理相关招标投标手续，接受相应的监督管理。

2.【答案】AD

【解析】建设工程监理招标可分为公开招标和邀请招标两种方式。建设工程监理可由建设单位直接委托，也可通过招标方式委托。但是，法律法规规定招标的，建设单位必须通过招标方式委托。

3.【答案】ABCE

【解析】建设单位应根据法律法规、工程项目特点、工程监理单位的选择空间及工程实施的急迫程度等因素合理选择招标方式。

4.【答案】ACE

【解析】采用邀请招标方式，建设单位不需要发布招标公告，也不进行资格预审(但可组织必要的资格审查)，故选项B错误。招标时间长，招标费用较高是公开招标的特点，故选项D错误。

5.【答案】ACDE

【解析】招标公告与投标邀请书应当载明：建设单位的名称和地址；招标项目的性质；招标项目的数量；招标项目的实施地点；招标项目的实施时间；获取招标文件的办法等内容。

6.【答案】ADE

【解析】利用决策树法确定是否投标的决策过程包括：①先根据已知情况绘制决策树，绘制过程中从右引出若干条直（折）线，形成方案枝；②计算期望值，比较损益期望值；③确定决策方案。

7.【答案】DE

【解析】建设工程监理投标文件的核心是反映监理服务水平高低的监理大纲，尤其是针对工程具体情况制定的监理对策，以及向建设单位提出的原则性建议等。监理大纲一般应包括以下主要内容：①工程概述。②监理依据和监理工作内容。③建设工程监理实施方案。建设工程监理实施方案是监理评标的重点。④建设工程监理难点、重点及合理化建议。建设工程监理难点、重点及合理化建议是整个投标文件的精髓。

8.【答案】BCE

【解析】负责协调工程建设中所有外部关系和组织工程竣工验收都是建设单位的义务，不属于监理人的义务，所以选项A、D错误。

9.【答案】ADE

【解析】在合同履行中发生下列情况之一的，属监理人违约：①监理文件不符合规范标准及合同约定；②监理人转让监理工作；③监理人未按合同约定实施监理并造成工程损失；④监理人无法履行或停止履行合同；⑤监理人不履行合同约定的其他义务。

第六章　建设工程监理组织

第一节　监理委托方式及实施程序

考情分析：

近三年考情分析如表 6-1 所示。

近三年考情分析　　表 6-1

年份	2024 年	2023 年	2022 年
单选分值	3	2	1
多选分值	6	4	0
合计分值	9	6	1

本节主要知识点：

1. 三种承包模式的优缺点（3 分）
2. 建设工程监理实施程序
3. 建设工程监理实施原则（1～2 分）

知识点一　三种承包模式的优缺点（3 分）

一、三种承包模式

1. 平行承发包模式

平行承发包模式是指建设单位将建设工程的设计、施工以及材料设备采购的任务经过分解，分别发包给若干个设计单位、施工单位和材料设备供应单位，并分别与各方签订合同的组织管理模式。各设计单位、各施工单位、各材料设备供应单位之间的关系是平行关系（图 6-1）。

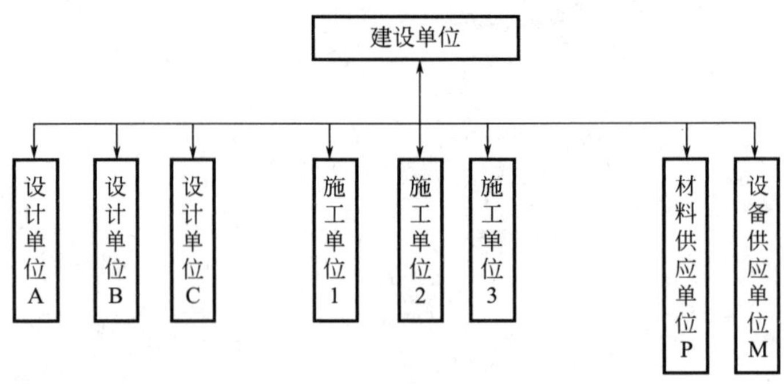

图 6-1　建设工程平行承发包模式

平行承发包模式的优缺点如表 6-2 所示。

平行承发包模式的优缺点　　**表 6-2**

优点	①有利于缩短工期(同时工作) ②有利于控制质量(他人控制机制) ③有利于建设单位在更广范围内选择施工单位
缺点	①合同数量多,会造成合同管理困难 ②造价控制难度大 ③总价不易确定 ④招标与控制任务量大 ⑤施工中变更较多

平行承发包模式与施工总承包模式对比如图 6-2 所示。

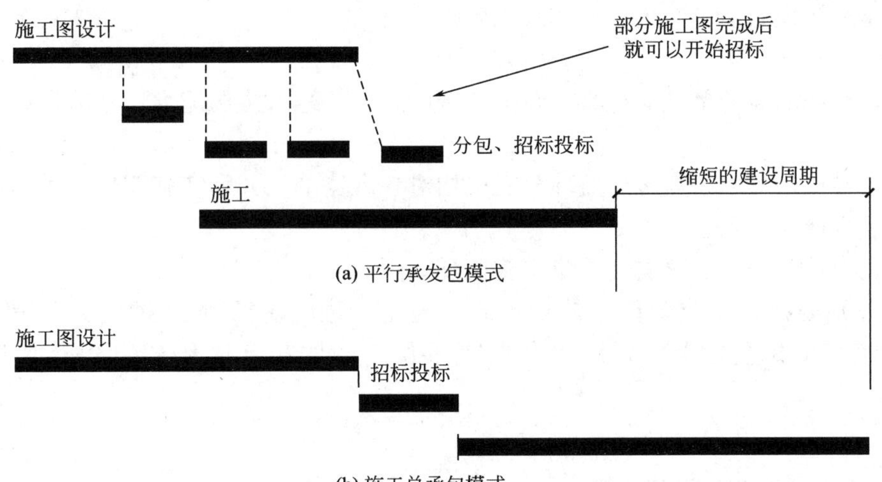

图 6-2　两种模式对比图

典型例题

【例题 1】 建设工程采用平行承发包模式的优点是（　　）。(2015 年真题)

A. 有利于建设单位选择施工单位　　B. 有利于建设单位合同管理和组织协调

C. 有利于工程总价确定和造价控制　　D. 有利于减少施工过程中的设计变更

【答案】 A

【解析】 选项 B 错误，平行承发包模式不利于建设单位合同管理和组织协调；选项 C 错误，平行承发包模式下，工程造价不易确定，造价控制困难；选项 D 错误，工程总承包有利于减少施工过程中的设计变更。

【例题 2】 建设工程采用平行承发包模式的优点是（　　）。(2018 年真题)

A. 有利于缩短建设工期　　B. 有利于业主方的合同管理

C. 有利于工程总价的确定　　D. 有利于减少工程招标任务量

【答案】 A

【解析】 选项 B 错误，平行承发包模式不利于建设单位合同管理和组织协调；选项 C

错误，平行承发包模式不利于工程总价的确定；选项D错误，平行承发包模式的工程招标任务量比另外两种模式都要多。

【例题3】建设工程采用平行承发包模式的优点是（　　）。（2020年真题）

A. 工程建设协调难度小

B. 较易控制工程造价

C. 工程招标任务量小

D. 建设周期较短

【答案】D

【解析】选项A错误，平行承发包模式下，施工合同监理合同数量多，工程建设协调难度大；选项B错误，平行承发包模式下，工程造价不容易控制；选项C错误，平行承发包模式的工程招标任务量比另外两种模式都要多。

平行承发包模式下，监理委托方式主要有：

（1）业主委托一家监理单位实施监理（图6-3）。

要求被委托的监理单位应该具有较强的合同管理与组织协调能力，并能做好全面规划工作。

项目监理机构可以组建多个监理分支机构对各承建单位分别实施监理，由总监理工程师协调，加强横向联系。

（2）建设单位委托多家监理单位实施监理（图6-4）。

业主分别委托几家监理单位针对不同的施工单位实施监理。由于业主分别与多个监理单位签订委托监理合同，所以各监理单位之间的相互协作与配合需要业主进行协调。

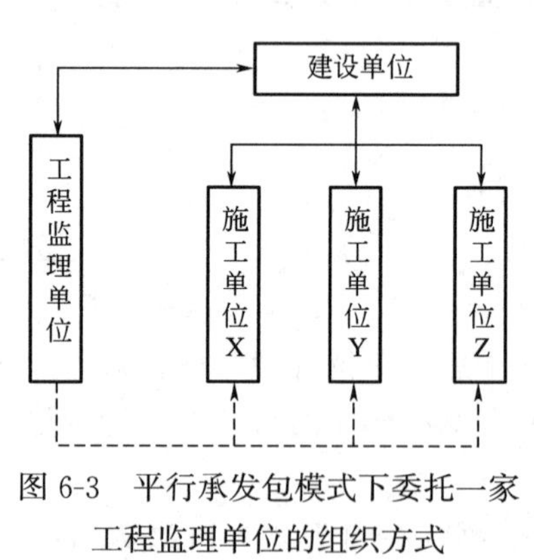

图6-3　平行承发包模式下委托一家工程监理单位的组织方式

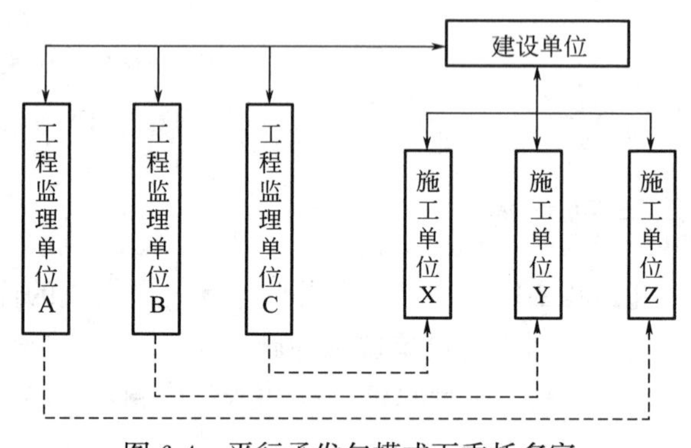

图6-4　平行承发包模式下委托多家工程监理单位的组织方式

采用这种模式，监理单位的监理对象相对单一，便于管理。但整个工程的建设监理工作被肢解，各监理单位各负其责，缺少一个对建设工程进行总体规划与协调控制的监理单位。

为了克服上述不足，在某些大、中型项目的监理实践中，业主首先委托一个“总监理工程师单位”总体负责建设工程的总规划和协调控制（图6-5），再由业主和“总监理工程师单位”共同选择几家监理单位分别承担不同施工合同段的监理任务。

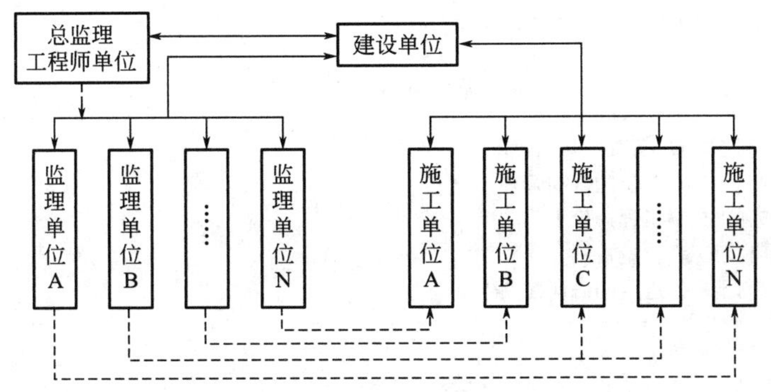

图 6-5 平行承发包模式下委托“总监理工程师单位”的组织方式

由“总监理工程师单位”负责协调、管理各监理单位的工作，大大减少了业主的管理压力。

【例题 4】 关于平行承发包模式下建设单位委托多家监理单位实施监理的说法，正确的有（ ）。（2017 年真题）

A. 监理单位之间的配合需建设单位协调

B. 监理单位的监理对象相对复杂，不便于管理

C. 建设工程监理工作易被肢解，不利于工程总体协调

D. 各家监理单位各负其责

E. 建设单位合同管理工作较为容易

【答案】 ACD

【解析】 选项 B 错误，监理单位的监理对象相对简单，便于管理；选项 E 错误，平行承发包模式下建设单位委托多家监理单位实施监理，建设单位合同管理比较繁杂，不容易管理。

【例题 5】 下列工程类别中，建设单位可以在已选定的多家工程监理单位中确定一家“总监理工程师单位”，负责监理项目总体规划、协调和控制的是（ ）。（2021 年真题）

A. 交钥匙工程　　B. EPC 承包工程

C. 施工总承包工程　　D. 平行承包工程

【答案】 D

2. 施工总承包模式

施工总承包是指建设单位将全部施工任务发包给一家施工单位作为总承包单位，总承包单位可以将其部分任务分包给其他施工单位，形成一个施工总包合同以及若干个分包合同的组织管理模式（图 6-6）。

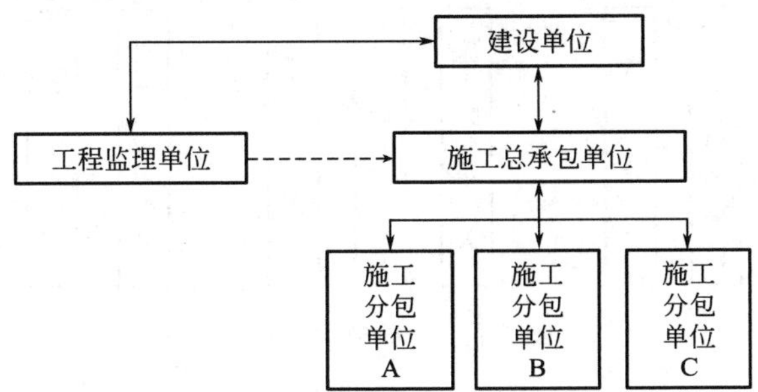

图 6-6 施工总承包模式下委托工程监理单位的组织方式

施工总承包模式的优缺点如表 6-3 所示。

施工总承包模式的优缺点 **表 6-3**

优点	①有利于建设工程的组织管理 ②有利于建设单位的合同管理 ③有利于控制工程造价 ④有利于工程质量控制 ⑤有利于总体进度的协调控制点
缺点	①建设周期较长 ②施工总承包单位的报价可能较高

【例题 6】建设工程采用施工总承包模式的主要缺点有（　　）。（2016 年真题）

A. 建设周期较长　　B. 协调工作量大

C. 质量控制较难　　D. 合同管理较难

E. 投标价较高

【答案】AE

【解析】选项 B、D 错误，其对应的是平行承发包模式；选项 C 错误，其对应的是工程总承包模式。

【例题 7】对建设单位而言，与平行承包模式相比，采用施工总承包模式的优点有（　　）。（2024 年真题）

A. 可获得较低的工程报价

B. 可较早确定施工承包总价

C. 有利于缩短施工周期

D. 有利于组织协调

E. 有利于建设工程组织管理

【答案】BDE

3. 工程总承包模式（图 6-7）

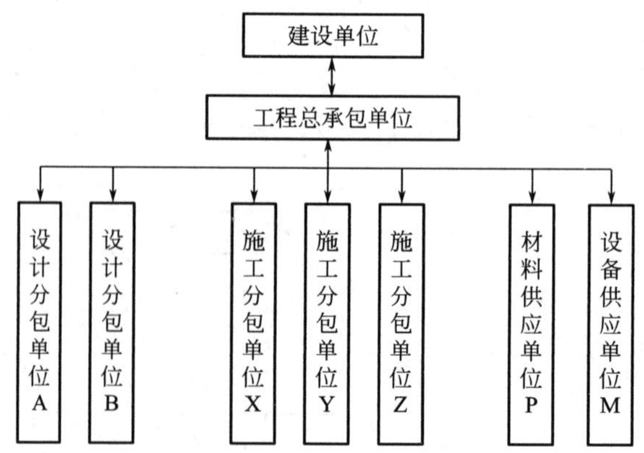

图 6-7　工程总承包模式

工程总承包模式的优缺点如表 6-4 所示。

工程总承包模式的优缺点　　**表 6-4**

优点	①合同关系简单，组织协调工作量小 ②缩短建设周期（边设计边施工） ③有利于造价控制（固定总价）
缺点	①合同管理难度较大，招标发包工作难度大 ②承包单位承担风险大 ③业主择优选择承包方范围小 ④质量控制难度大，不利于质量控制（质量标准不易做到全面准确，他人控制机制薄弱） ⑤价格较高

【例题 8】 下列属于工程总承包模式优点的是（　　）。（2019 年真题）

A. 有利于工程造价控制

B. 有利于质量控制

C. 有利于业主选择承包商

D. 业主选择承包方范围小

【答案】 A

【解析】 选项 B 错误，工程总承包模式缺乏他人控制机制，质量控制难度大；选项 C 错误，工程总承包模式业主选择承包商的余地小，不利于业主选择承包商；选项 D 是缺点，题干问的是优点，故不选。

【例题 9】 建设单位采用工程总承包模式的优点有（　　）。（2019 年、2024 年真题）

A. 有利于缩短建设周期

B. 组织协调工作量小

C. 有利于合同管理

D. 有利于招标发包

E. 有利于造价控制

【答案】 ABE

【解析】 选项 C 错误，工程总承包模式合同管理难度大；选项 D 错误，业主选择承包商的余地小，不利于招标发包。

【例题 10】 采用工程总承包模式的优点是（　　）。（2016 年真题）

A. 建设单位选择承包单位的范围大

B. 工程招标发包工作难度小

C. 总承包单位承担的风险小

D. 发包人组织协调工作量小

【答案】 D

【解析】 选项 A 错误，应该是选择范围小；选项 B 错误，正因为可选择的范围小，所以招标发包难度大；选项 C 错误，工程总承包模式下，对于总承包单位，面临的未知的风险远大于其他模式，承担的风险大得多。

【例题 11】 关于工程总承包模式下工程监理工作的说法，正确的有（　　）。（2024 年真题）

A. 项目监理机构的组织协调工作量小

B. 建设单位宜委托一家监理单位实施监理

C. 监理工程师对设计变更的控制力较弱

D. 监理工程师进行质量控制的难度较小

E. 监理工程师审查分包单位的工作量较小

【答案】 AB

【解析】 选项C错误，设计变更与监理工程师的控制力无关。选项D错误，监理工程师质量控制的难度较大。选项E说法无依据。

二、各种承发包模式的优缺点对比

如表6-5所示。

各种承发包模式的优缺点对比 **表6-5**

对比项	平行承发包模式	施工总承包模式	工程总承包模式
协调	量大	量小	量小
合同管理	数量多	有利	难度大
质量	有利	有利	难度大
造价	不利	有利	有利
进度	有利	有利于协调,周期长	有利
承包单位	选择范围大	报价较高	选择范围小,承担风险大

【例题12】 对业主合同管理而言，工程总承包模式的特点是（　　）。

A. 合同关系简单，故合同管理难度较小

B. 合同关系简单，但合同管理难度较大

C. 合同关系复杂，故合同管理难度较大

D. 合同关系复杂，但合同管理难度较小

【答案】 B

【解析】 工程总承包模式的特点是：合同关系简单，组织协调工作量小。但是合同条款不易确定，易造成争议。合同管理难度较大，造成招标发包工作难度大。

【例题13】 关于承包模式的说法，正确的有（　　）。(2021年真题)

A. 平行承包模式下，建设单位可以委托几家工程监理单位实施监理

B. 工程总承包模式下，弱化了工程质量“他人控制”机制

C. 施工总承包模式下，需要总监理工程师具备更全面的知识

D. 交钥匙工程，需要建设单位委托一家“总监理工程师单位”

E. 采用施工总承包或工程总承包模式时，建设单位的组织协调工作量小

【答案】 ABE

【解析】 选项C错误，工程总承包模式下，需要总监理工程师具备更全面的知识；选项D错误，交钥匙工程，只需要建设单位委托一家监理单位，“总监理工程师单位”只存在于平行承发包模式中。

【例题14】 下列承包模式中，施工、监理合同数量较多的是（　　）。(2022年真题)

A. 平行承发包模式　　　　　B. 施工总承包模式
C. 工程总承包模式　　　　　D. EPC 承包模式

【答案】A

【解析】平行承发包模式正因为需要建设单位找很多家监理和施工单位，所以合同数量较多。

【例题 15】关于建设工程承包模式的说法，正确的是（　　）。（2023 年真题）

A. 平行承包模式下的合同数量多
B. 施工总承包模式下的建设周期较短
C. 工程总承包模式下的合同管理难度较小
D. 交钥匙工程宜委托多家工程监理单位

【答案】A

【例题 16】下列承包模式中，项目监理机构组织协调工作量较小的有（　　）。（2023 年真题）

A. 平行承包模式
B. 施工总承包模式
C. 合作体承包模式
D. EPC 承包模式
E. 设计施工总承包模式

【答案】BCDE

【解析】选项 C 超出教材内容，合作体承包模式是指几家公司自愿结成合作伙伴，成立一个合作体，以合作体的名义与业主签订工程承包意向合同（也称基本合同）。达成协议后，各公司再分别与业主签订工程承包合同，并在合作体的统一计划、指挥和协调下完成承包任务。采用合作体承包模式的特点：①业主的组织协调工作量小，但风险较大。由于承包单位是一个合作体，各公司之间能相互协调从而减少了业主的组织协调工作量。但当合作体内某一家公司倒闭破产时，其他成员单位及合作体机构不承担项目合同的经济责任，这一风险将由业主承担。②各承包商之间既有合作的愿望，又不愿意组成联合体。参加合作体的各成员单位都没有与建设任务相适应的力量，都想利用合作体增强总体实力。他们之间既有合作的愿望，但又出于自主性的要求，或彼此之间信任度不够，不采取联合体的捆绑式经营方式。

知识点二　建设工程监理实施程序

（1）组建项目监理机构：

工程监理单位实施监理时，应在施工现场派驻项目监理机构，项目监理机构的组织形式和规模，可根据建设工程监理合同约定的服务内容、服务期限，以及工程特点、规模技术复杂程度、环境等因素确定。

总监理工程师由工程监理单位法定代表人书面任命，负责履行建设工程监理合同，主持项目监理机构工作，是监理项目的总负责人，对内向工程监理单位负责，对外向建设单位负责。

总监理工程师应根据监理大纲和签订的建设工程监理合同确定项目监理机构人员及岗

位职责，并在监理规划和具体实施计划执行中进行及时调整。

（2）进一步收集有关资料。

（3）编制监理规划及监理实施细则。

（4）规范化地开展监理工作：工作的时序性；职责分工的严密性；工作目标的确定性。

（5）参与工程竣工验收：建设工程施工完成后，项目监理机构应在正式验收前组织工程竣工预验收。在预验收中发现的问题，应及时与施工单位沟通，提出整改要求。项目监理机构人员应参加由建设单位组织的工程竣工验收，签署工程监理意见。

（6）向建设单位提交建设工程监理文件资料。

（7）进行监理工作总结。

典型例题

【例题 1】建设工程监理工作的规范化主要体现在（　　）方面。（2023 年真题）

A. 监理工作的时序性

B. 热情服务的工作原则

C. 严密的职责分工

D. 各项监理工作目标明确

E. 各项工作的完成时间有明确的限定

【答案】ACDE

【解析】建设工程监理工作的规范化体现在以下几个方面：①工作的时序性；②职责分工的严密性；③工作目标的确定性；在职责分工的基础上，每一项监理工作的具体目标都应确定，完成的时间也应有明确的限定，从而能通过书面资料对建设工程监理工作及其效果进行检查和考核。

【例题 2】项目监理机构中的监理人员分工岗位职责，应由（　　）安排和明确。（2024 年真题）

A. 工程监理单位法定代表人

B. 工程监理单位技术负责人

C. 总监理工程师

D. 工程监理单位人力资源部

【答案】C

知识点三　建设工程监理实施原则（1～2 分）

（1）公平、独立、诚信、科学的原则。

（2）权责一致的原则：工程监理单位履行监理职责、承担监理责任，需要建设单位授予相应的权力。这种权力的授予，除了体现在监理合同中，还应体现在施工合同中。同时，监理单位也应给予总监理工程师充分授权。

（3）总监理工程师负责制的原则：

总监理工程师负责制的内涵包括：

① 总监理工程师是工程监理的责任主体。

责任是总监理工程师负责制的核心，也是确定其权力和利益的依据。

② 总监理工程师是工程监理的权力主体。

③ 总监理工程师是工程监理的利益主体。

对社会公众利益、建设单位利益、监理效益及人员利益分配负责。

（4）严格监理、热情服务的原则。

（5）综合效益的原则：考虑建设单位、社会、环境综合效益。

（6）预防为主的原则。

（7）实事求是的原则。

典型例题

【例题 1】总监理工程师负责制的“核心”内容是指（　　）。（2018 年真题）

A. 总监理工程师是建设工程监理的权力主体

B. 总监理工程师是建设工程监理的义务主体

C. 总监理工程师是建设工程监理的责任主体

D. 总监理工程师是建设工程监理的利益主体

【答案】C

【解析】总监理工程师是工程监理的责任主体。责任是总监理工程师负责制的核心，也是确定其权力和利益的依据。

【例题 2】下列原则中，属于实施建设工程监理应遵循的原则有（　　）。（2017 年真题）

A. 权责一致　　B. 综合效益

C. 严格把关　　D. 利益最大

E. 热情服务

【答案】ABE

【例题 3】监理工程师“应运用合理的技能，谨慎而勤奋地工作”，属于工程监理实施的（　　）原则。（2016 年真题）

A. 权责一致　　B. 实事求是

C. 热情服务　　D. 综合效益

【答案】C

【解析】热情服务是指监理工程师“应运用合理的技能，谨慎而勤奋地工作”。

【例题 4】项目监理机构的任何指令判断，均应以现场检验、试验资料为依据，体现了监理工作的（　　）原则。（2023 年真题）

A. 严格监理　　B. 预防为主

C. 实事求是　　D. 主动控制

【答案】C

【例题 5】项目监理机构要求施工单位技术人员在技术交底时，要分析质量通病的产生原因并提出对策。这体现了实施工程监理的（　　）原则。（2024 年真题）

A. 综合治理　　B. 全员负责

C. 预防为主　　D. 综合效益

【答案】C

第二节　项目监理机构及监理人员职责

考情分析：

近三年考情分析如表 6-6 所示。

近三年考情分析　　表 6-6

年份	2023 年	2022 年	2021 年
单选分值	2	4	4
多选分值	4	4	4
合计分值	6	8	8

本节主要知识点：

1. 调换总监理工程师、专业监理工程师的程序（1 分）
2. 项目监理机构组织形式的优缺点（3 分）
3. 影响项目监理机构人员数量的主要因素（1 分）
4. 各类监理人员的职责（3～5 分）

知识点一　调换总监理工程师、专业监理工程师的程序（1 分）

1. 可设置总监理工程师代表的情形

（1）工程规模较大，专业较复杂，总监理工程师难以处理多个专业工程时，可按专业设总监理工程师代表。

（2）一个建设工程监理合同中包含多个相对独立的施工合同，可按施工合同段设总监理工程师代表。

（3）工程规模较大、地域比较分散，可按工程地域设置总监理工程师代表。

2. 调换总监理工程师、专业监理工程师的程序

（1）一名注册监理工程师可担任一项建设工程监理合同的总监理工程师。当需要同时担任多项建设工程监理合同的总监理工程师时，应经建设单位书面同意，且最多不得超过三项。

（2）工程监理单位调换总监理工程师，应征得建设单位书面同意；调换专业监理工程师时，总监理工程师应书面通知建设单位。

典型例题

【例题 1】根据《建设工程监理规范》GB/T 50319—2013，项目监理机构在必要时可按（　　）设总监理工程师代表。(2015 年真题)

A. 分总工程　　　　B. 项目目标

C. 专业工程　　　　D. 施工合同段

E. 工程地域

【答案】CDE

【例题 2】根据《建设工程监理规范》GB/T 50319—2013，需经建设单位书面同意的情形是（　　）。(2021 年真题)

A. 工程监理单位任命总监理工程师
B. 工程监理单位调换总监理工程师
C. 工程监理单位调换专业监理工程师
D. 总监理工程师调配监理人员
【答案】B
【解析】工程监理单位调换总监理工程师，应征得建设单位书面同意；调换专业监理工程师时，总监理工程师应书面通知建设单位。
【例题 3】关于监理人员任职与调换的说法，正确的是（　　）。
A. 监理单位调换总监理工程师应书面通知建设单位
B. 总监理工程师调换专业监理工程师应书面通知建设单位
C. 总监理工程师调换专业监理工程师应口头通知建设单位
D. 总监理工程师调换专业监理工程师不必通知建设单位
【答案】B
【解析】选项 A 错误，需要建设单位同意；选项 C 错在“口头”；选项 D 错在“不必”。工程监理单位调换总监理工程师，应征得建设单位书面同意；调换专业监理工程师时，总监理工程师应书面通知建设单位。

知识点二　项目监理机构设立的步骤（考顺序）

（1）确定项目监理机构目标；
（2）确定监理工作内容；
（3）项目监理机构组织结构设计，包括选择组织结构形式，确定管理层次与管理跨度；
（4）制定工作流程和信息流程。
（简记为：标、内、结、流）

典型例题

【例题 1】组建项目监理机构的步骤中，需最后完成的工作是（　　）。（2017 年真题）
A. 确定监理工作内容
B. 项目监理机构组织结构设计
C. 制定工作流程和信息流程
D. 确定项目监理机构目标
【答案】C
【例题 2】工程监理单位组建项目监理机构的合理措施是（　　）。（2021 年真题）
A. 制定监理工作流程和信息流程→确定工作目标和内容→设计组织结构
B. 确定监理工作目标和内容→设计组织结构→制定工作流程和信息流程
C. 设计监理组织结构→确定工作目标和内容→制定工作流程和信息流程
D. 确定监理工作目标和内容→制定工作流程和信息流程→设计组织结构
【答案】B
【解析】建设工程监理目标是项目监理机构建立的前提，项目监理机构的建立应根据建设工程监理合同中确定的目标，制定总目标并明确划分项目监理机构的分解目标。

【例题3】 建设工程监理目标是项目监理机构建立的前提，应根据（　　）中确定的监理目标建立项目监理机构。（2015年真题）

A. 监理实施细则　　B. 建设工程监理合同

C. 监理大纲　　D. 监理规划

【答案】 B

【例题4】 设立项目监理机构时，需要设计项目监理机构的组织结构。在此环节需要确定的内容是（　　）。（2024年真题）

A. 工程监理目标　　B. 监理工作内容

C. 监理工作流程　　D. 管理跨度

【答案】 D

知识点三 合理确定管理层次与管理跨度

管理层次是指从组织的最高管理者到最基层实际工作人员之间等级层次的数量。

项目监理机构中的三个层次：

（1）决策层——由总监理工程师、总监理工程师代表组成；

（2）中间控制层（协调层和执行层）——由各专业监理工程师组成；

（3）操作层（作业层）——主要由监理员组成。

组织的最高管理者到最基层实际工作人员权责逐层递减，而人数却逐层递增。

管理跨度是指一名上级管理人员所直接管理的下级人数。管理跨度越大，领导者需要协调的工作量越大，管理难度也越大。

项目监理机构中管理跨度的确定应考虑监理人员的素质、管理活动的复杂性和相似性、监理业务的标准化程度、各项规章制度的建立和健全情况、建设工程的集中或分散情况等。

管理部门的划分要根据组织目标与工作内容确定，形成既有相互分工又有相互配合的组织机构。

典型例题

【例题1】 关于项目监理机构中管理层次与管理跨度的说法，正确的是（　　）。（2018年真题）

A. 管理层次是指组织中相邻两个层次之间人员的管理关系

B. 管理跨度的确定应考虑管理活动的复杂性和相似性

C. 管理跨度是指组织的最高管理者所管理的下级人员数量总和

D. 管理层次一般包括决策、计划、组织、指挥、控制五个层次

【答案】 B

【解析】 选项A错误，管理层次是指组织的最高管理者到最基层实际工作人员之间等级层次的数量；选项C错误，管理跨度是指一名上级管理人员所直接管理的下级人数，不是总和；选项D错误，管理层次只包括决策层、中间控制层和操作层三个层次。

【例题2】 下列选项中，具体负责监理活动操作实施的是（　　）。

A. 决策层　　B. 协调层

C. 执行层　　D. 操作层

【答案】D

【解析】选项 A 首先排除，选项 B、C 为干扰项；操作层就是具体负责监理活动操作实施的，故选 D。

【例题 3】组织中最高管理者到最基层实际工作人员的人数及权责的基本规律是（　　）。（2015 年真题）

A. 人数逐层递减，权责逐层递减

B. 人数逐层递增，权责逐层递减

C. 人数逐层递减，权责逐层递增

D. 人数逐层递增，权责逐层递增

【答案】B

【解析】组织的最高管理者到最基层实际工作人员权责逐层递减，而人数却逐层递增。

【例题 4】关于项目监理机构专业分工与协调配合的说法，正确的是（　　）。（2016 年真题）

A. 监理部门和人员应根据组织目标和工作内容合理分工和相互配合

B. 监理工作的专业特点要求监理部门和人员应严格分工，弱化协作

C. 监理工作的综合管理要求监理部门和人员应相互配合，弱化分工

D. 监理工作的专业决策特点要求监理部门和人员独立工作，弱化分工与协作

【答案】A

【解析】选项 B、C、D 弱化协作分工就直接判断为错误选项，故选 A。管理部门的划分要根据组织目标与工作内容确定，形成既有相互分工又有相互配合的组织机构。

知识点四　项目监理机构组织形式的优缺点（3 分）

常用的项目监理机构组织形式有：①直线制；②职能制；③直线职能制；④矩阵制。（注意掌握优缺点）

1. 直线制监理组织形式（表 6-7、图 6-8）

直线制监理组织形式　　**表 6-7**

特点	项目监理机构中任何一个下级只接受唯一上级的命令
适用范围	能划分为若干相对独立的子项目的大、中型建设工程 对于小型项目，可以采用按专业内容分解的直线制监理组织形式
优点	组织机构简单，权力集中，命令统一，职责分明，决策迅速，隶属关系明确
缺点	实行没有职能部门的“个人管理”，要求总监理工程师通晓各种业务和多种专业技能，成为“全能”式人物

典型例题

【例题 1】项目监理机构组织形式中，任何一个下级只能接受唯一上级命令的是（　　）组织形式。（2020 年真题）

A. 直线制　　B. 职能制

C. 强矩阵制　　D. 弱矩阵制

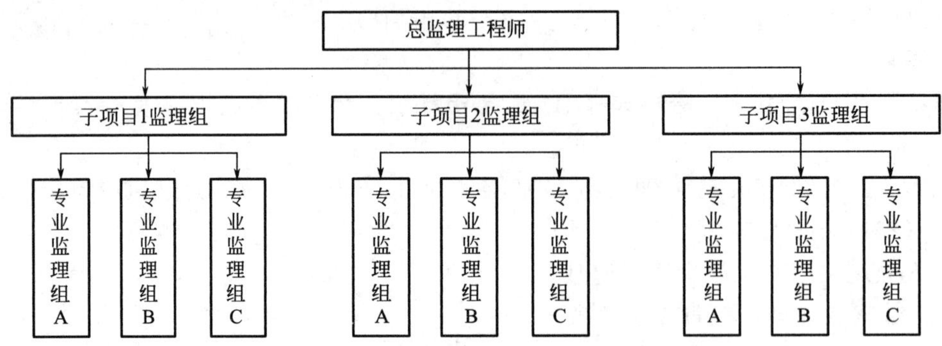

图 6-8　直线制监理组织形式

【答案】A

2. 职能制监理组织形式（表 6-8、图 6-9）

职能制监理组织形式　　　**表 6-8**

特点	在项目监理机构内设立一些职能部门，将相应的监理职责和权力交给职能部门，各职能部门在其职能范围内有权直接发布指令指挥下级
适用范围	一般适用于大、中型建设工程
优点	加强了项目监理目标控制的职能化分工，可以发挥职能机构的专业管理作用，提高管理效率，减轻总监理工程师负担
缺点	由于下级人员受多头指挥，如果这些指令相互矛盾，会使下级在监理工作中无所适从

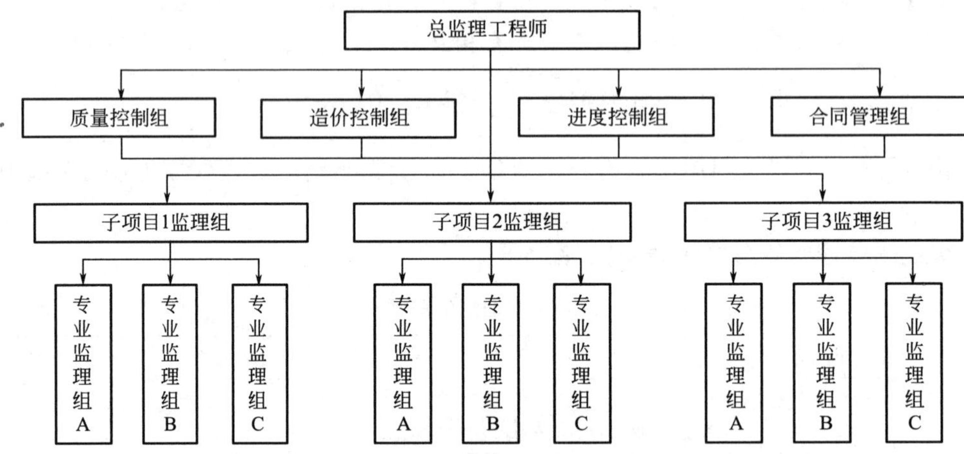

图 6-9　职能制监理组织形式

3. 直线职能制监理组织形式（表 6-9、图 6-10）

直线职能制监理组织形式　　　**表 6-9**

特点	吸收了直线制组织形式和职能制组织形式的优点而形成的一种组织形式 直线指挥部门拥有对下级实行指挥和发布命令的权力，并对该部门的工作全面负责；职能部门是直线指挥人员的参谋，只能对下级部门进行业务指导，而不能对下级部门直接进行指挥和发布命令
适用范围	一般适用于大、中型建设工程

续表

优点	既保持了直线制组织实行直线领导、统一指挥、职责分明的优点，又保持了职能制组织目标管理专业化的优点
缺点	职能部门与指挥部门易产生矛盾，信息传递路线长，不利于互通信息

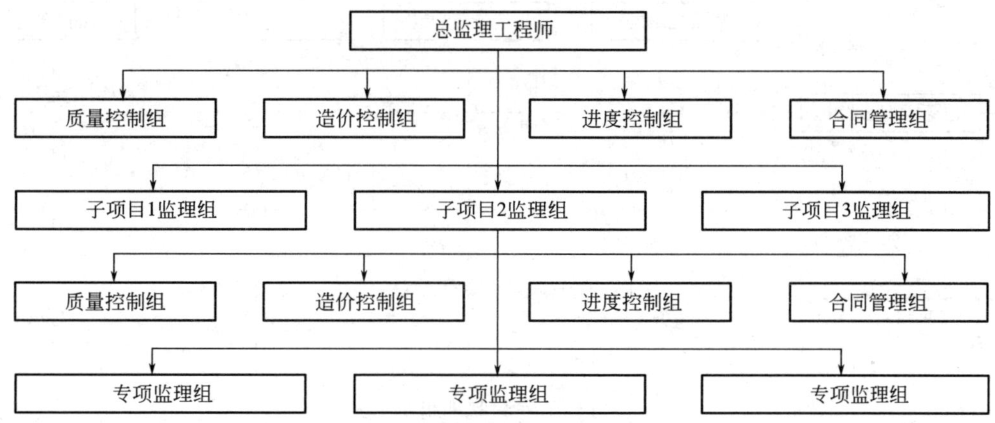

图 6-10 直线职能制监理组织形式

【例题 2】下列监理组织形式中，具有信息传递线路长、不利于信息互通的组织形式是（ ）。（2017 年真题）

A. 直线职能制　　　　B. 直线制

C. 职能制　　　　D. 矩阵制

【答案】A

【例题 3】关于直线职能制组织形式的说法，正确的是（ ）。（2018 年真题）

A. 直线职能制组织形式兼具职能制和矩阵制组织形式的特点

B. 直线职能制与职能制组织形式的职能部门具有相同的管理职责与权力

C. 直线职能制组织形式的直线指挥部门人员不接受职能部门的直接指挥

D. 直线职能制组织形式的信息传递路线短，有利于互通信息

【答案】C

【解析】选项 A 错误，直线职能制组织形式兼具职能制和直线制组织形式的特点；选项 B 错误，两种模式肯定职责权力是不一样的；选项 D 错误，直线职能制组织形式的信息传递路线长，不利于互通信息。

4. 矩阵制监理组织形式（表 6-10、图 6-11）

矩阵制监理组织形式　　表 6-10

特点	矩阵制组织形式是由纵横两套管理系统组成的矩阵组织结构，一套是纵向的职能系统，另一套是横向的子项目系统
优点	①加强了各职能部门的横向联系 ②具有较大的机动性和适应性 ③把上下左右集权与分权实行最优结合 ④有利于解决复杂的难题 ⑤有利于监理人员业务能力的培养
缺点	纵横向协调工作量大，处理不当会造成扯皮现象，产生矛盾

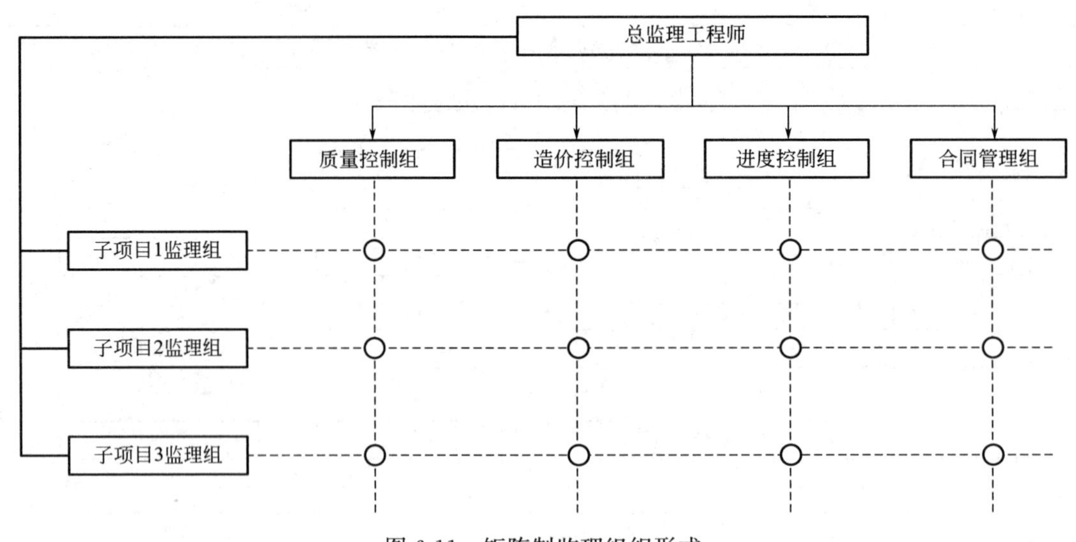

图 6-11　矩阵制监理组织形式

【例题 4】下列项目监理机构组织形式中，具有较大的机动性和适应性，能够实现集权和分权最优结合的组织形式是（　　）。(2021 年真题)

A. 职能制　　B. 直线制

C. 矩阵制　　D. 直线职能制

【答案】C

【解析】矩阵制加强了各职能部门的横向联系，具有较大的机动性和适应性，把上下左右集权与分权实行最优结合，有利于解决复杂的难题，有利于监理人员业务能力的培养。

【例题 5】矩阵制监理组织形式的优点有（　　）。(2018 年真题)

A. 部门之间协调工作量小

B. 有利于监理人员业务能力的培养

C. 有利于解决复杂问题

D. 具有较好的适应性

E. 具有较好的机动性

【答案】BCDE

【解析】矩阵制加强了各职能部门的横向联系，具有较大的机动性和适应性，把上下左右集权与分权实行最优结合，有利于解决复杂的难题，有利于监理人员业务能力的培养。

【例题 6】下列组织形式特点中，属于矩阵制监理组织形式特点的是（　　）。(2016 年真题)

A. 具有较大的机动性和适应性，纵横向协调工作量大

B. 直线领导，但职能部门与指挥部门易产生矛盾

C. 权力集中，组织机构简单，隶属关系明确

D. 信息传递路线长，不利于信息相互沟通

【答案】A

【解析】选项B错误，属于直线职能制的特点；选项C错误，其描述的内容属于直线制；选项D错误，其描述的内容属于直线职能制监理组织形式。

【例题7】矩阵制组织形式的主要缺点是（　　）。(2015年真题)

A. 缺乏机动性和适应性

B. 不利于处理复杂问题

C. 协调工作量较大

D. 权力不易合理分配

【答案】C

【解析】矩阵制组织形式的缺点：纵横向协调工作量大，处理不当会产生矛盾。

【例题8】职能制监理组织形式的特点包括（　　）。

A. 提高管理效率

B. 下级人员接收到的指令单一

C. 减轻总监理工程师的负担

D. 可以发挥职能机构的专业管理作用

E. 下级人员接收到的指令虽然是多方的，但不存在矛盾的情况

【答案】ACD

【解析】选项B错误，其描述的是直线制；选项E说法本身就错误，不属于职能制的特点。

【例题9】下列有关项目监理机构组织形式的说法正确的是（　　）。

A. 在直线职能制监理组织形式中，职能部门是直线指挥人员的参谋，其只能对下级部门进行业务指导，而不能对下级部门直接进行指挥和发布命令

B. 矩阵制监理组织形式是由纵横两套管理系统组成的矩阵组织结构，一套是纵向的子项目系统，另一套是横向的职能系统

C. 直线制监理组织形式不适用于小型建设工程

D. 职能制监理组织形式一般适用于大、中型建设工程

E. 采用职能制监理组织形式时，各职能部门在其职能范围内有权直接发布指令指挥下级

【答案】ADE

【解析】选项B错误，矩阵制监理组织形式是由纵横两套管理系统组成的矩阵组织结构，一套是纵向的职能系统，另一套是横向的子项目系统；选项C错误，直线制监理组织形式适用于小型建设工程。

【例题10】某项目监理机构的组织结构如图6-12所示，这种组织结构形式的优点是（　　）。(2015年真题)

A. 目标控制职能分工明确

B. 权力集中、隶属关系明确

C. 可减轻总监理工程师负担

D. 强化了各职能部门横向联系

【答案】B

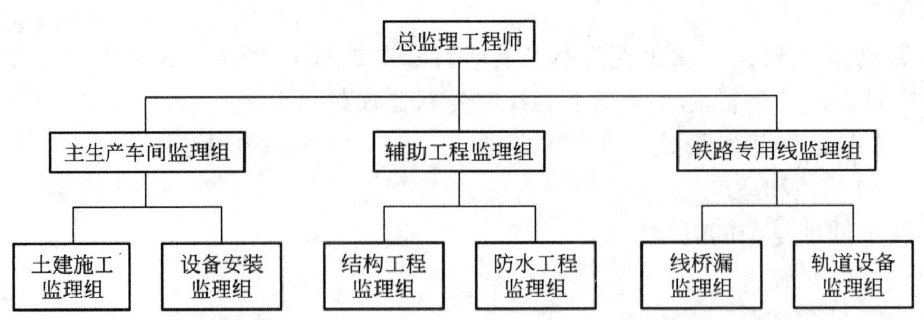

图 6-12　某项目监理机构的组织结构

【解析】本题的组织结构图属于按子项目分解的直线制监理组织形式。其主要优点有：组织结构简单，权力集中，命令统一，职责分明，决策迅速，隶属关系明确。

【例题 11】项目监理机构组织形式中，要求总监理工程师通晓各种业务和多种专业技能、为“全能”式人才的是（　　）组织形式。（2023 年真题）

A. 直线制　　　　B. 职能制

C. 直线职能制　　　　D. 矩阵制

【答案】A

【例题 12】项目管理机构采用职能制组织形式的优点有（　　）。（2023 年真题）

A. 可减少相互矛盾的指令

B. 可实现两套管理系统的相互融合

C. 可发挥职能部门的专业管理作用

D. 可减轻总监理工程师专业性工作的负担

E. 可提供专业化管理效率

【答案】CDE

知识点五　影响项目监理机构人员数量的主要因素（1 分）

（1）工程建设强度（单位时间内投入的建设工程资金的数量，工程建设强度＝投资/工期）。工程建设强度越大，需投入的监理人数越多。

（2）建设工程复杂程度。通常，工程复杂程度涉及以下因素：设计活动、工程地点位置、气候条件、地形条件、工程地质、工程性质、工程结构类型、施工方法、工期要求、材料供应、工程分散程度。（11 个因素）

根据上述各项因素，可将工程分为若干工程复杂程度等级，不同等级的工程需要配备的监理人员数量有所不同。例如，可将工程复杂程度按五级划分：简单、一般、较复杂、复杂、很复杂。显然，简单工程需要的监理人员较少，而复杂工程需要的项目监理人员较多。

（3）工程监理单位的业务水平。高水平的监理单位可以投入较少的监理人力完成一个建设工程的监理工作，而一个经验不多或管理水平不高的监理单位则需投入较多的监理人力。因此，各监理单位应当根据自己的实际情况制定监理人员需要量定额。

（4）项目监理机构的组织结构和任务职能分工。

典型例题

【例题 1】所谓工程建设强度，是指（ ）。

A. 工程结构所能承受的强度

B. 政府对工程建设管理的力度

C. 单位时间内投入的工程建设资金的数量

D. 单位时间内投入的工程建设人员的数量

【答案】C

【例题 2】某监理单位承担了某项目土建工程的施工监理任务，已知该项目相关资料如表 6-11 所示，该监理单位配备监理人员时所依据的工程建设强度应为（ ）万元/月。（2017 年真题）

该项目相关资料 **表 6-11**

内容	计划工期	合同价格	合计
土建工程	12 个月	6000 万元	9000 万元
设备安装	4 个月	3000 万元	

A. 750 B. 600

C. 500 D. 400

【答案】C

【解析】6000/12＝500 万元/月，注意题干问的是土建工程，故选 C。

【例题 3】关于影响项目监理机构人员配备因素的说法，正确的是（ ）。（2017 年真题）

A. 工程建设强度越大，需投入的监理人数越少

B. 工程监理单位的业务水平不同将影响监理人员需要量定额水平

C. 可将工程复杂程度按四级划分：简单、一般、较复杂、复杂

D. 工程复杂程度只涉及资金和工程监理机构资质

【答案】B

【解析】选项 A 明显说反了。选项 C 错误，工程复杂程度按五级划分：简单、一般、较复杂、复杂、很复杂。选项 D 错误，工程复杂程度涉及以下因素：设计活动、工程地点位置、气候条件、地形条件、工程地质、工程性质、工程结构类型、施工方法、工期要求、材料供应、工程分散程度等。选项 B 正确，高水平的监理单位可以投入较少的监理人力完成一个建设工程的监理工作，而一个经验不多或管理水平不高的监理单位则需投入较多的监理人力。因此，各监理单位应当根据自己的实际情况制定监理人员需要量定额。

知识点六 总监理工程师职责（必考，选择题+案例）

（1）确定项目监理机构人员及其岗位职责；

（2）组织编制监理规划，审批监理实施细则；（不得委托）

（3）根据工程进展及监理工作情况调配监理人员，检查监理人员工作；（不得委托）

（4）组织召开监理例会；

（5）组织审核分包单位资格；

（6）组织审查施工组织设计、（专项）施工方案；（不得委托）

（7）审查开复工报审表，签发工程开工令、暂停令和复工令；（不得委托）

（8）组织检查施工单位现场质量、安全生产管理体系的建立及运行情况；

（9）组织审核施工单位的付款申请，签发工程款支付证书，组织审核竣工结算；（不得委托）

（10）组织审查和处理工程变更；

（11）调解建设单位与施工单位的合同争议，处理工程索赔；（不得委托）

（12）组织验收分部工程，组织审查单位工程质量检验资料；

（13）审查施工单位的竣工申请，组织工程竣工预验收，组织编写工程质量评估报告，参与工程竣工验收；（不得委托）

（14）参与或配合工程质量安全事故的调查和处理；（不得委托）

（15）组织编写监理月报、监理工作总结，组织整理监理文件资料。

总监理工程师不得委托总监理工程师代表实施的工作总结如下（选择题＋案例）：

（1）组织编制监理规划，审批监理实施细则；

（2）根据工程进展及监理工作情况调配监理人员；

（3）组织审查施工组织设计、（专项）施工方案；

（4）签发工程开工令、暂停令和复工令；

（5）签发工程款支付证书，组织审核竣工结算；

（6）调解建设单位与施工单位的合同争议，处理工程索赔；

（7）审查施工单位的竣工申请，组织工程竣工预验收，组织编写工程质量评估报告，参与工程竣工验收；

（8）参与或配合工程质量安全事故的调查和处理。

典型例题

【例题 1】根据《建设工程监理规范》GB/T 50319—2013，总监理工程师可以委托给总监理工程师代表的职责是（　　）。（2018 年真题）

A. 组织审查和处理工程变更

B. 组织审查专项施工方案

C. 组织工程竣工预验收

D. 组织编写工程质量评估报告

【答案】A

【解析】选项 B 错误，专项施工方案属于工程中重要的文件，故不可委托；选项 C、D 错误，必须总监理工程师亲自预验收。

【例题 2】根据《建设工程监理规范》GB/T 50319—2013，总监理工程师应履行的职责有（　　）。（2022 年真题）

A. 组织编制监理实施细则

B. 组织召开监理例会

C. 组织审核竣工结算

D. 组织工程竣工验收

E. 组织整理监理文件资料

【答案】BCE

【解析】选项A错误，属于专业监理工程师的职责；选项D错误，属于建设单位的职责。

【例题3】根据《建设工程监理规范》GB/T 50319—2013，总监理工程师代表可履行的职责是（　　）。（2022年、2024年真题）

A. 审批监理实施细则　　B. 组织审查和处理工程变更

C. 签发工程款支付证书　　D. 调解和处理施工合同争议

【答案】B

【解析】选项A、C、D错误，其都是总监理工程师不能委托的内容，只有选项B可以委托总监理工程师代表。

【例题4】根据《建设工程监理规范》GB/T 50319—2013，总监理工程师可以委托总监理工程师代表进行的工作是（　　）。（2021年真题）

A. 根据工程进展及监理工作情况调配监理人员

B. 组织审查施工组织设计、专项施工方案

C. 组织审核工程竣工结算

D. 组织编写监理月报、监理工作总结

【答案】D

【解析】选项A错误，调配人员不能委托；选项B错误，施工组织设计、专项施工方案属于工程中非常重要的文件资料，不能委托；选项C错误，组织工程竣工结算可以委托，但组织审核工程竣工结算不可委托。

【例题5】根据《建设工程监理规范》，总监理工程师不得委托给总监理工程师代表的工作是（　　）。（2023年真题）

A. 组织召开监理例会　　B. 组织审查施工组织设计

C. 组织审查分包单位资格　　D. 组织验收分部工程

【答案】B

知识点七　专业监理工程师职责（选择题+案例）

（1）参与编制监理规划，负责编制监理实施细则；

（2）审查施工单位提交的涉及本专业的报审文件，并向总监理工程师报告；

（3）参与审核分包单位资格；

（4）指导、检查监理员工作，定期向总监理工程师报告本专业监理工作实施情况；

（5）检查进场的工程材料、构配件、设备的质量；

（6）验收检验批、隐蔽工程、分项工程，参与验收分部工程；

（7）处置发现的质量问题和安全事故隐患；

（8）进行工程计量；

（9）参与工程变更的审查和处理；

（10）组织编写监理日志，参与编写监理月报；

（11）收集、汇总、参与整理监理文件资料；

（12）参与工程竣工预验收和竣工验收。

知识点八 监理员职责

（1）检查施工单位投入工程的人力、主要设备的使用及运行状况；

（2）进行见证取样；

（3）复核工程计量有关数据；

（4）检查工序施工结果；

（5）发现施工作业中的问题，及时指出并向专业监理工程师报告。

典型例题

【例题1】根据《建设工程监理规范》GB/T 50319—2013，专业监理工程师的职责有（　　）。（2022年真题）

A. 组织审核分包单位资格　　B. 负责本专业隐蔽工程和分项工程验收

C. 组织编写监理日志　　D. 参与编写工程质量评估报告

E. 验收分部工程

【答案】BC

【解析】选项A错误，审核分包单位资格属于总监理工程师的职责；选项D错误，工程质量评估报告必须由总监理工程师编写，并上报监理单位技术负责人审批；选项E错误，工程中的检验批和分项工程由专业监理工程师验收，从分部工程开始往上的工程，至少由总监理工程师出面验收或者参与其中。

【例题2】根据《建设工程监理规范》GB/T 50319—2013，监理员的职责是（　　）。（2022年真题）

A. 进行工程计量　B. 进行见证取样　C. 编写监理日志　D. 编写监理月报

【答案】B

【解析】注意区分专业监理工程师和监理员的职责，此题选项A、C、D都属于专业监理工程师的职责。

【例题3】根据《建设工程监理规范》GB/T 50319—2013，专业监理工程师应履行的职责有（　　）。（2017年真题）

A. 审批监理实施细则

B. 组织审核分包单位资质

C. 检查进场的工程材料、配构件、设备的质量

D. 处置发现的质量问题和安全事故隐患

E. 参与工程变更的审查和处理

【答案】CDE

【解析】选项A、B属于总监理工程师的职责，所以A、B选项错误。

【例题4】根据《建设工程监理规范》GB/T 50319—2013，监理员应履行的职责有（　　）。（2021年真题）

A. 验收检验批

B. 检查施工单位投入工程的人力情况

C. 检查施工单位投入工程的主要设备的使用和运行情况

D. 进行工程计量

E. 处置发现的质量问题和安全事故隐患

【答案】BC

【例题 5】根据《建设工程监理规范》GB/T 50319—2013，关于工程监理人员职责的说法，正确的有（　　）。（2020 年真题）

A. 总监理工程师应签发工程款支付证书

B. 总监理工程师应组织编写监理月报

C. 总监理工程师应主持安全事故处理

D. 专业监理工程师应处理质量问题和质量事故

E. 总监理工程师应主持审查分包单位资格

【答案】ABE

【解析】选项 C 错误，安全事故处理，总监理工程师应该积极配合参与，不是主持；选项 D 错误，质量问题、质量事故应该由建设单位要求施工单位处理，专业监理工程师负责验收。

【例题 6】根据《建设工程监理规范》GB/T 50319—2013，关于监理人员基本职责的说法，正确的有（　　）。（2021 年真题）

A. 专业监理工程师负责编制监理实施细则

B. 专业监理工程师负责审核分包单位资格

C. 监理员负责验收隐蔽工程

D. 总监理工程师签发工程暂停令和复工令

E. 总监理工程师组织验收分部工程

【答案】ADE

【解析】专业监理工程师负责编制监理实施细则，总监理工程师审核；总监理工程师审核分包单位资格；专业监理工程师负责验收隐蔽工程；总监理工程师签发工程暂停令和复工令；总监理工程师组织验收分部工程。

【例题 7】根据《建设工程监理规范》GB/T 50319—2013，监理员的职责有（　　）。（2023 年真题）

A. 组织编写监理日志　　B. 验收检验批和隐蔽工程

C. 检查进场的工程材料质量　　D. 检查工序施工结果

E. 复核工程计量有关数据

【答案】DE

本章精选习题

一、单项选择题

1. 建设工程采用平行承发包模式的优点是（　　）。

A. 有利于建设单位选择施工单位　　B. 有利于建设单位合同管理和组织协调

C. 有利于工程总价确定和造价控制　　D. 有利于减少施工过程中的设计变更

2. 与其他组织方式相比，工程总承包方式具有的优点是（　　）。

A. 合同管理难度小　　B. 工程质量控制难度小

C. 合同关系较简单　　D. 建设工期可调节

3. 关于建设工程监理委托方式的说法，正确的是（　　）。

A. 建设单位委托一家监理单位有利于工程建设的总体控制与协调

B. 平行承发包模式下工程监理委托的方式具有唯一性

C. 采用施工总承包模式发包的工程，可委托一家或几家监理单位实施监理

D. 采用工程总承包模式下的监理委托方式，合同关系复杂

4. 工程监理单位依据建设单位的委托，履行监理职责、承担监理责任。这体现了建设工程监理的（　　）原则。

A. 严格原则　　B. 实事求是　　C. 权责一致　　D. 公平诚信

5. 关于监理人员任职与调换的说法，正确的是（　　）。

A. 监理单位调换总监理工程师应书面通知建设单位

B. 总监理工程师调换专业监理工程师应书面通知建设单位

C. 总监理工程师调换专业监理工程师应口头通知建设单位

D. 总监理工程师调换专业监理工程师不必通知建设单位

6. 组建项目监理机构的步骤中，需最后完成的工作是（　　）。

A. 确定监理工作内容　　B. 项目监理机构组织结构设计

C. 制定工作流程和信息流程　　D. 确定项目监理机构目标

7. 组建项目监理机构时，总监理工程师应根据的监理文件是（　　）。

A. 建设工程监理规范

B. 建设工程监理与相关服务收费管理规定

C. 施工单位与建设单位签订的工程合同

D. 监理大纲和监理合同

8. 在建设工程监理实施程序中，组建项目监理机构后紧接着的一项工作是（　　）。

A. 收集工程监理有关资料　　B. 规范化地开展监理工作

C. 编制监理规划及监理实施细则　　D. 参与工程竣工验收

9. 项目监理机构组织形式中，有利于解决复杂问题和培养工程监理人员业务能力的是（　　）组织形式。

A. 直线制　　B. 职能制　　C. 直线职能制　　D. 矩阵制

10. 下列项目监理组织形式中，信息传递路线长，不利于互通信息的是（　　）组织形式。

A. 矩阵制　　B. 直线制　　C. 直线职能制　　D. 职能制

11. 矩阵式监理组织形式的优点是（　　）。

A. 纵横向协调工作量小　　B. 权力集中、隶属关系明确

C. 加强了各职能部门横向联系　　D. 目标控制职能分工明确

二、多项选择题

1. 建设工程采用工程总承包模式的优点有（　　）。

A. 合同关系简单　B. 有利于进度控制

C. 有利于工程造价控制　D. 有利于工程质量控制

E. 合同管理难度小

2. 下列关于承发包模式的说法中，属于平行承发包模式优点的有（　　）。

A. 有利于缩短工期　B. 有利于质量控制

C. 合同管理工作量小　D. 有利于业主选择承建单位

E. 有利于投资控制

3. 采用平行承发包模式时，工程造价控制难度大的主要原因有（　　）。

A. 参与单位多、相互干扰大　B. 建设周期较长

C. 工程总造价不易确定　D. 需要控制多项合同价格

E. 工程施工中设计变更较多

4. 工程监理单位在确定项目监理机构的组织形式和规模时，应考虑的因素有（　　）。

A. 监理合同约定的监理范围和内容　B. 工程环境

C. 工程项目特点　D. 工程技术复杂程度

E. 施工单位资质等级

5. 监理工作的规范化体现在（　　）。

A. 工作目标的确定性　B. 监理实施细则的针对性

C. 职责分工的严密性　D. 工作的时序性

E. 组织机构的稳定性

6. 下列各项原则中，属于建设工程监理实施原则的有（　　）。

A. 集权与分权统一　B. 经济效益

C. 公平、独立、科学　D. 总监理工程师负责制

E. 权责一致

7. 根据《建设工程监理规范》GB/T 50319—2013，总监理工程师不得委托给总监理工程师代表的职责有（　　）。

A. 审批监理实施细则　B. 组织审核竣工结算

C. 组织召开监理例会　D. 组织审查和处理工程变更

E. 处理工程索赔

8. 下列总监理工程师职责中，可以委托给总监理工程师代表的有（　　）。

A. 组织审查专项施工方案　B. 组织审核分包单位资格

C. 组织工程竣工预验收　D. 组织审查和处理工程变更

E. 组织整理监理文件资料

9. 下列总监理工程师的职责中，不得委托给总监理工程师代表的有（　　）。

A. 组织工程竣工结算　B. 组织工程竣工预验收

C. 组织编写工程质量评估报告　　D. 组织审查施工组织设计

E. 组织审核分包单位资格

10. 根据《建设工程监理规范》GB/T 50319—2013，专业监理工程师的职责有（　　）。

A. 进行工程计量

B. 复核工程计量有关数据

C. 检查进场的工程材料、构配件的设备的质量

D. 检查施工单位投入工程的主要设备运行状况

E. 组织审核分包单位资格

11. 根据《建设工程监理规范》GB/T 50319—2013，属于监理员职责的有（　　）。

A. 检查工序施工结果　　B. 参与验收分部工程

C. 进行见证取样　　D. 进行工程计量

E. 参与整理监理文件资料

习题答案及解析

一、单项选择题

1.【答案】A

【解析】选项B错误，平行承发包模式不利于建设单位合同管理和组织协调；选项C错误，平行承发包模式下，工程造价不易确定，造价控制困难；选项D错误，工程总承包有利于减少施工过程中的设计变更。平行承发包模式的优点：①有利于缩短工期（同时工作）；②有利于控制质量（他人控制机制）；③有利于建设单位在更广范围内选择施工单位。

2.【答案】C

【解析】选项A错误，合同关系简单，但是合同管理难度大；选项B错误，工程总承包模式缺乏他人控制机制，质量控制难度大；选项D说法不严谨，应该是“能缩短建设工期”。

3.【答案】A

【解析】选项B错误，平行承发包模式下工程监理委托的方式不具有唯一性；选项C错误，采用施工总承包模式发包的工程，只委托一家监理单位实施监理；选项D错误，采用工程总承包模式下的监理委托方式，合同关系简单。

4.【答案】C

【解析】权责一致的原则：工程监理单位履行监理职责、承担监理责任，需要建设单位授予相应的权力。这种权力的授予，除了体现在监理合同中，还应体现在施工合同中。同时，监理单位也应给予总监充分授权。

5.【答案】B

【解析】选项A错误，需要建设单位同意；选项C错在“口头”；选错D错在“不必”。工程监理单位调换总监理工程师，应征得建设单位书面同意；调换专业监理工程师

时，总监理工程师应书面通知建设单位。

6.【答案】C

【解析】项目监理机构设立的步骤：①确定项目监理机构目标；②确定监理工作内容；③项目监理机构组织结构设计；④制定工作流程和信息流程。

7.【答案】D

【解析】建设工程监理目标是项目监理机构建立的前提，项目监理机构的建立应根据建设工程监理合同中确定的目标，制定总目标并明确划分项目监理机构的分解目标。

8.【答案】A

【解析】建设工程监理实施程序：组建项目监理机构→收集工程监理有关资料→编制监理规划及监理实施细则→规范化地开展监理工作→参与工程竣工验收→向建设单位提交建设工程监理文件资料→进行监理工作总结。

9.【答案】D

【解析】矩阵制加强了各职能部门的横向联系，具有较大的机动性和适应性，把上下左右集权与分权实行最优结合，有利于解决复杂的难题，有利于监理人员业务能力的培养。

10.【答案】C

【解析】直线职能制的缺点：职能部门与指挥部门易产生矛盾，信息传递路线长，不利于互通信息。

11.【答案】C

【解析】选项A错误，其是矩阵制的缺点；选项B错误，其是直线制的优点；选项D错误，其是直线职能制的特点。

二、多项选择题

1.【答案】ABC

【解析】选项D错误，工程总承包模式缺乏他人控制机制，质量控制难度大；选项E错误，合同关系简单，但是合同管理难度大。工程总承包模式的优点：①合同关系简单，组织协调工作量小；②缩短建设周期（设计施工统筹安排，相互搭接）；③利于造价控制（设计施工统筹考虑，从价值工程或全寿命期费用角度取得明显经济效果），但并不意味着项目总承包的价格低。

2.【答案】ABD

【解析】选项C错误，该模式下，监理合同施工合同数量多，合同管理工作量大；选项E错误，该模式下的投资控制经常容易超出预算，不利于投资控制。平行承发包可以边设计边施工，缩短工期；平行承发包利用他人控制机制，有利于质量控制；平行承发包合同数量多，合同管理工作量大；有利于业主选择承建单位。

3.【答案】CDE

【解析】采用平行承发包模式时，工程造价控制难度大，表现为：一是工程总价不易确定，影响工程造价控制的实施；二是工程招标任务量大，需控制多项合同价格，增加了工程造价控制难度；三是在施工过程中设计变更和修改较多，导致工程造价增加。

4.【答案】ABCD

【解析】工程监理单位实施监理时，应在施工现场派驻项目监理机构，项目监理机构的组织形式和规模，可根据建设工程监理合同约定的服务内容、服务期限，以及工程特点、规模、技术复杂程度、环境等因素确定。

5.【答案】ACD

【解析】监理工作的规范化体现在：①工作的时序性；②职责分工的严密性；③工作目标的确定性。

6.【答案】CDE

【解析】选项A属于矩阵制的优点；选项B为干扰项。建设工程监理实施原则：①公平、独立、诚信、科学的原则；②权责一致的原则；③总监理工程师负责制的原则；④严格监理、热情服务的原则；⑤综合效益的原则；⑥预防为主的原则；⑦实事求是的原则。

7.【答案】ABE

【解析】总监理工程师不得将下列工作委托给总监理工程师代表：①组织编制监理规划，审批监理实施细则；②根据工程进展及监理工作情况调配监理人员；③组织审查施工组织设计、(专项)施工方案；④签发工程开工令、暂停令和复工令；⑤签发工程款支付证书，组织审核竣工结算；⑥调解建设单位与施工单位的合同争议，处理工程索赔；⑦审查施工单位的竣工申请，组织工程竣工预验收，组织编写工程质量评估报告，参与工程竣工验收；⑧参与或配合工程质量安全事故的调查和处理。

8.【答案】BDE

【解析】选项A、C错误，其是总监理工程师不能委托的内容。

9.【答案】BCD

【解析】选项A不属于监理的职责；选项E可以委托给总监理工程师代表。

10.【答案】AC

【解析】选项B、D错误，复核工程计量有关数据和检查施工单位投入工程的主要设备运行状况属于监理员的职责；选项E错误，组织审核分包单位资格属于总监理工程师的职责。

11.【答案】AC

【解析】注意区分专业监理工程师和监理员的职责，此题选项B、D、E都属于专业监理工程师的职责。

第七章　监理规划与监理实施细则

第一节　监理规划

考情分析：

近三年考情分析如表 7-1 所示。

近三年考情分析　　**表 7-1**

年份	2024 年	2023 年	2022 年
单选分值	2	3	3
多选分值	2	6	0
合计分值	4	9	3

本节主要知识点：

1. 监理规划编写依据和要求（1～2 分）
2. 监理规划的主要内容（1～2 分）
3. 监理工作制度（1 分）
4. 质量、造价、进度控制的内容和措施（3～4 分）
5. 监理规划报审程序与审核内容

建设工程监理工作文件的构成如表 7-2 所示。

建设工程监理工作文件的构成　　**表 7-2**

监理文件名称	监理大纲	监理规划	监理实施细则
编制时间	投标阶段	签订监理合同及设计文件收到后，第一次工地会议 7 天前	监理实施之前
组织编制	监理单位	总监理工程师	专业监理工程师
批准	监理公司	监理单位技术负责人	总监理工程师
作用	核心	指导性	操作性

监理大纲、规划、实施细则三者之间的关系：

（1）三者之间存在着明显的依据性关系，即监理大纲→监理规划→监理实施细则。

（2）一般来说，监理单位开展监理活动应当编制以上工作文件，但对于简单的监理活动只需要编写监理实施细则即可，对有些工程也可以制定较为详细的监理规划，而不再编写监理实施细则。

知识点一　监理规划与监理实施细则的编写依据（2分）

如表 7-3 所示。

监理规划与监理实施细则的编写依据　　表 7-3

监理规划编写依据	监理实施细则编写依据
①工程建设法律法规和标准 ②建设工程外部环境调查研究资料 ③政府批准的工程建设文件 ④建设工程监理合同文件(监理投标书、监理大纲) ⑤建设工程合同 ⑥建设单位的合理要求 ⑦工程实施过程中输出的有关工程信息	①已批准的建设工程监理规划 ②与专业工程相关的标准、设计文件和技术资料 ③施工组织设计、(专项)施工方案

典型例题

【例题 1】监理规划的编写依据有（　　）。(2024 年真题)

A. 建设工程外部环境调查资料　　B. 监理大纲

C. 施工方案　　D. 建设工程施工合同

E. 设计文件

【答案】ABDE

【例题 2】监理实施细则的编制依据有（　　）。(2021 年真题)

A. 工程质量评估报告　　B. 工程设计文件

C. 建设工程监理规范　　D. 监理规划

E. 施工组织设计

【答案】BE

【解析】监理实施细则编写的依据：①已批准的建设工程监理规划；②与专业工程相关的标准、设计文件和技术资料；③施工组织设计、(专项) 施工方案。

知识点二　监理规划编写要求（1分）

(1) 基本构成内容应当力求统一，这是监理工作的规范化、制度化、科学化要求。

(2) 监理规划是指导监理机构开展监理工作的纲领性文件，其内容应具有针对性、指导性和可操作性。

(3) 总监理工程师组织专业监理工程师编制，总监理工程师签字后由工程监理单位技术负责人审批。

(4) 工程项目的动态性决定了监理规划的具体可变性。监理规划应把握工程项目运行脉搏，是指其可能随着工程进展进行不断修改和完善。

(5) 应有利于工程监理合同的履行；表达方式应当标准化、格式化。

(6) 监理规划应在签订建设工程监理合同及收到工程设计文件后由总监理工程师组织编制，并应在召开第一次工地会议 7 天前报建设单位。

典型例题

【例题1】《建设工程监理规范》GB/T 50319—2013 规定，监理规划应在签订委托监理合同及收到设计文件后开始编制，还应经（　　）审批。(2015 年真题)

A. 总监理工程师　　B. 总监理工程师授权的专业监理工程师

C. 监理单位技术负责人　　D. 建设单位负责人

【答案】C

【解析】监理规划应在签订建设工程监理合同及收到工程设计文件后由总监理工程师组织专业监理工程师编制，总监理工程师签字后由工程监理单位技术负责人审批。

【例题2】对监理规划的编制应把握工程项目运行情况的要求是指（　　）。(2016 年真题)

A. 监理规划的内容构成应当力求统一

B. 监理规划的内容应当具有可操作性

C. 监理规划的内容应随工程进展不断地补充完善

D. 监理规划的编制应充分考虑其时效性

【答案】C

【解析】监理规划要把握工程项目运行情况，是指其可能随着工程进展进行不断地补充、修改和完善。

【例题3】监理工作的规范化、制度化、科学化要求监理规划在编写时（　　）。(2015 年真题)

A. 内容应具有针对性、指导性和可操作性

B. 应把握工程项目运行情况

C. 经审核批准后方可实施

D. 基本构成内容应当力求统一

【答案】D

【解析】监理规划在总体内容组成上应力求做到统一，这是监理工作的规范化、制度化、科学化的要求。

【例题4】关于监理规划编写要求的说法，正确的是（　　）。(2018 年真题)

A. 监理规划的内容审核单位是监理单位的商务合同管理部门

B. 监理规划应由专业监理工程师参与编写并报监理单位法定代表人审批

C. 监理规划应根据工程监理合同所确定的监理范围与内容进行编写

D. 监理规划中的监理方法措施应与施工方案相符

【答案】C

【解析】监理规划在编写完成后需进行审核并经批准。监理单位的技术管理部门是内部审核单位，故选项 A 错误。监理规划编审程序：总监理工程师组织专业监理工程师编制，总监理工程师签字后由工程监理单位技术负责人审批，故选项 B 错误。就某一特定建设工程而言，监理规划应根据建设工程监理合同所确定的监理范围和深度编制，故选项 C 正确。监理工作方法以及措施属于监理实施细则的内容，故选项 D 错误。

【例题5】监理规划应在签订建设工程监理合同及收到工程设计文件后由总监理工程师

组织编制，并应在召开第一次工地会议（　　）天前报建设单位。(2019 年真题)

A. 6　　B. 7　　C. 8　　D. 9

【答案】 B

【例题 6】 根据《建设工程监理规范》GB/T 50319—2013，监理规划可在（　　）后开始编制。(2023 年真题)

A. 签订建设工程监理合同及收到施工组织设计文件

B. 签订建设工程监理合同及收到工程设计文件

C. 签订建设工程监理合同及收到施工组织设计文件

D. 签订建设工程施工合同及收到工程设计文件

【答案】 B

【例题 7】 根据《建设工程监理规范》GB/T 50319—2013，关于监理规划编制的说法，正确的是（　　）。(2023 年真题)

A. 监理规划编制依据不包括建设工程施工合同

B. 对于特别重要的项目，监理规划应由监理单位技术负责人组织编写

C. 监理规划应制定具体的措施和方法来确保工程监理合同的履行

D. 当基坑开挖深度从 2.9m 变更为 5m 时，监理规划的内容不需要修改

【答案】 C

【例题 8】 监理规划应最大限度地满足（　　）的合理要求。(2024 年真题)

A. 建设单位　　B. 施工单位

C. 设计单位　　D. 质量监督机构

【答案】 A

知识点三　监理规划的主要内容（1～2 分）

(1) 工程概况。

(2) 监理工作的范围、内容、目标。

(3) 监理工作依据。

(4) 监理组织形式、人员配备及进退场计划、监理人员岗位职责。

(5) 监理工作制度。

(6) 工程质量控制，工程造价控制，工程进度控制；安全生产管理的监理工作，合同与信息管理；组织协调。(三控三管一协调)

(7) 监理工作设施。

具体内容如表 7-4 所示。

监理大纲、监理规划与监理实施细则的内容　　**表 7-4**

监理大纲	监理规划	监理实施细则
工程概况	工程概况	专业工程特点
监理工作内容	监理的范围、内容、目标	监理工作流程
监理工作依据	监理工作依据	监理工作要点
监理实施方案	监理工作制度	监理方法与措施

续表

监理大纲	监理规划	监理实施细则
监理难点、重点及合理化建议	监理组织形式、人员配备及进退场计划、监理岗位职责	
	三控三管一协调	
	监理工作设施	

典型例题

【例题 1】 根据《建设工程监理规范》GB/T 50319—2013，监理规划应包含的内容有（　　）。（2023 年真题）

A. 监理工作的范围、内容、目标　　B. 监理人员进退场计划

C. 安全生产管理的监理工作　　D. 监理实施细则的编制需求

E. 质量保证体系的建立

【答案】 ABC

【例题 2】 根据《建设工程监理规范》GB/T 50319—2013，监理规划应包括的内容有（　　）。（2020 年真题）

A. 工程概况　　B. 监理工作内容、范围、目标

C. 工程风险分析与控制　　D. 工程质量、造价、进度控制和组织协调

E. 工程监理重点、难点分析与建议

【答案】 ABD

【例题 3】 根据《建设工程监理规范》GB/T 50319—2013，监理实施细则的内容包括（　　）。（2020 年真题）

A. 专业工程特点　　B. 监理工作要点

C. 监理工作方法和措施　　D. 项目主要目标

E. 监理工作制度

【答案】 ABC

【解析】 监理实施细则包含的内容：专业工程特点、监理工作流程、监理工作要点，以及监理工作方法及措施。

【例题 4】 关于监理规划的说法，正确的是（　　）。（2020 年真题）

A. 监理规划是监理合同组成文件

B. 监理规划的主要内容不包括安全生产管理方面的监理工作

C. 监理规划应由总监理工程师组织编制编写

D. 监理规划应由监理单位技术负责人组织编写

【答案】 C

【解析】 选项 A 错误，监理规划在签订建设工程监理合同及收到工程设计文件后由总监理工程师组织编制；工程监理投标书是建设工程监理合同文件的重要组成部分。选项 B 错误，监理规划的主要内容包括安全生产管理的监理工作。选项 D 错误，监理规划应由总监理工程师组织编制。

知识点四 监理工作制度（1分）

如表7-5所示。

监理工作制度 表7-5

现场监理工作制度	机构内部工作制度	相关服务制度
图纸会审及设计交底	会议制度	项目立项阶段
施工组织设计审核制度	岗位职责制度	设计阶段
开工、复工审批制度	对外行文审批	施工招标阶段
监理工作报告制度	监理日志制度	—
质量检验制度	监理周报、月报	—
施工备忘录签发制度	档案管理制度	—
技术经济签证制度	教育培训制度	—
工程款支付及工程索赔审核、签认	考勤、业绩考核及奖惩制度	—

典型例题

【例题1】下列监理工作制度中，属于项目监理机构内部工作制度的是（　　）。(2021年真题)

A. 图纸会审制度　　B. 监理人员业绩考核制度

C. 施工组织设计审批制度　　D. 质量事故报告制度

【答案】B

【例题2】下列工作制度中，仅属于相关服务工作制度的是（　　）。(2018年真题)

A. 设计交底制度　　B. 设计方案评审制度

C. 设计变更处理制度　　D. 施工图纸会审制度

【答案】B

【解析】选项A、C、D均属于现场监理工作制度。

【例题3】项目监理机构的内部工作制度有（　　）。(2023年真题)

A. 监理人员考核评比制度　　B. 监理工作报告制度

C. 监理例会制度　　D. 质量安全事故报告制度

E. 监理人员教育培训制度

【答案】ACE

【解析】选项B、D属于现场监理工作制度。

知识点五 监理单位在施工阶段三大目标的控制任务（表7-6）

监理单位在施工阶段三大目标控制的主要任务 表7-6

质量控制任务	①协助建设单位做好施工现场准备工作，为施工单位提交合格的施工现场 ②审查确认施工总包单位及分包单位资格 ③检查工程材料、构配件、设备质量 ④审查施工组织设计和施工方案 ⑤验收分部分项工程和隐蔽工程；处置工程质量问题、质量缺陷 ⑥协助处理工程质量事故 ⑦审核工程竣工图，组织工程预验收 ⑧参加工程竣工验收等

续表

造价控制任务	①协助建设单位制定施工阶段资金使用计划，严格进行工程计量和付款控制 ②建立月完成工程量统计表，对实际完成量与计划完成量进行比较分析 ③严格控制工程变更，力求减少工程变更费用 ④研究确定预防费用索赔的措施 ⑤及时处理施工索赔，并协助建设单位进行反索赔 ⑥协助建设单位按期提交合格施工现场，保质、保量、适时、适地提供由建设单位负责提供的工程材料和设备 ⑦审核施工单位提交的工程结算文件等
进度控制任务	①完善建设工程控制性进度计划 ②审查施工单位提交的施工进度计划 ③协助建设单位编制和实施由建设单位负责供应的材料和设备供应进度计划 ④组织进度协调会议，协调有关各方关系；跟踪检查实际施工进度 ⑤研究制定预防工期索赔的措施，做好工程延期审批工作等

典型例题

【例题 1】下列工程目标控制任务中，不属于工程质量控制任务的是（　　）。（2016年真题）

A. 审查施工组织设计及专项施工方案

B. 审查工程中使用的新技术、新工艺

C. 分析比较实际完成工程量与计划工程量

D. 复核施工控制测量成果及保护措施

【答案】C

【解析】选项 C 属于工程造价控制任务内容，选项 A、B、D 属于工程质量控制任务内容。

【例题 2】下列工作中，属于项目监理机构在施工阶段造价控制任务的有（　　）。（2023 年真题）

A. 确定预防费用索赔的措施　　B. 审查施工方案

C. 制定减少工程变更费用增加的措施　　D. 确认分包单位资格

E. 编制施工阶段资金使用计划

【答案】AC

【解析】选项 E 容易错选，为完成施工阶段造价控制任务，项目监理机构需要做好协助建设单位制定施工阶段资金使用计划的工作。

【例题 3】项目监理机构在建设工程施工阶段质量控制的任务有（　　）。

A. 做好施工现场准备工作　　B. 检查施工机械和机具质量

C. 处置工程质量缺陷　　D. 控制施工过程质量

E. 处理工程质量事故

【答案】BCD

【解析】选项 A 错误，协助建设单位做好施工现场准备工作；选项 E 错误，协助处理工程质量事故。

知识点六 三大目标的控制措施（表 7-7）

三大目标的控制措施 表 7-7

质量控制措施	组织措施	建立健全项目监理机构 完善职责分工 制定有关质量监督制度 落实质量控制责任
	技术措施	协助完善质量保证体系 严格事前、事中和事后的质量检查监督
	经济措施及合同措施	严格质量检查和验收，不符合合同规定质量要求的，拒付工程款 达到建设单位特定质量目标要求的，按合同支付工程质量补偿金或奖金
造价控制措施	组织措施	包括建立健全项目监理机构 完善职责分工及有关制度 落实工程造价控制责任
	技术措施	对材料、设备采购，通过质量价格比选，合理确定生产供应单位 通过审核施工组织设计和施工方案，使施工组织合理化
	经济措施	包括及时进行计划费用与实际费用的分析比较 提出合理化建议并被采用，投资节约按合同规定予以奖励
	合同措施	按合同条款支付工程款，防止过早、过量的支付 减少施工单位的索赔，正确处理索赔事宜等
进度控制措施	组织措施	落实进度控制的责任 建立进度控制协调制度
	技术措施	建立多级网络计划体系，监控施工单位的实施作业计划
	经济措施	对工期提前者实行奖励 对应急工程实行较高的计件单价；确保资金的及时供应等
	合同措施	按合同要求及时协调有关各方的进度，以确保建设工程的形象进度

控制措施的辨识如表 7-8 所示。

控制措施的辨识 表 7-8

措施	特点(记忆关键词)	举例
组织措施	建立、健全…… 制定/完善……制度 落实……责任	①建立、健全项目监理机构、考评机制 ②落实进度控制责任 ③明确各人员的任务和职责分工 ④改善建设工程目标控制的工作流程 ⑤加强动态控制过程中的激励措施
技术措施	……比选，择优 建立/完善计划体系 监控……作业	①建立多级网络计划体系 ②审查施工组织设计、施工方案 ③对多个方案进行技术可行性分析
经济措施	实行奖励	①合理化建议被采用 ②工期提前实行奖励 ③对工程变更方案进行技术经济分析
合同措施	按合同要求执行 正确处理索赔	①按期协调、按期支付工程款 ②按合同处理索赔事宜

典型例题

【例题 1】下列建设工程项目目标控制措施中，属于合同措施的是（　　）。（2023 年真题）

A. 选择合理的承发包模式和合同计价方式

B. 明确各级目标控制人员的合同管理职责分工

C. 审查施工组织设计和施工方案是否符合合同要求

D. 审核工程计量，工程款支付申请是否符合合同约定

【答案】A

【例题 2】下列监理工程师对质量控制的措施中，属于技术措施的是（　　）。（2019 年真题）

A. 落实质量控制责任　　B. 制定质量控制协调程序

C. 严格质量控制工作流程　　D. 协助完善质量保证体系

【答案】D

【解析】选项 A、B、C 均属于组织措施，选项 D 属于技术措施。

【例题 3】为了有效控制建设工程项目目标，项目监理机构可采取的技术措施是（　　）。（2019 年真题）

A. 审查施工方案　　B. 编制资金使用计划

C. 明确人员职责分工　　D. 预测未完工程投资

【答案】A

【解析】选项 B 属于经济措施；选项 C 属于组织措施；选项 D 属于经济措施。

【例题 4】下列工程质量控制措施中，属于技术措施的是（　　）。（2022 年真题）

A. 落实质量控制责任　　B. 审查施工组织设计

C. 不予计量质量不合格的分项工程　　D. 按规定处罚工程质量缺陷责任人

【答案】B

【解析】选项 A 属于组织措施，选项 C 属于合同措施，选项 D 属于经济措施。

【例题 5】下列目标控制措施中，属于技术措施的有（　　）。（2019 年真题）

A. 确定目标控制工作流程　　B. 审查施工组织设计

C. 采用网络计划技术进行工期优化　　D. 审核比较各种工程数据

E. 确定合理的工程款计价方式

【答案】BCD

【解析】选项 A 属于组织措施，选项 E 属于合同措施。

【例题 6】下列属于工程造价控制的技术措施的是（　　）。（2019 年真题）

A. 通过审核施工组织设计和施工方案，使施工组织合理化

B. 协助完善质量保证体系

C. 建立、健全项目监理机构

D. 建立多级网络计划体系

【答案】A

【解析】选项 B、D 属于工程质量控制的技术措施，选项 C 属于组织措施。

【例题 7】下列属于监理规划中监理单位对工程造价控制的技术措施是（　　）。

A. 及时进行计划费用与实际费用的分析比较

B. 减少施工单位的索赔，正确处理索赔事宜等

C. 对材料、设备采购，通过质量价格比选，合理确定生产供应单位

D. 通过审核施工组织设计和施工方案，使组织施工合理化

E. 落实工程造价控制责任

【答案】CD

【解析】选项 A 属于经济措施，选项 B 属于合同措施，选项 E 属于组织措施。

【例题 8】监理规划中应明确的工程进度控制措施有（　　）。(2014 年真题)

A. 建立多级网络计划体系　　B. 严格审核施工组织设计

C. 建立进度控制协调制度　　D. 按施工合同及时支付工程款

E. 监控施工单位实施作业计划

【答案】ACE

【解析】选项 B 属于工程质量控制措施，选项 D 属于工程造价控制措施。

知识点七　组织协调

1. 项目监理机构的内部协调

(1) 总监理工程师牵头，做好项目监理机构内部人员之间的工作关系协调；

(2) 明确监理人员分工及各自的岗位职责；

(3) 建立信息沟通制度；

(4) 及时交流信息、处理矛盾，建立良好的人际关系。

(注：对施工单位、建设单位、政府相关部门等各参建单位的协调属于外部协调)

典型例题

【例题 1】项目监理机构的内部协调不包括（　　）。(2015 年真题)

A. 建立信息沟通制度

B. 与政府建设行政主管机构的协调

C. 及时交流信息、处理矛盾，建立良好的人际关系

D. 明确监理人员分工及各自的岗位职责

【答案】B

【解析】与政府建设行政主管机构的协调属于与工程建设有关单位的外部协调。

2. 组织协调方法

(1) 会议协调：监理例会、专题会议等方式；

(2) 交谈协调：面谈、电话、网络等方式；

(3) 书面协调：通知书、联系单、月报等方式；

(4) 访问协调：走访或约见等方式。

【例题 2】下列不属于监理规划组织协调的方法是（　　）。(2019 年真题)

A. 会议协调　　B. 口头协调　　C. 书面协调　　D. 交谈协调

【答案】B

【解析】组织协调方法：会议协调，交谈协调，书面协调，访问协调。

【例题 3】下列监理工作制度中，属于组织协调制度的是（　　）。（2022 年真题）

A. 原材料及构配件检测制度　　B. 工程款支付审核制度

C. 监理人员教育培训制度　　D. 监理工作会议制度

【答案】D

【解析】组织协调方法：①会议协调：监理例会、专题会议等方式；②交谈协调：面谈、电话、网络等方式；③书面协调：通知书、联系单、月报等方式；④访问协调：走访或约见等方式。

项目监理机构工作会议制度，包括监理交底会议、监理例会、监理专题会、监理工作会议等。

【例题 4】下列属于组织协调中交谈协调的是（　　）。

A. 面谈　　B. 专题会议

C. 电话　　D. 通知书

E. 网络

【答案】ACE

【解析】组织协调方法：①会议协调：监理例会、专题会议等方式；②交谈协调：面谈、电话、网络等方式；③书面协调：通知书、联系单、月报等方式；④访问协调：走访或约见等方式。

知识点八　监理规划报审

1. 监理规划报审程序

如表 7-9 所示。

监理规划报审程序　　表 7-9

序号	时间节点安排	工作内容	负责人
1	签订监理合同及收到工程设计文件后	编制监理规划	总监理工程师组织 专业监理工程师参与
2	编制完成，总监理工程师签字后	监理规划审批	监理单位技术负责人审批
3	第一次工地会议前	报送建设单位	总监理工程师报送
4	设计文件、施工组织计划和施工方案等发生重大变化时	调整监理规划	总监理工程师组织，专业监理工程师参与，监理单位技术负责人审批
		重新审批监理规划	监理单位技术负责人重新审批

2. 监理规划的审核内容

（1）监理范围、工作内容及监理目标的审核；

（2）项目监理机构的审核；

（3）工作计划的审核；

（4）工程质量、造价、进度控制方法的审核；

（5）对安全生产管理监理工作内容的审核；

（6）监理工作制度的审核（是否健全、有效）。

【例题】对建设工程监理规划进行审核时，监理工作制度主要审核的内容有（　　）。

A. 监理机构内、外工作制度是否健全

B. 监理组织工作会议制度

C. 监理机构的内部工作制度

D. 监理报告制度

【答案】A

【解析】监理工作制度的审核主要审查项目监理机构内、外工作制度是否健全、有效。

第二节　监理实施细则

考情分析：

近三年考情分析如表 7-10 所示。

近三年考情分析　　表 7-10

年份	2024 年	2023 年	2022 年
单选分值	2	1	0
多选分值	2	0	2
合计分值	4	1	2

本节主要知识点：

1. 监理实施细则编写依据和要求（1～2 分）

2. 监理实施细则主要内容（1 分）

知识点一　监理实施细则编写要求（表 7-11）

监理实施细则编写要求　　表 7-11

编制审批	应在相应工程施工开始前由专业监理工程师编制，并应报总建设工程师审批后实施
编制依据	①监理规划 ②工程建设标准、工程设计文件 ③施工组织设计、(专项)施工方案
编制范围	①采用新材料、新工艺、新技术、新设备的工程 ②专业性较强、危险性较大的分部分项工程
主要内容	①专业工程特点 ②监理工作流程 ③监理工作要点 ④监理工作方法及措施
编写要求	①内容全面 ②针对性强 ③具有可操作性

典型例题

【例题 1】根据《建设工程监理规范》GB/T 50319—2013，监理实施细则编写的依据有（　　）。(2019 年真题)

A. 建设工程施工合同文件

B. 已批准的监理规划

C. 与专业工程相关的标准

D. 已批准的施工组织设计、(专项）施工方案

E. 施工单位的特定要求

【答案】BCD

【例题 2】根据《建设工程监理规范》GB/T 50319—2013，关于监理大纲、监理规划和监理实施细则的说法，正确的是（　　）。(2017 年真题)

A. 建设工程监理投标文件的核心是监理实施细则

B. 监理规划的内容应具有针对性、科学性和普遍性

C. 委托监理的工程项目均应编制监理大纲、监理规划和监理实施细则

D. 已批准的可行性研究报告可作为监理实施细则编制的依据

【答案】C

【解析】建设工程监理投标文件的核心是反映监理服务水平高低的监理大纲，故选项A 错误。监理规划的内容应具有针对性、指导性和可操作性，故选项 B 错误。监理实施细则编写的依据：①已批准的建设工程监理规划；②与专业工程相关的标准、设计文件和技术资料；③施工组织设计、(专项）施工方案；故选项 D 错误。

【例题 3】《建设工程监理规范》GB/T 50319—2013 规定，采用新材料、新工艺、新技术、新设备的工程，以及专业性较强、危险性较大的分部分项工程，应编制（　　）。(2019 年真题)

A. 监理规划　　B. 监理实施细则　　C. 监理日志　　D. 监理月报

【答案】B

【解析】采用新材料、新工艺、新技术、新设备的工程，以及专业性较强、危险性较大的分部分项工程，应编制监理实施细则。

【例题 4】根据《建设工程监理规范》GB/T 50319—2013，关于监理实施细则的说法，正确的是（　　）。

A. 危险性较大的分部分项工程可以不编制监理规划

B. 监理实施细则由监理员编制

C. 监理实施细则监理单位技术负责人审批后实施

D. 监理实施细则应满足内容全面、针对性强、具有可操作性

【答案】D

【解析】采用新材料、新工艺、新技术、新设备的工程，以及专业性较强、危险性较大的分部分项工程，应编制监理实施细则，故选项 A 错误。监理实施细则由专业监理工程师编制，总监理工程师审批后实施，故选项 B、C 错误。

【例题 5】根据《建设工程监理规范》GB/T 50319—2013，编制和审批监理实施细则的人员分别是（　　）。(2024 年真题)

A. 监理员和专业监理工程师

B. 专业监理工程师和监理单位技术负责人

C. 总监理工程师和监理单位技术负责人

D. 专业监理工程师和总监理工程师

【答案】 D

【例题 6】 关于监理实施细则编写和报审的说法，正确的有（　　）（2024 年真题）

A. 监理规划是监理实施细则的编写依据

B. 监理实施细则应明确监理工作流程

C. 监理实施细则应包含合同管理内容

D. 监理实施细则应体现建设单位要求

E. 监理实施细则应在第一次工地会议前报送建设单位

【答案】 AB

知识点二 监理实施细则主要内容（1 分）

1. 专业工程特点

2. 监理工作流程

3. 监理工作要点

4. 监理工作方法与措施

1）监理工作流程

监理工作涉及的流程包括：开工审核工作流程、施工质量控制流程、进度控制流程、造价（工程量计量）控制流程、安全生产和文明施工监理流程、测量监理流程、施工组织设计审核工作流程、分包单位资格审核流程、建筑材料审核流程、技术审核流程、工程质量问题处理审核流程、旁站检查工作流程、隐蔽工程验收流程、工程变更处理流程、信息资料管理流程等。

2）监理工作方法与措施

监理工程师通过旁站、巡视、见证取样、平行检测等监理方法，对专业工程作全面监控。

除上述四种常规方法外，监理工程师还可采用指令文件、监理通知、支付控制手段等方法实施监理。

典型例题

【例题 1】 根据《建设工程监理规范》GB/T 50319—2013，监理实施细则的内容包括（　　）。（2020 年真题）

A. 专业工程特点

B. 监理工作要点

C. 监理工作方法和措施

D. 项目主要目标

E. 监理工作制度

【答案】 ABC

【例题 2】 根据《建设工程监理规范》GB/T 50319—2013，监理实施细则应包含的内容有（　　）。（2022 年真题）

A. 工程概况

B. 专业工程特点

C. 监理工作依据　　D. 监理工作要点

E. 监理工作方法和措施

【答案】BDE

【例题 3】下列工作流程中，监理工作涉及的有（　　）。（2018 年真题）

A. 分包单位招标选择流程　　B. 质量三检制度落实流程

C. 隐蔽工程验收流程　　D. 质量问题处理审核流程

E. 开工审核工作流程

【答案】CDE

【解析】分包单位招标选择流程和质量三检制度的落实流程应属于施工单位的工作流程范围，故选项 A、B 错误。

【例题 4】监理工程师的常规工作方法包括（　　）。

A. 旁站　　B. 巡视

C. 指令文件　　D. 见证取样

E. 平行检测

【答案】ABDE

【解析】监理工作四种常规方法：旁站、巡视、见证取样、平行检测。除上述四种常规方法外，监理工程师还可采用指令文件、监理通知、支付控制手段等方法实施监理。

知识点三　监理实施细则报审

1. 报审程序

如表 7-12 所示。

专业监理工程师必须在相应工程施工前送审，总监理工程师批准后方可实施。

报审程序　　**表 7-12**

序号	节点	工作内容	负责人
1	工程施工前	编制监理实施细则	专业监理工程师编制
2	工程施工前	监理实施细则审批、批准	专业监理工程师送审、总监理工程师批准
3	施工过程中	若发生变化，按监理实施细则中的工作流程与方法措施调整	专业监理工程师调整、总监理工程师批准

2. 监理实施细则的审核内容

（1）编制依据、内容的审核；

（2）项目监理人员的审核：组织方面、人员配备方面；

（3）监理工作流程、监理工作要点的审核；

（4）监理工作方法和措施的审核；

（5）监理工作制度的审核。

典型例题

【例题 1】监理实施细则的审核内容主要包括（　　）。

A. 编制依据的审核　　B. 工程质量控制方法的审核
C. 项目监理人员的审核　　D. 监理工作方法和措施的审核
E. 安全生产管理监理工作内容的审核

【答案】 ACD

【例题 2】 根据《建设工程监理规范》GB/T 50319—2013，关于监理实施细则的说法，正确的是（　　）。(2023 年真题)

A. 装修工程监理实施细则应在装修工程样板间开工前编制完成
B. 监理实施细则应确定具体的监理工作制度
C. 重要的监理实施细则应报监理单位技术负责人审批
D. 监理实施细则编制完成后，不需要修改和补充

【答案】 B

【解析】 监理实施细则审核的内容包括监理工作制度的审核。针对专业工程监理，其内外监理工作制度是否能有效保证监理工作的实施。"监理工作制度"属于监理规划的内容，监理实施细则编写的依据包括监理规划，因此，本题答案为选项 B。

本章精选习题

一、单项选择题

1. 根据《建设工程监理规范》GB/T 50319—2013，不属于监理实施细则编写依据的是（　　）。

A. 已批准的监理规划　　B. 施工组织设计、专项施工方案
C. 工程外部环境调查资料　　D. 与专业工程相关的设计文件和技术资料

2. 根据《标准监理招标文件》，工程监理单位应在收到工程设计文件后编制监理规划，并在（　　）报委托人。

A. 第一次工地会议 7 天前　　B. 第一次工地会议 14 天前
C. 收到开始监理通知 7 天后　　D. 收到开始监理通知 14 天后

3. 关于监理规划报审程序的说法，正确的是（　　）。

A. 应在签订委托监理合同及收到设计文件后开始编制，在召开第一次工地会议 7 天前报送建设单位
B. 签订监理合同前编制监理规划
C. 监理规划审批应在总监理工程师签字前进行
D. 监理规划在编写完成后需要进行审核并经批准

4. 根据《建设工程监理规范》GB/T 50319—2013，监理规划应在（　　）编制。

A. 接到监理中标通知书及签订建设工程监理合同后
B. 签订建设工程监理合同及收到施工组织设计文件后
C. 接到监理投标邀请书及递交监理投标文件前
D. 签订建设工程监理合同及收到工程设计文件后

5. 下列工作制度中，属于项目监理机构内部工作制度的是（　　）。

A. 工程材料检验制度　　B. 施工备忘录签发制度

C. 工程款核查审批制度　　D. 监理教育培训制度

6. 下列监理工程师对质量控制的措施中，（　　）属于技术措施。

A. 落实质量控制责任　　B. 严格质量控制工作流程

C. 制定质量控制协调程序　　D. 协助完善质量保证体系

7. 下列属于项目监理机构对工程质量控制任务的是（　　）。

A. 复核、审查施工图预算

B. 复核工程进度款申请，签署进度款付款签证

C. 建立月完成工程量统计表

D. 检查、复核施工控制测量成果及保护措施

8. 下列工程目标控制任务中，不属于工程质量控制任务的是（　　）。

A. 审查施工组织设计及专项施工方案

B. 审查工程中使用的新技术、新工艺

C. 分析比较实际完成工程量与计划工程量

D. 复核施工控制测量成果与保护措施

9. 下列监理工程师对质量控制的措施中，属于技术措施的是（　　）。

A. 落实质量控制责任　　B. 制定质量控制协调程序

C. 严格质量控制工作流程　　D. 严格进行平行检验

10. 监理规划中建立、健全项目监理机构，完善职责分工，落实质量控制责任，属于质量控制的（　　）措施。

A. 技术　　B. 经济

C. 合同　　D. 组织

11. 下列监理工程师对质量控制的措施中，属于技术措施的是（　　）。

A. 严格事前、事中和事后的质量检查监督

B. 建立、健全项目监理机构，完善职责分工

C. 制定有关质量监督制度，落实质量控制责任

D. 按合同支付工程质量补偿金或奖金

12. 建设工程监理工作的核心是（　　）。

A. 工程质量　　B. 制定监理大纲

C. 信息处理　　D. 制定监理实施细则

13. 下列工程造价控制内容中，属于工程造价动态比较内容的有（　　）。

A. 工程造价控制计划的编制

B. 制定监理大纲

C. 工程造价偏差的纠正

D. 工程造价目标分解值与实际值的比较

二、多项选择题

1. 建设工程监理规划编写的依据包括（　　）。

A. 监理大纲

B. 监理实施细则

C. 建设工程监理合同

D. 政府发展改革部门批准的可行性研究报告

E. 建设单位的合理要求

2. 根据《建设工程监理规范》GB/T 50319—2013，属于监理规划主要内容的有（　　）。

A. 安全生产管理制度

B. 监理工作制度

C. 监理工作设施

D. 工程造价控制

E. 工程进度计划

3. 下列制度中，属于项目监理机构内部工作制度的有（　　）。

A. 施工备忘录签发制度

B. 施工组织设计审核制度

C. 工程变更处理制度

D. 监理工作日志制度

E. 监理业绩考核制度

4. 下列属于监理规划中工程质量控制经济措施及合同措施的有（　　）。

A. 达到建设单位特定质量目标要求的，按合同支付工程质量补偿金或奖金

B. 建立、健全项目监理机构

C. 协助完善质量保证体系

D. 严格事前、事中和事后的质量检查监督

E. 严格质量检查和验收，不符合合同规定质量要求的，拒付工程款

5. 根据《建设工程监理规范》GB/T 50319—2013，下列监理工作文件中，需要工程监理单位技术负责人审批签字后报送建设单位的有（　　）。

A. 监理规划

B. 旁站方案

C. 第一次工地会议纪要

D. 工程质量评估报告

E. 工程暂停令

6. 监理实施细则编写依据包括（　　）。

A. 已批准的建设工程监理规划

B. 施工方案

C. 与专业工程相关的标准、设计文件和技术资料

D. 监理大纲

E. 施工组织设计

7. 根据《建设工程监理规范》GB/T 50319—2013，监理实施细则应包含的内容有（　　）。

A. 监理组织形式

B. 监理工程流程

C. 监理工作方法

D. 监理工作要点

E. 专业工程特点

8. 下列有关建设工程监理工作文件的表述正确的是（　　）。

A. 监理规划由监理单位技术负责人主持编写

B. 监理实施细则应满足“内容全面、针对性强、可操作性强”的要求

C. 监理实施细则由专业监理工程师编写，经总监理工程师批准后实施

D. 所有工程项目均需要编制监理实施细则

E. 监理实施细则应该包括的主要内容之一是：监理工作流程

9. 根据《建设工程监理规范》GB/T 50319—2013，监理规划可在（　　）后开始编制。

A. 签订建设工程监理合同

B. 签订建设工程监理合同和施工合同

C. 收到工程设计文件

D. 图纸会审和设计交底会议

E. 第一次工地会议

10. 专业监理工程师应从专业工程的（　　）等方面有针对性地阐述监理实施细则中的“专业工程特点”。

A. 工程量的数量　　B. 施工队伍的能力

C. 施工起止时间　　D. 施工工艺和施工工序

E. 施工重点和难点

11. 为控制建设工程施工质量，项目监理机构应进行的工作有（　　）。

A. 处置工程质量缺陷　　B. 处理工程质量事故

C. 验收隐蔽工程　　D. 编制工程竣工图

E. 控制施工工艺过程质量

习题答案及解析

一、单项选择题

1. **【答案】** C

【解析】 监理实施细则编写的依据：①已批准的建设工程监理规划；②与专业工程相关的标准、设计文件和技术资料；③施工组织设计、（专项）施工方案。

2. **【答案】** A

【解析】 监理规划应在签订建设工程监理合同及收到工程设计文件后由总监理工程师组织编制，并应在召开第一次工地会议 7 天前报建设单位。

3. **【答案】** A

【解析】 监理规划应在签订建设工程监理合同及收到工程设计文件后由总监理工程师组织编制，并应在召开第一次工地会议 7 天前报建设单位，故选项 A 正确，选项 B 错

误。总监理工程师签字后由工程监理单位技术负责人审批，故选项C错误。

4.【答案】D

【解析】监理规划应在签订建设工程监理合同及收到工程设计文件后由总监理工程师组织编制，并应在召开第一次工地会议7天前报建设单位。监理规划报送前还应由监理单位技术负责人审核签字。

5.【答案】D

【解析】项目监理机构内部工作制度：①项目监理机构工作会议制度，包括监理交底会议，监理例会、监理专题会，监理工作会议等；②项目监理机构人员岗位职责制度；③对外行文审批制度；④监理工作日志制度；⑤监理周报、月报制度；⑥技术、经济资料及档案管理制度；⑦监理人员教育培训制度；⑧监理人员考勤、业绩考核及奖惩制度。

6.【答案】D

【解析】选项A、B、C均属于组织措施，选项D属于技术措施。

7.【答案】D

8.【答案】C

9.【答案】D

10.【答案】D

11.【答案】A

12.【答案】A

13.【答案】D

【解析】工程造价动态比较的内容包括：①工程造价目标分解值与实际值的比较；②工程造价目标值的预测分析。

二、多项选择题

1.【答案】ACDE

【解析】监理规划编写依据：①工程建设法律法规和标准；②建设工程外部环境调查研究资料；③政府批准的工程建设文件；④建设工程监理合同文件（监理投标书、监理大纲）；⑤建设工程合同；⑥建设单位的合理要求；⑦工程实施过程中输出的有关工程信息。

2.【答案】BCD

【解析】监理规划主要内容：①工程概况；②监理工作的范围、内容、目标；③监理工作依据；④监理组织形式、人员配备及进退场计划、监理人员岗位职责；⑤监理工作制度；⑥工程质量控制，工程造价控制，工程进度控制；安全生产管理的监理工作，合同与信息管理；组织协调（三控三管一协调）；⑦监理工作设施。

3.【答案】DE

【解析】项目监理机构内部工作制度：①项目监理机构工作会议制度，包括监理交底会议，监理例会、监理专题会，监理工作会议等；②项目监理机构人员岗位职责制度；③对外行文审批制度；④监理工作日志制度；⑤监理周报、月报制度；⑥技术、经济资料及档案管理制度；⑦监理人员教育培训制度；⑧监理人员考勤、业绩考核及奖惩制度。选项A、B、C属于项目监理机构现场监理工作制度。

4. **【答案】** AE

【解析】 选项 B、C 属于组织措施，选项 D 属于技术措施。

5. **【答案】** AD

【解析】 监理规划报送前还应由监理单位技术负责人审核签字。工程竣工预验收合格后，由总监理工程师组织专业监理工程师编制工程质量评估报告，编制完成后，由项目总监理工程师及监理单位技术负责人审核签认并加盖监理单位公章后报建设单位。

6. **【答案】** ABCE

【解析】 监理实施细则编写依据：①已批准的建设工程监理规划；②与专业工程相关的标准、设计文件和技术资料；③施工组织设计、（专项）施工方案。

7. **【答案】** BCDE

【解析】 监理实施细则主要内容：①专业工程特点；②监理工作流程；③监理工作要点；④监理工作方法与措施。

8. **【答案】** BCE

【解析】 监理规划应在签订建设工程监理合同及收到工程设计文件后由总监理工程师组织编制，故选项 A 错误。对于工程规模较小、技术较为简单且有成熟管理经验和施工技术措施落实的情况下，可以不必编制监理实施细则，故选项 D 错误。

9. **【答案】** AC

【解析】 监理规划应在签订建设工程监理合同及收到工程设计文件后由总监理工程师组织编制，并应在召开第一次工地会议 7 天前报建设单位。

10. **【答案】** DE

【解析】 专业工程特点应从专业工程施工的重点和难点、施工范围和施工顺序、施工工艺、施工工序等内容进行有针对性的阐述，体现为工程施工的特殊性、技术的复杂性，与其他专业的交叉和衔接以及各种环境约束条件。

11. **【答案】** ACE

【解析】 为完成施工阶段质量控制任务，项目监理机构需要做好以下工作：控制施工工艺过程质量；验收分部分项工程和隐蔽工程；处置工程质量问题、质量缺陷；协助处理工程质量事故；审核工程竣工图，组织工程预验收；参加工程竣工验收等。

第八章　监理工作内容和主要方式

第一节　建设工程监理工作内容

考情分析：

近三年考情分析如表 8-1 所示。

近三年考情分析　　表 8-1

年份	2024 年	2023 年	2022 年
单选分值	3	4	2
多选分值	2	4	6
合计分值	5	8	8

本节主要知识点：

1. 三大目标之间的对立与统一（1 分）
2. 分析论证总目标应遵循的原则（1 分）
3. 三大目标控制措施内容和措施（2 分）
4. 签发工程暂停令的情形（1～2 分）
5. 工程信息管理
6. 第一次工地会议

知识点一　三大目标之间的对立与统一（表 8-2）（1 分）

三大目标之间的对立与统一　　表 8-2

关系	具体表现
对立关系	在通常情况下，如果对工程质量有较高的要求，就需要投入较多的资金和花费较长的建设时间
	如果要抢时间、争进度，以极短的时间完成建设工程，势必会增加投资或者使工程质量下降
	如果要减少投资、节约费用，势必会考虑降低工程项目的功能要求和质量标准
统一关系	在通常情况下，适当增加投资数量，为采取加快进度的措施提供经济条件，即可加快工程建设进度，缩短工期，使工程项目尽早动用，投资尽早收回，建设工程全寿命期经济效益得到提高
	适当提高建设工程功能要求和质量标准，虽然会造成一次性投资的增加和建设工期的延长，但能够节约工程项目动用后的运行费和维修费，从而获得更好的投资效益
	如果建设工程进度计划制定得既科学又合理，使工程进展具有连续性和均衡性，不但可以缩短建设工期，而且有可能获得较好的工程质量和降低工程造价

典型例题

【例题】 下列建设工程质量、造价、进度三大目标之间的相互关系中，属于对立关系的是（　　）。(2020 年真题)

A. 通过加快建设进度，尽早发挥投资效益

B. 通过增加赶工措施费，加快工程建设进度

C. 通过提高功能要求，大幅度提高投资效益

D. 通过控制工程质量，减少返工费用

【答案】 B

【解析】 选项 A 体现的是目标间的统一关系；选项 C 体现的是目标间的统一关系；选项 D 若为：通过控制工程质量，减少“施工”费用，则是目标间的对立关系。

知识点二　建设工程三大目标的确定与分解（表 8-3）

建设工程三大目标的确定与分解　　表 8-3

项目	内容
逐级分解	从不同角度将建设工程总目标分解成若干分目标、子目标及可执行目标，从而形成“自上而下层层展开、自下而上层层保证”的目标体系，为建设工程三大目标动态控制奠定基础
基本原则	①确保建设工程质量目标符合工程建设强制性标准 ②定性分析与定量分析相结合 ③不同建设工程三大目标可具有不同的优先等级

典型例题

【例题 1】 在分析论证建设工程总目标，追求建设工程质量、造价和进度三大目标间最佳匹配关系时，应确保（　　）。(2017 年真题)

A. 定性分析与定量分析相结合

B. 项目质量符合工程建设强制性标准

C. 三大目标之间密切联系且相互制约

D. 在不同建设工程中具有不同的优先等级

【答案】 B

【例题 2】 关于工程项目质量、造价、进度三大目标的说法，正确的是（　　）。(2021 年真题)

A. 项目三大目标之间是对立关系

B. 项目三大目标控制的重点是纠正偏差

C. 不同工程项目的三大目标可具有不同的优先等级

D. “自上而下层层保证”是项目三大目标控制的基础

【答案】 C

【解析】 建设工程三大目标之间的关系包含了对立关系、统一关系，故选项 A 错误。不同建设工程三大目标可具有不同的优先等级，选项 C 正确。需要从不同角度将建设工程总目标分解成若干分目标、子目标及可执行目标，从而形成“自上而下层层展开、自下而

上层层保证”的目标体系，为建设工程三大目标动态控制奠定基础，故选项D错误。

【例题3】 关于建设工程质量、造价、进度三大目标的说法，正确的是（　　）。(2022年真题)

A. 建设工程三大目标应以施工技术要求为重点进行论证

B. 分析论证建设工程三大目标通常采用定性分析方法

C. 不同工程的质量、造价、进度三大目标的优先等级应相同

D. 建设工程三大目标应在“质量优、投资少、工期短”之间寻求最佳匹配

【答案】 D

【解析】 选项A错误，确定建设工程总目标，需要根据建设工程投资方及利益相关者需求，并结合建设工程本身及所处环境特点进行综合论证。选项B错误，在建设工程目标系统中，质量目标通常采用定性分析方法，而造价、进度目标可采用定量分析方法。选项C错误，不同建设工程三大目标可具有不同的优先等级。选项D正确，建设工程三大目标之间密切联系、相互制约，需要应用多目标决策、多级递阶、动态规划等理论统筹考虑、分析论证，努力在“质量优、投资省、工期短”之间寻求最佳匹配。

【例题4】 分析论证建设工程项目总目标时，为追求建设工程质量、造价和进度三大目标的最佳匹配，应确保建设工程（　　）。(2023年真题)

A. 质量、造价、进度三大目标同时达到最优

B. 质量目标必须符合工程建设强制性标准

C. 造价目标以定性分析和定量分析相结合的方法进行论证

D. 进度目标的优先等级排在质量目标、造价目标之后

【答案】 B

知识点三 建设工程三大目标控制的任务和措施（表8-4）(3～4分)

建设工程三大目标控制的任务和措施　　表8-4

质量控制任务	协助建设单位做好施工现场准备工作，为施工单位提交合格的施工现场；审查确认施工总包单位及分包单位资格；检查工程材料、构配件、设备质量；审查施工组织设计和施工方案；验收分部分项工程和隐蔽工程；处置工程质量问题、质量缺陷；协助处理工程质量事故；审核工程竣工图，组织工程**预**验收；参加工程竣工验收等
造价控制任务	协助建设单位制定施工阶段资金使用计划，严格进行工程计量和付款控制；建立月完成工程量统计表，对实际完成量与计划完成量进行比较分析。严格控制工程变更，力求减少工程变更费用；研究确定预防费用索赔的措施；及时处理施工索赔，并协助建设单位进行反索赔；协助建设单位按期提交合格的施工现场，保质、保量、适时、适地提供由建设单位负责提供的工程材料和设备；审核施工单位提交的工程结算文件等
进度控制任务	完善建设工程控制性进度计划；审查施工单位提交的施工进度计划；协助建设单位编制和实施由建设单位负责供应的材料和设备供应进度计划；组织进度协调会议，协调有关各方关系；跟踪检查实际施工进度；研究制定预防工期索赔的措施，做好工程延期审批工作等

典型例题

【例题1】 项目监理机构在建设工程施工阶段质量控制的任务有（　　）。(2020年真题)

A. 做好施工现场准备工作　　B. 检查施工机械和机具质量

C. 处置工程质量缺陷　　D. 控制施工过程质量

E. 处理工程质量事故

【答案】 BCD

【例题 2】 项目监理机构施工进度控制的主要工作任务有（　　）。（2021 年真题）

A. 完善建设工程控制性进度计划

B. 审查施工单位提交的进度计划

C. 编制材料和设备供应进度计划

D. 组织进度协调会议

E. 研究制定预防工期索赔的措施

【答案】 ABDE

【例题 3】 项目监理机构在施工阶段造价控制的工作任务有（　　）。（2022 年真题）

A. 协助建设单位编制资金使用计划

B. 进行工程计量和付款控制

C. 确定预防费用索赔的措施

D. 协助编制最高投标限价

E. 按时返还质量保证金

【答案】 ABC

【例题 4】 项目监理机构在施工阶段进度控制的任务有（　　）。（2017 年真题）

A. 完善建设工程控制性进度计划

B. 审查施工单位专项施工方案

C. 审查施工单位工程变更申请

D. 制定预防工期索赔措施

E. 组织召开进度协调会

【答案】 ADE

【解析】 选项 B 是质量控制任务，选项 C 是造价控制任务。

【例题 5】 下列建设工程目标控制工作内容中，属于进度控制工作的是（　　）。（2024 年真题）

A. 审查施工方案

B. 控制施工工艺过程

C. 审核工程结算文件

D. 组织协调有关各方关系

【答案】 D

【解析】 选项 A 属于质量控制任务，选项 B 属于质量控制任务，选项 C 属于造价控制任务。

知识点四　建设工程三大目标控制措施

1. 组织措施（建立、健全……）

组织措施是其他各类措施的前提和保障。

（1）建立、健全实施动态控制的组织机构、规章制度和人员。

（2）明确各级目标控制人员的任务和职责分工。

（3）改善建设工程目标控制的工作流程。

（4）建立建设工程目标控制工作考评机制，加强各单位（部门）之间的沟通协作。

（5）加强动态控制过程中的激励措施。

2. 技术措施（比较、控制）

（1）需要对各种技术数据进行审核、比较，需要对施工组织设计、施工方案等进行审查、论证，使施工组织合理化。

（2）需要采用工程网络计划技术、信息化技术等实施动态控制。

3. 经济措施（资金、奖励）

（1）审核工程量、工程款支付申请及工程结算报告，需要编制和实施资金使用计划，对工程变更方案进行技术经济分析等。

（2）通过投资偏差分析和未完工程投资预测，可发现一些可能引起未完工程投资增加的潜在问题，从而便于以主动控制为出发点，采取有效措施加以预防。

4. 合同措施

合同管理是控制建设工程目标的重要措施。

通过选择合理的承发包模式和合同计价方式，选定满意的施工单位及材料设备供应单位，拟订完善的合同条款，并动态跟踪合同执行情况及处理好工程索赔等。

典型例题

【例题 1】建设工程质量、造价、进度三大目标控制措施中，属于组织措施的是（　　）。（2022 年真题）

A. 改善建设工程目标控制的工作流程

B. 审查论证施工方案中的工艺流程

C. 通过计算实际工程量进行造价偏差分析

D. 协助业主确定工程发承包模式

【答案】A

【解析】选项 B 属于技术措施，选项 C 属于经济措施，选项 D 属于合同措施。

【例题 2】下列目标控制措施中，属于经济措施的有（　　）。（2018 年真题）

A. 建立动态控制过程中的激励措施

B. 审核工程量及工程结算报告

C. 对工程变更方案进行技术经济分析

D. 选择合理的承发包模式和合同计价方式

E. 进行投资偏差分析和未完工程投资预测

【答案】BCE

【解析】选项 A 属于组织措施，选项 D 属于合同措施。

【例题 3】在下列内容中，属于建设工程三大目标控制中经济措施的是（　　）。

A. 对工程变更方案进行技术经济分析

B. 审查施工单位的施工组织设计

C. 预测未完工程投资

D. 改善建设工程目标控制的工作流程

E. 编制和实施资金使用计划

【答案】ACE

【解析】选项 B 属于技术措施，选项 D 属于组织措施。

知识点五　签发工程暂停令的情形（1～2 分）

具体内容如表 8-5 所示。

签发工程暂停令与监理通知单的情形　　表 8-5

暂停令(总监理工程师签发)	监理通知单(总监理工程师或专业监理工程师签发)
建设单位要求暂停施工且工程需要暂停施工的	施工不符合设计要求、工程建设标准、合同约定
擅自施工或拒绝监理管理的	使用不合格的工程材料、构配件和设备
未按审查通过的设计文件施工的	施工存在质量问题或采用不当的施工工艺,或施工不当造成工程质量不合格
施工单位违反建设强制性标准的	实际进度严重滞后于计划进度且影响合同工期
存在重大质量、安全事故隐患或发生质量、安全事故的	存在安全事故隐患
	未按专项施工方案施工
	质量、造价、进度等存在违规行为

总监理工程师在签发工程暂停令时，可根据停工原因的影响范围和影响程度，确定停工范围。

总监签发工程暂停令，应事先征得建设单位同意，在紧急情况下未能事先报告时，应在事后及时向建设单位做出书面报告。

1. 复工审批或指令

当暂停施工原因消失，具备复工条件时，施工单位提出复工申请的，项目监理机构应审查施工单位报送的工程复工报审表及有关材料，符合要求后，总监理工程师应及时签署审查意见，并应报建设单位批准后签发工程复工令；施工单位未提出复工申请的，总监理工程师应根据工程实际情况指令施工单位恢复施工。

典型例题

【例题 1】根据《建设工程监理规范》GB/T 50319—2013，总监理工程师应及时签发工程暂停令的情形有（　　）。(2023 年真题)

A. 建设单位未按合同约定支付施工单位工程款的

B. 建设单位要求暂停施工且工程需要暂停施工的

C. 施工单位拒绝项目监理机构管理的

D. 施工单位未按审查通过的工程设计文件施工的

E. 施工单位未按施工方案施工的

【答案】BCD

【例题 2】根据《建设工程监理规范》GB/T 50319—2013，总监理工程师应及时签发工程暂停令的情形是（　　）。(2021 年真题)

A. 施工单位采用的施工工艺不当造成工程质量问题的

B. 施工单位未按审查通过的工程设计文件施工的

C. 施工单位施工中存在安全事故隐患的

D. 施工单位未按施工方案施工大幅增加工程费用的

【答案】B

【例题 3】根据《建设工程监理规范》GB/T 50319—2013，总监理工程师应及时签发

工程暂停令的情形有（　　）。（2020 年真题）

A. 施工单位未按施工组织设计施工的

B. 施工单位违反工程建设强制性标准的

C. 施工单位要求暂停施工的

D. 施工单位对进场材料未及时报验的

E. 工程施工存在重大质量事故隐患的

【答案】 BE

【例题 4】 根据《建设工程监理规范》GB/T 50319—2013，项目监理机构应签发监理通知单的情形有（　　）。（2021 年真题）

A. 施工中使用不合格的工程材料和设备的

B. 实际进度严重滞后于进度计划且影响合同工期的

C. 未按专业施工方案施工或采用不适当施工工艺的

D. 施工存在重大安全事故隐患或发生安全事故的

E. 施工存在重大质量事故隐患或发生质量事故的

【答案】 ABC

【解析】 选项 D、E 属于总监理工程师应及时签发工程暂停令的情形。

【例题 5】 工程暂停施工原因消失，具备复工条件时，关于复工审批或指令的说法，正确的是（　　）。（2016 年真题）

A. 施工单位提出复工申请的，专业监理工程师应签发工程复工令

B. 施工单位提出复工申请的，建设单位应及时签发工程复工令

C. 施工单位未提出复工申请的，总监理工程师可指令施工单位恢复施工

D. 施工单位未提出复工申请的，建设单位应及时指令施工单位恢复施工

【答案】 C

【解析】 质量事故处理完毕后，具备工程复工条件时，施工单位提出复工申请，项目监理机构应审查施工单位报送的工程复工报审表及有关资料，符合要求后，总监理工程师签署审核意见，并应报建设单位批准后签发工程复工令；施工单位未提出复工申请的，总监理工程师应根据工程实际情况指令施工单位恢复施工。

【例题 6】 项目监理机构巡视检查危险性较大的分部分项工程专项施工方案实施情况时，发现未按专项施工方案实施的，正确的处理方式是（　　）。（2023 年真题）

A. 签发工程暂停令，要求施工单位按专项施工方案实施

B. 签发工程暂停令，要求施工单位及时修改专项施工方案

C. 签发监理通知单，要求施工单位及时修改专项施工方案

D. 签发监理通知单，要求施工单位按专项施工方案实施

【答案】 D

2. 工程变更处理

1）施工单位提出的工程变更处理程序

（1）总监理工程师组织专业监理工程师审查施工单位提出的工程变更申请，提出审查意见。对涉及工程设计文件修改的工程变更，应由建设单位转交原设计单位修改工程设计文件。必要时，项目监理机构应建议建设单位组织设计、施工等单位召开论证工程设计文

件的修改方案的专题会议。

（2）总监理工程师组织专业监理工程师对工程变更费用及工期影响做出评估。

（3）总监理工程师组织建设单位、施工单位等共同协商确定工程变更费用及工期变化，会签工程变更单。

（4）项目监理机构根据批准的工程变更文件监督施工单位实施工程变更。

2）建设单位要求的工程变更处理职责

项目监理机构可对建设单位要求的工程变更提出评估意见，并应督促施工单位按会签后的工程变更单组织施工。

【例题7】对于施工单位提出涉及工程设计文件修改的工程变更，必要时应召开工程设计文件修改方案的专题论证会议，该会议的正确组织方式是（　　）。（2017年真题）

A. 由设计单位组织，建设、施工和监理单位参加

B. 由建设单位组织，设计、施工和监理单位参加

C. 由施工单位组织，建设、设计和监理单位参加

D. 由监理单位组织，建设、设计和施工单位参加

【答案】B

3. 工程索赔处理

工程索赔包括费用索赔和工程延期申请。项目监理机构应及时收集、整理有关工程费用、施工进度的原始资料，为处理工程索赔提供证据。

项目监理机构应以法律法规、勘察设计文件、施工合同文件、工程建设标准、索赔事件的证据等为依据处理工程索赔。

【例题8】根据《建设工程监理规范》GB/T 50319—2013，项目监理机构处理施工单位费用索赔的主要依据有（　　）。（2022年真题）

A. 勘察设计文件　　B. 施工合同文件

C. 监理合同文件　　D. 监理规划

E. 索赔事件的证据

【答案】ABE

【解析】项目监理机构应以法律法规、勘察设计文件、施工合同文件、工程建设标准、索赔事件的证据等为依据处理工程索赔。

【例题9】项目监理机构处理工程索赔的主要依据有（　　）。（2023年真题）

A. 勘察设计文件　　B. 施工合同文件

C. 施工分包合同　　D. 工程建设标准

E. 索赔事件证据

【答案】ABDE

知识点六　信息管理

建设工程信息管理是指对建设工程信息的收集、加工、整理、分发、检索、存储等一系列工作的总称。

建设工程信息管理贯穿工程建设全过程，其基本环节包括：信息的收集、加工、整

理、分发、检索和存储。

工程监理人员对于数据和信息的加工要从鉴别开始。

科学的信息加工和整理，需要基于业务流程图和数据流程图，结合建设工程监理与相关服务业务工作绘制业务流程图和数据流程图，不仅是建设工程信息加工和整理的重要基础，而且是优化建设工程监理与相关服务业务处理过程，规范建设工程监理与相关服务行为的重要手段。

（1）业务流程图：

业务流程图是以图示形式表示业务处理过程。通过绘制业务流程图，可以发现业务流程的问题或不完善之处，进而可以优化业务处理过程。

（2）数据流程图：

数据流程图是根据业务流程图，将数据流程以图示形式表示出来。数据流程图的绘制应自上而下地层层细化。

典型例题

【例题 1】为了进行科学的信息加工和整理，工程监理人员需要结合工程监理与相关服务工作绘制的流程图有（　　）。（2020 年真题）

A. 业务流程图　　B. 组织流程图

C. 资源流程图　　D. 工艺流程图

E. 数据流程图

【答案】AE

【例题 2】建设工程信息管理中，关于数据流程图的说法，正确的是（　　）。（2024 年真题）

A. 绘制数据流程图应自上而下层层细化

B. 数据流程图应根据施工进度计划绘制

C. 通过绘制数据流程图可发现监理业务流程中存在的问题

D. 数据流程图是以图示形式表达监理业务的处理过程

【答案】A

知识点七　第一次工地会议

如表 8-6 所示。

第一次工地会议　　**表 8-6**

协调的方法	具体内容
作用	参建方对各自人员及分工、开工准备、监理例会的要求等情况进行沟通和协调的会议，也是检查开工前各项准备工作是否就绪并明确监理程序的会议
时间	应在总监下达开工令之前举行
主持	由建设单位主持召开
参加	监理单位、总承包单位授权代表参加，也可邀请分包单位代表参加，必要时可邀请有关设计单位人员参加

续表

协调的方法	具体内容
会议纪要	项目监理机构整理会议纪要，与会各方会签
总监介绍的内容	总监理工程师应介绍监理工作的目标、范围和内容、项目监理机构及人员职责分工、监理工作程序、方法和措施等

典型例题

【例题 1】 关于第一次工地会议的说法，正确的是（　　）。（2018 年真题）

A. 第一次工地会议应由总监理工程师组织召开

B. 第一次工地会议应在总监理工程师下达开工令后召开

C. 第一次工地会议的会议纪要由建设单位负责整理

D. 第一次工地会议总监理工程师应介绍监理规划等相关内容

【答案】 D

【解析】 工程开工前，监理人员应参加由建设单位主持召开的第一次工地会议，会议纪要由项目监理机构负责整理，与会各方代表会签，故选项 A、B、C 错误。第一次工地会议的内容包括建设单位代表和总监理工程师对施工准备情况提出意见和要求、总监理工程师介绍监理规划的主要内容等，故选项 D 正确。

【例题 2】 根据《建设工程监理规范》GB/T 50319—2013，总监理工程师在第一次工地会议上应介绍的内容有（　　）。（2022 年真题）

A. 附加监理工作内容　　B. 监理工作目标

C. 监理人员职责分工　　D. 监理工作程序

E. 监理工作制度

【答案】 ABCD

【解析】 第一次工地会议上，总监理工程师应介绍监理工作的目标、范围和内容、项目监理机构及人员职责分工、监理工作程序、方法和措施等。

知识点八　安全生产管理

一、施工单位安全生产管理体系的审查

1. 审查施工单位的管理制度、人员资格及验收手续

项目监理机构应审查施工单位现场安全生产规章制度的建立和实施情况；审查施工单位安全生产许可证的符合性和有效性；审查施工单位项目经理、专职安全生产管理人员和特种作业人员的资格；核查施工机械和设施的安全许可验收手续。

施工单位在使用施工起重机械和整体提升脚手架、模板等自升式架设设施前，应当组织有关单位进行验收，也可以委托具有相应资质的检验检测机构进行验收；使用承租的机械设备和施工机具及配件的，由施工总承包单位、分包单位、出租单位和安装单位共同进行验收，验收合格的方可使用。

2. 审查专项施工方案

项目监理机构应审查施工单位报审的专项施工方案，符合要求的，应由总监理工程师

签认后报建设单位。超过一定规模的危险性较大的分部分项工程的专项施工方案，应检查施工单位组织专家进行论证、审查的情况，以及是否附具安全验算结果专项施工方案审查的基本内容包括：

（1）专项施工方案由施工项目经理组织编制，经施工单位技术负责人签字后，才能报送项目监理机构审查。

（2）安全技术措施应符合工程建设强制性标准。

二、专项施工方案的监督实施及安全事故隐患的处理

1. 专项施工方案的监督实施

项目监理机构应要求施工单位按已批准的专项施工方案组织施工。专项施工方案需要调整时，施工单位应按程序重新提交项目监理机构审查。

项目监理机构应巡视检查危险性较大的分部分项工程专项施工方案实施情况。发现未按专项施工方案实施时，应签发监理通知单，要求施工单位按专项施工方案实施。

2. 安全事故隐患的处理

项目监理机构在实施监理过程中，发现工程存在安全事故隐患时，应签发监理通知单，要求施工单位整改；情况严重时，应签发工程暂停令，并应及时报告建设单位。施工单位拒不整改或不停止施工时，项目监理机构应及时向有关主管部门报送监理报告。紧急情况下，项目监理机构可通过电话、传真或者电子邮件向有关主管部门报告，事后应形成监理报告。

【例题】质量监督机构对施工单位报送的专项施工方案进行审查的内容有（　　）。（2024 年真题）

A. 是否有施工项目技术负责人签字

B. 是否有施工单位技术负责人签字

C. 是否有分包单位项目经理签字

D. 安全技术措施是否符合工程建设强制性标准

E. 主要施工过程是否组织为流水施工

【答案】BD

第二节　建设工程监理主要方式

考情分析：

近三年考情分析如表 8-7 所示。

近三年考情分析　　**表 8-7**

年份	2024 年	2023 年	2022 年
单选分值	1	2	2
多选分值	0	0	0
合计分值	1	2	2

本节主要知识点：

1. 巡视工作内容和职责

2. 平行检验的要求
3. 旁站作用和工作内容
4. 见证取样要求及程序

知识点一 巡视

如表 8-8 所示。

巡视 表 8-8

巡视的定义	巡视是指项目监理机构监理人员对施工现场进行定期或不定期的检查活动
巡视的内容	监理规划中应包括巡视工作的方案、计划、制度等内容； 监理实施细则中明确巡视要点、巡视频率和措施、巡视检查记录表
巡视的要求	①巡视检查内容以现场施工质量、生产安全事故隐患为主 ②总监对现场监理人员进行交底，明确巡视检查要点、巡视频率和采取措施及采用的巡视检查记录表 ③总监应合理安排监理人员进行巡视检查工作 ④总监应检查监理人员巡视的工作成果等

典型例题

【例题 1】工程监理人员在施工现场巡视时，应主要关注（　　）。(2020 年真题)

A. 施工人员履职情况　　B. 施工质量和施工进度

C. 施工进度和安全生产　　D. 施工质量和安全生产

【答案】D

【解析】巡视检查内容以现场施工质量、生产安全事故隐患为主，且不限于工程质量、安全生产方面的内容。

【例题 2】关于监理工作中巡视的说法，正确的是（　　）。(2022 年真题)

A. 巡视检查记录是分部工程验收的主要依据之一

B. 在监理实施细则中应明确巡视要点、巡视频率和措施

C. 巡视是监理人员针对现场施工进度情况进行的检查工作

D. 监理人员在巡视检查时应重点关注工程材料用量是否合理

【答案】B

【解析】项目监理机构应在监理规划的相关章节中编制体现巡视工作的方案、计划、制度等的相关内容，以及在监理实施细则中明确巡视要点、巡视频率和措施，并明确巡视检查记录表。

【例题 3】关于项目监理机构巡视的说法，正确的有（　　）。(2015 年真题)

A. 总监理工程师应根据施工组织设计对监理人员进行巡视交底

B. 总监理工程师进行巡视交底时应明确巡视检查要点、巡视频率

C. 总监理工程师进行巡视交底时应对采用巡视检查记录表提出明确要求

D. 总监理工程师应检查监理人员的巡视工作成果

E. 监理人员的巡视检查应主要关注施工质量和安全生产

【答案】BCDE

【例题 4】 项目监理机构对现场监理人员进行巡视交底的依据是（　　）。（2023 年真题）

A. 经审核批准的监理规划和监理实施细则

B. 经图纸会审和设计交底后的设计文件

C. 经审核签认的施工组织设计和专项施工方案

D. 经审核批准的监理实施细则和专项施工方案

【答案】 A

【例题 5】 项目监理机构巡视检查危险性较大的分部分项工程专项施工方案实施情况时，发现未按专项施工方案实施的，正确的处理方式是（　　）。（2023 年真题）

A. 签发工程暂停令，要求施工单位按专项施工方案实施

B. 签发工程暂停令，要求施工单位及时修改专项施工方案

C. 签发监理通知单，要求施工单位及时修改专项施工方案

D. 签发监理通知单，要求施工单位按专项施工方案实施

【答案】 D

知识点二 平行检验要点

平行检验是项目监理机构在施工单位自检的同时，按照有关规定、建设工程监理合同约定对同一检验项目进行的检测试验活动。

（1）平行检验的内容：工程实体量测（检查、试验、检测）和材料检验等内容。

（2）在见证取样或施工单位委托检验的基础上进行“平行检验”，以使检验、检测结论更加真实、可靠。

（3）平行检验的方法：量测、检测、试验等。

（4）检验批、分项工程、分部工程、单位工程等的验收记录由施工单位填写，验收结论由监理（建设）单位填写。

（5）平行检验的资料是竣工验收资料的重要组成部分。

（6）平行检验是工程质量预验收和工程竣工验收的重要依据之一。

（7）平行检验是项目监理机构在施工阶段质量控制的重要工作之一。

典型例题

【例题 1】 根据《建设工程监理规范》GB/T 50319—2013，项目监理机构在施工单位自检的同时，按有关规定、建设工程监理合同约定对同一检验项目进行的检测试验活动称为（　　）。（2021 年真题）

A. 见证检验　　　　B. 跟踪检验

C. 平行检验　　　　D. 重新检验

【答案】 C

【解析】 平行检验是项目监理机构在施工单位自检的同时，按照有关规定、建设工程监理合同约定对同一检验项目进行的检测试验活动。

【例题 2】 关于平行检验的说法，正确的是（　　）。（2015 年真题）

A. 平行检验是项目监理机构控制施工质量的工作之一

B. 平行检验是指对工程实体的量测检验

C. 平行检验人员应根据施工单位自检情况填写检验结论

D. 平行检验是指项目监理机构对施工单位自检结论的核验

【答案】 A

【解析】 平行检验的内容包括工程实体量测（检查、试验、检测）和材料检验等内容，故选项 B 错误。监理人员不应只根据施工单位自己的检查、验收情况填写验收结论，而应该在施工单位检查、验收的基础之上进行“平行检验”，这样的质量验收结论才更具有说服力，故选项 C 错误。平行检验是项目监理机构在施工单位自检的同时按照有关规定、建设工程监理合同约定对同一检验项目进行的检测试验活动，故选项 D 错误。

【例题 3】 关于监理工作中平行检验的说法，正确的是（　　）。（2022 年真题）

A. 平行检验是项目监理机构对施工单位的自检结果有疑问时进行复检工作

B. 平行检验是依据监理合同对施工进度和分部工程质量进行的检查工作

C. 平行检验是项目监理机构在施工阶段控制工程质量、造价、进度的重要措施

D. 平行检验的结果是工作质量预验收和工程竣工验收的重要依据之一

【答案】 D

【解析】 平行检验是项目监理机构在施工单位自检的同时，按照有关规定、建设工程监理合同约定对同一检验项目进行的检测试验活动，故选项 A、B 错误。平行检验是项目监理机构在施工阶段质量控制的重要工作之一，也是工程质量预验收和工程竣工验收的重要依据之一，故选项 C 错误，选项 D 正确。

【例题 4】 对于实施监理的工程，施工现场质量管理检查记录和验收结论的填写单位分别是（　　）。（2024 年真题）

A. 施工单位和监理单位　　B. 施工单位和质量监督机构

C. 监理单位和建设单位　　D. 监理单位和质量监督机构

【答案】 A

【解析】《建筑工程施工质量验收统一标准》GB 50300—2013 规定，施工现场质量管理检查记录、检验批、分项工程、分部（子分部）工程、单位（子单位）工程等的验收记录（检查评定结果）由施工单位填写，验收结论由监理（建设）单位填写。

知识点三　旁站

旁站是指项目监理机构对工程的关键部位或关键工序的施工质量进行的监督活动。

旁站是建设工程监理工作中用以监督工程质量的手段，可以起到及时发现问题、第一时间采取措施、防止偷工减料、确保施工工艺和工序按施工方案进行、避免其他干扰正常施工的因素发生等作用。

旁站应在总监理工程师的指导下，由现场监理人员负责具体实施。在旁站实施前，项目监理机构应根据旁站方案和相关的施工验收规范，对旁站人员进行技术交底。

监理人员实施旁站时，发现施工单位有违反工程建设强制性标准行为的，有权责令施工单位立即整改；发现其施工活动已经或者可能危及工程质量的，应当及时向监理工程师或者总监理工程师报告，由总监理工程师下达局部暂停施工指令或者采取其他应急措施。

旁站记录是监理工程师或者总监理工程师依法行使有关签字权的重要依据。对于需要

旁站的关键部位、关键工序施工，凡没有实施旁站或者没有旁站记录的，专业监理工程师或者总监理工程师不得在相应文件上签字。

在工程竣工验收后，工程监理单位应当将旁站记录存档备查。

凡旁站监理人员未在旁站记录上签字的，不得进行下一道工序施工。

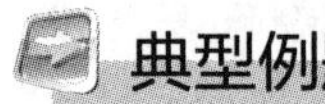

典型例题

【例题 1】根据《建设工程监理规范》GB/T 50319—2013，旁站是指项目监理机构对施工现场（　　）进行的监督活动。（2018 年真题）

A. 危险性较大的分部工程施工质量　　B. 危险性较大的分部工程施工安全

C. 关键部位或关键工序施工质量　　D. 关键部位或关键工序施工安全

【答案】C

【解析】旁站是指项目监理机构对工程的关键部位或关键工序的施工质量进行的监督活动。

【例题 2】监理人员实施旁站时，发现施工活动危及工程质量的，应当采取的措施是（　　）。（2015 年真题）

A. 责令施工单位立即整改　　B. 及时向总监理工程师报告

C. 责令暂停施工　　D. 召开紧急会议

【答案】B

【解析】监理人员实施旁站时，发现施工单位有违反工程建设强制性标准行为的，有权责令施工单位立即整改；发现其施工活动已经或者可能危及工程质量的，应当及时向监理工程师或者总监理工程师报告，由总监理工程师下达局部暂停施工指令或者采取其他应急措施。

【例题 3】关于旁站的说法，错误的是（　　）。（2016 年真题）

A. 旁站记录是监理工程师依法行使有关签字权的重要依据

B. 旁站是建设工程监理工作中用以监理工程目标实现的重要手段

C. 旁站应在总监理工程师的指导下由现场监理人员负责具体实施

D. 工程竣工验收后，工程监理单位应当将旁站记录存档备查

【答案】B

【解析】旁站是建设工程监理工作中用以监督工程质量的手段，可以起到及时发现问题、第一时间采取措施、防止偷工减料、确保施工工艺和工序按施工方案进行、避免其他干扰正常施工的因素发生等作用，故选项 B 错误。

知识点四　见证取样

如表 8-9 所示。

见证取样　　**表 8-9**

项目	具体规定
定义	项目监理机构对施工单位进行的涉及结构安全的试块、试件及工程材料现场取样、封样、送检工作的监督活动

续表

项目	具体规定
见证	在建设单位或监理单位人员见证下，由施工人员在现场取样，送至试验室进行试验
见证取样要求	①见证取样涉及三方行为：施工方，见证方，试验方 ②计量认证分为两级实施，国家级和省级，实施的效力完全一致 ③见证人员必须取得《见证员证书》，且通过建设单位授权
试验报告	检测单位应在检验报告上加盖有“见证取样送检”印章。发生试样不合格情况，应在24小时内上报质监站，并建立不合格项目台账
检验报告的要求	①应用电脑打印 ②应采用统一用表 ③个人签名要手签 ④应盖有统一格式的“见证检验”专用章 ⑤要注明检验人姓名
见证取样实施细则	总监理工程师应督促专业监理工程师制定见证取样实施细则
	实施细则中应包括材料进场报验、见证取样送检的范围、工作程序、见证人员和取样人员的职责、取样方法等内容

典型例题

【例题1】关于见证取样的说法，正确的是（　　）。(2017年真题)

A. 项目监理机构应制定见证取样送检工作制度

B. 计量认证分为国家级、省级和市级，实施的效力完全一致

C. 见证取样涉及建设方、施工方、监理方和检测方四方行为主体

D. 检测单位需见证施工单位和项目管理机构的现场试样抽取

【答案】A

【解析】计量认证分为两级实施：国家级和省级，实施的效力完全一致，故选项B错误。见证取样涉及三方行为：施工方、见证方、试验方，故选项C错误。在建设工程质量检测中实行见证取样和送检制度，即在建设单位或监理单位人员见证下，由施工人员在现场取样，送至试验室进行试验，故选项D错误。

【例题2】见证取样的检验报告应满足的基本要求有（　　）。(2017年真题)

A. 试验报告应手工书写

B. 试验报告采用统一用表

C. 试验报告签名一定要手签

D. 注明取样人的姓名

E. 应有“见证检验专用章”

【答案】BCE

【例题3】（　　）是指项目监理机构对施工单位进行的涉及结构安全的试块、试件及工程材料现场取样、封样、送检工作的监督活动。(2016年真题)

A. 旁站

B. 见证取样

C. 巡视

D. 平行检验

【答案】B

【解析】见证取样是指项目监理机构对施工单位进行的涉及结构安全的试块、试件及工程材料现场取样、封样、送检工作的监督活动。

【例题 4】 关于见证取样的说法，错误的是（　　）。(2016 年真题)

A. 见证取样涉及的三方是指施工方、见证方和试验方

B. 计量认证分为国家级、省级和县级三个等级

C. 检测单位接受检验任务时须有送检单位的检验委托单

D. 检测单位应在检验报告上加盖“见证取样送检”印章

【答案】 B

【解析】 计量认证分为两级实施：国家级，由国家认证认可监督管理委员会组织实施；省级，实施的效力完全一致，故选项 B 错误。

【例题 5】 关于见证取样的说法，正确的是（　　）。(2021 年真题)

A. 见证取样涉及的主要参与方有材料供应方、使用方、检测方和见证方

B. 施工企业内部试验室应逐步转为外控机构，承担见证取样的职责

C. 见证人员应通过检测单位的考核和授权取得“见证员证”

D. 涉及结构安全的试件，项目监理机构应见证其现场取样、封样、送检工作

【答案】 D

【解析】 见证取样涉及三方行为：施工方、见证方、试验方，故选项 A 错误。建筑企业试验室应逐步转为企业内控机构，4 年审查 1 次，故选项 B 错误。见证人员必须取得“见证员证”，且通过建设单位授权，并在获得授权后只能承担所授权工程的见证工作，故选项 C 错误。

【例题 6】 下列有关见证取样的表述正确的是（　　）。

A. 见证取样涉及四方行为：施工方、见证方、试验方、质监方

B. 检测单位均须实施密码管理制度

C. 检测单位应在检验报告上加盖有“见证取样送检”印章，发生试样不合格情况，应在 48 小时内上报质监站

D. 试验报告签名一定要手签

E. 对第三方试验室进行检查时，需要检查计量认证书

【答案】 BDE

【解析】 见证取样涉及三方行为：施工方、见证方、试验方，故选项 A 错误。检测单位应在检验报告上加盖有“见证取样送检”印章。发生试样不合格情况，应在 24 小时内上报质监站，并建立不合格项目台账，故选项 C 错误。

【例题 7】 项目监理机构编制的见证取样实施细则应包括的内容有（　　）。(2018 年真题)

A. 见证取样方法

B. 见证取样范围

C. 见证人员职责

D. 见证工作程序

E. 见证试验方法

【答案】 ABCD

第三节　建设工程监理信息化

考情分析：

近三年考情分析如表 8-10 所示。

近三年考情分析　　表 8-10

年份	2024 年	2023 年	2022 年
单选分值	1	1	1
多选分值	2	0	0
合计分值	3	1	1

本节主要知识点：

1. 信息管理系统的基本功能
2. 建筑信息建模（BIM）技术的特点及应用范围

知识点一　信息管理系统

建设工程信息管理系统的主要作用与基本功能如表 8-11 所示。

建设工程信息管理系统的主要作用与基本功能　　表 8-11

类别	具体内容
主要作用	①存储和管理与工程项目有关的信息，并随时进行查询和更新 ②利用计算机数据处理功能，快速、准确地处理工程项目管理所需要的信息 ③利用计算机分析运算功能，快速提供高质量的决策支持信息和备选方案 ④利用计算机网络技术，实现工程参建各方、各部门之间的信息共享和协同工作 ⑤利用计算机虚拟现实技术，直观展示工程项目大量数据和信息
基本功能	①实现信息的系统管理和提供必要的决策支持 ②可以为监理工程师提供标准化、结构化的数据 ③提供预测、决策所需要的信息及分析模型 ④提供建设工程目标动态控制的分析报告 ⑤提供解决建设工程监理问题的多个备选方案

典型例题

【例题 1】利用计算机（　　），直观展示工程项目大量数据和信息。

A. 数据处理功能　　B. 分析运算功能

C. 网络技术　　D. 虚拟现实技术

【答案】D

【解析】利用计算机虚拟现实技术，直观展示工程项目大量数据和信息。

【例题 2】建设工程信息管理系统的功能有（　　）。（2015 年真题）

A. 实现监理信息的及时收集和可靠存储

B. 实现监理信息收集的标准化、结构化

C. 提供预测、决策所需要的信息及分析模型

D. 提供建设工程目标动态控制的分析报告

E. 提供解决建设工程监理问题的多个备选方案

【答案】CDE

【例题 3】建设工程信息管理系统可以为项目监理机构提供的支持是（　　）。（2018 年真题）

A. 标准化、结构化的数据
B. 预测、决策所需的信息及分析模型
C. 工程目标动态控制的分析报告
D. 工程变更的优化设计方案
E. 解决工程监理问题的备选方案
【答案】 ABCE
【例题 4】 工程监理信息系统可为工程监理单位及项目监理机构提供的内容有（　　）。（2024 年真题）
A. 标准化、结构化数据
B. 决策所需的信息及分析模型
C. 建设工程目标动态控制分析报告
D. 解决工程监理问题的多个备选
E. 工程质量评估报告
【答案】 ABCD

知识点二 建筑信息建模（BIM）

1. BIM 的特点（表 8-12）

BIM 的特点 **表 8-12**

特点	作用
可视化	可展示效果，生成报表
协调性	可以将事后协调转变为事先协调 在设计阶段可协调解决碰撞问题 在施工阶段，可通过模拟事先发现施工过程中存在的问题
模拟性	在工程施工阶段，可根据施工组织设计将 3D 模型和施工进度(4D)模拟实际施工，还可进行 5D 模拟，实现造价控制
优化性	将工程设计与投资回报分析结合起来，可以实时计算设计变化对投资回报的影响 优化后可缩短施工工期、降低工程造价
可出图形	综合管线图 综合结构留洞图 碰撞检查侦错报告和建议改进方案

2. BIM 在工程项目管理中的应用

1）应用目标
（1）可视化展示。
（2）提高工程设计和项目管理质量。
（3）控制工程造价：可提早发现问题，减少变更，大大提高对工程造价的控制力。
（4）缩短工程施工周期：更好地沟通协调与论证，合理优化施工工序。
2）应用范围
（1）建立可视化模型：应用 BIM 的基础。
（2）管线综合。
（3）4D 虚拟施工：可对工程项目的重点或难点部分进行可施工性模拟。

（4）成本核算：缺乏可靠的成本数据是造成工程造价超支的重要原因。

典型例题

【例题 1】 建筑信息建模（BIM）技术的基本特点有（　　）。（2017 年真题）

A. 协调性　　B. 模拟性

C. 经济性　　D. 优化性

E. 可出图性

【答案】 ABDE

【解析】 BIM 具有可视化、协调性、模拟性、优化性、可出图性等特点。

【例题 2】 应用建筑信息建模（BIM）技术进行工程造价控制时，需要建立（　　）模型。（2020 年真题）

A. BIM 6D　　B. BIM 5D

C. BIM 4D　　D. BIM 3D

【答案】 B

【解析】 在工程施工阶段，可根据施工组织设计将 3D 模型和施工进度（4D）相结合以模拟实际施工，从而通过确定合理的施工方案来指导实际施工；另外，还可以进行 5D 模拟，实现造价控制。

【例题 3】 应用建筑信息建模（BIM）技术模拟工程实际施工时，应建立（　　）模型。（2022 年真题）

A. BIM 3D　　B. BIM 4D

C. BIM 5D　　D. BIM 6D

【答案】 B

【例题 4】 对于工程项目而言，工程实际造价超出工程预算的原因之一是（　　）。（2017 年真题）

A. 缺乏可靠的成本数据　　B. 项目管理要求高

C. 设计图纸的标准高　　D. 设计选用新材料、新技术

【答案】 A

【解析】 缺乏可靠的成本数据是造成工程造价超支的重要原因。

【例题 5】 应用 BIM 技术事先对工程运营阶段发生火灾时人员疏散等紧急情况进行仿真分析，体现了 BIM 技术的（　　）特点。（2023 年真题）

A. 可视化　　B. 协调性

C. 优化性　　D. 模拟性

【答案】 D

【例题 6】 借助 BIM 技术，实现对重要施工工序的可视化整合，协助工程参建各方更好地沟通协调与论证，合理优化施工工序，可达到的目的是（　　）。（2024 年真题）

A. 提高工程施工质量　　B. 提高工程设计质量

C. 有效控制工程造价　　D. 缩短工程施工周期

【答案】 D

本章精选习题

一、单项选择题

1. 关于建设工程质量、进度和造价三大目标的说法，正确的是（　　）。

A. 应形成“自上而下层层展开、自下而上层层保证”的质量、进度和造价目标体系

B. 应将建设工程总目标分解，为质量、进度和造价目标动态控制奠定基础

C. 不同建设工程中的质量、进度和造价目标，应具有不同的优先等级

D. 质量、进度和造价目标之间相互制约，应使每一个目标均达到最优

2. 在建设工程目标控制措施中，（　　）是其他各类措施的前提和保障。

A. 组织措施　　B. 技术措施

C. 经济措施　　D. 合同措施

3. 建设工程监理工作中，动态跟踪项目执行情况并处理好工程索赔事宜，属于目标控制的（　　）措施。

A. 技术　　B. 组织

C. 经济　　D. 合同

4. 项目监理机构处理工程索赔事宜是建设工程目标控制重要的（　　）措施。

A. 技术　　B. 合同

C. 经济　　D. 组织

5. 为了有效控制建设工程项目目标，项目监理机构可采取的技术措施是（　　）。

A. 审查施工方案　　B. 编制资金使用计划

C. 明确人员职责分工　　D. 预测未完工程投资

6. 为完成建设工程施工阶段质量控制任务，项目监理机构应进行的工作是（　　）。

A. 主持召开施工图纸会审会议

B. 协助建设单位做好施工现场准备工作

C. 组织审查施工图设计文件

D. 协助施工单位建立施工现场质量管理体系

7. 为有效控制建设工程项目目标，项目监理机构可采取的技术措施是（　　）。

A. 协助建设单位编制资金使用计划　　B. 对工程变更方案进行技术经济分析

C. 预防并及时处理施工索赔　　D. 审查论证施工组织设计

8. 根据《建设工程监理规范》GB/T 50319—2013，施工单位在工程施工中拒绝项目监理机构管理的，项目监理机构应签发的文件是（　　）。

A. 工程暂停令　　B. 监理通知单

C. 监理工作联系单　　D. 监理报告

9. 根据《建设工程监理规范》GB/T 50319—2013，施工单位在工程施工中向项目监

理机构提出工程变更申请后，总监理工程师首先应进行的工作是（　　）。

A. 联系原设计单位修改工程设计文件

B. 组织专业监理工程师评估工程变更费用

C. 组织专业监理工程师审查工程变更申请

D. 协调建设单位、施工单位共同确定工程变更费用

10. 下列关于第一次工地会议、监理例会、专题会议的主持与参加主体的说法中，正确的是（　　）。

A. 第一次工地会议应由总监理工程师或其授权的专业监理工程师主持召开

B. 第一次工地会议应由监理单位、施工单位技术人员参加

C. 监理例会应由建设单位主持召开

D. 专题会议由总监理工程师或其授权的专业监理工程师主持或参加

11. 为履行工程监理职责，总监理工程师应根据经审核批准的（　　）对现场监理人员进行交底。

A. 监理大纲和监理实施细则　　B. 监理规划和监理实施细则

C. 监理大纲和专项施工方案　　D. 监理规划和施工组织设计

12. 根据《建设工程监理规范》GB/T 50319—2013，旁站是指项目监理机构对（　　）进行的监督活动。

A. 工程关键部位的施工质量和安全生产

B. 工程关键部位或关键工序的安全生产

C. 工程关键工序的施工质量和安全生产

D. 工程关键部位或关键工序的施工质量

13. 根据《建设工程监理规范》GB/T 50319—2013，项目监理机构应签发《工程暂停令》的情形是（　　）。

A. 施工单位未按审查通过的工程设计文件施工

B. 施工单位与建设单位发生经济纠纷

C. 总监理工程师未按时上报监理日志

D. 施工存在质量、安全事故隐患

14. 关于项目监理机构巡视工作的说法，正确的是（　　）。

A. 监理规划中应明确巡视要点和巡视措施

B. 巡视检查内容以施工质量和进度检查为主

C. 对巡视检查中发现的问题应报告总监理工程师解决

D. 总监理工程师应检查监理人员巡视的工作成果

15. 项目监理机构应用建筑信息建模（BIM）技术比较分析不同施工方案的优劣时，应建立（　　）模型。

A. BIM 2D　　B. BIM 3D

C. BIM 4D　　D. BIM 5D

二、多项选择题

1. 下列表述中，反映工程项目三大目标之间对立关系的是（　　）。

A. 加快进度虽然要增加投资但可提早发挥项目的投资效益

B. 加快进度需要增加投资且可能导致质量下降

C. 提高功能和质量标准，虽然要增加投资但可节约项目动用后的运营费

D. 提高功能和质量标准，需要增加投资且可能导致工期延长

E. 减少投资一般要降低功能和质量标准

2. 分析论证建设工程三大目标的总目标时，应遵循的基本原则包括（　　）。

A. 确保建设工程质量目标符合工程建设强制性标准

B. 三大目标之中，降低造价永远是第一位的

C. 不同建设工程三大目标可具有不同的优先等级

D. 定性分析与定量分析相结合

E. 三大目标之中，始终要强调安全的重要性

3. 项目监理机构在施工阶段造价控制的主要任务有（　　）。

A. 预防并处理费用索赔

B. 挖掘降低造价潜力

C. 控制工程付款

D. 控制工程变更费用

E. 确定造价控制目标

4. 项目监理机构在施工阶段质量控制的工作有（　　）。

A. 审查确认施工总承包单位及分包单位资格

B. 处置工程质量缺陷

C. 严格控制工程变更

D. 协助建设单位做好施工现场准备工作，为施工单位提交合格的施工现场

E. 研究确定预防费用索赔的措施

5. 下列有关巡视的表述，正确的是（　　）。

A. 在监理实施细则中应明确巡视要点、巡视频率和措施

B. 巡视是指项目监理机构监理人员对施工现场进行不定期的检查活动

C. 巡视检查内容以现场施工质量、进度为主

D. 巡视监理人员认为发现的问题自己无法解决时，应立即向安全质量监督站报告

E. 监理人员应按照监理规划及监理实施细则的要求开展巡视检查工作

6. 根据《建设工程监理规范》GB/T 50319—2013，总监理工程师应及时签发工程暂停令的情形有（　　）。

A. 施工单位未经批准擅自施工的

B. 施工单位未按审查通过的施工组织设计施工的

C. 施工单位未按审查通过的专项施工方案施工的

D. 施工单位未按审查通过的工程设计文件施工的

E. 施工存在重大质量事故隐患的

7. 项目监理机构协助建设单位进行系统外部协调时，属于系统远外层协调的有（　　）。

A. 与工程设计单位的协调　　B. 与工程所在地政府部门的协调
C. 与工程质量监督机构的协调　　D. 与施工分包单位的协调
E. 与邻近工地施工总承包单位的协调

8. 巡视是工程监理的主要方式之一，项目监理机构应在监理实施细则中明确的巡视内容有（　　）。
A. 巡视要点　　B. 巡视人员
C. 巡视频率　　D. 巡视时限
E. 巡视对象

9. 为规范实施见证取样，项目监理机构应将（　　）纳入监理实施细则。
A. 样品送检方式　　B. 见证取样工作程序
C. 取样方法　　D. 见证人员职责
E. 封样方式

习题答案及解析

一、单项选择题

1. **【答案】**B

【解析】控制建设工程三大目标，需要从不同角度将建设工程总目标分解成若干分目标、子目标及可执行目标，从而形成“自上而下层层展开、自下而上层层保证”的目标体系，为建设工程三大目标动态控制奠定基础，故选项A错误，选项B正确。不同建设工程三大目标可具有不同的优先等级，并非“应具有不同的优先等级”，故选项C错误。建设工程三大目标之间密切联系、相互制约，需要应用多目标决策、多级梯阶、动态规划等理论统筹考虑、分析论证，努力在“质量优、投资省、工期短”之间寻求最佳匹配，故选项D错误。

2. **【答案】**A

【解析】组织措施是其他各类措施的前提和保障。

3. **【答案】**D

【解析】通过选择合理的承发包模式和合同计价方式，选定满意的施工单位及材料设备供应单位，拟订完善的合同条款，并动态跟踪合同执行情况及处理好工程索赔等，是控制建设工程目标的重要合同措施。

4. **【答案】**B

【解析】通过选择合理的承发包模式和合同计价方式，选定满意的施工单位及材料设备供应单位，拟订完善的合同条款，并动态跟踪合同执行情况及处理好工程索赔等，是控制建设工程目标的重要合同措施。

5. **【答案】**A

【解析】选项B属于经济措施；选项C属于组织措施；选项D属于经济措施。

6. **【答案】**B

【解析】 选项A、C属于建设单位的职责；选项D，项目监理机构“检查”施工单位建立施工现场质量管理体系。

7. **【答案】** D

【解析】 选项A、B属于经济措施，选项C属于合同措施。

8. **【答案】** A

【解析】 项目监理机构发现下列情况之一时，总监理工程师应及时签发工程暂停令：

①建设单位要求暂停施工且工程需要暂停施工的；②施工单位未经批准擅自施工或拒绝项目监理机构管理的；③施工单位未按审查通过的工程设计文件施工的；④施工单位违反工程建设强制性标准的；⑤施工存在重大质量、安全事故隐患或发生质量、安全事故的。

9. **【答案】** C

【解析】 项目监理机构可按下列程序处理施工单位提出的工程变更：

①总监理工程师组织专业监理工程师审查施工单位提出的工程变更申请，提出审查意见。对涉及工程设计文件修改的工程变更，应由建设单位转交原设计单位修改工程设计文件。必要时，项目监理机构应建议建设单位组织设计、施工等单位召开论证工程设计文件的修改方案的专题会议。②总监理工程师组织专业监理工程师对工程变更费用及工期影响做出评估。③总监理工程师组织建设单位、施工单位等共同协商确定工程变更费用及工期变化，会签工程变更单。④项目监理机构根据批准的工程变更文件监督施工单位实施工程变更。

10. **【答案】** D

【解析】 第一次工地会议应由建设单位主持，监理单位、总承包单位授权代表参加，也可邀请分包单位代表参加，必要时可邀请有关设计单位人员参加。监理例会应由总监理工程师或其授权的专业监理工程师主持召开。参加人员包括：项目总监理工程师或总监理工程师代表、其他有关监理人员、施工项目经理、施工单位其他有关人员，需要时，也可邀请其他有关单位代表参加。专题会议由总监理工程师或其授权的专业监理工程师主持或参加。

11. **【答案】** B

【解析】 总监理工程师应根据经审核批准的监理规划和监理实施细则对现场监理人员进行交底，明确巡视检查要点、巡视频率和采取措施及采用的巡视检查记录表。

12. **【答案】** D

【解析】 旁站是指项目监理机构对工程的关键部位或关键工序的施工质量进行的监督活动。

13. **【答案】** A

【解析】 项目监理机构发现下列情况之一时，总监理工程师应及时签发工程暂停令：①建设单位要求暂停施工且工程需要暂停施工的；②施工单位未经批准擅自施工或拒绝项目监理机构管理的；③施工单位未按审查通过的工程设计文件施工的；④施工单位违反工程建设强制性标准的；⑤施工存在重大质量、安全事故隐患或发生质量、安全事故的。

14. **【答案】** D

【解析】 在监理实施细则中明确巡视要点、巡视频率和措施，并明确巡视检查记录表，故选项A错误。巡视检查内容以现场施工质量、生产安全事故隐患为主，且不限于工程质量、安全生产方面的内容，故选项B错误。在巡视检查中发现问题，应及时采取相应处理措施，巡视监理人员认为发现的问题自己无法解决或无法判断是否能够解决时，应立即向总监理工程师汇报，故选项C错误。

15. **【答案】**C

【解析】4D虚拟施工：将BIM技术与进度计划软件数据进行集成，可以按月、按周、按天看到工程施工进度并根据现场情况进行实时调整，分析不同施工方案的优劣，从而得到最佳施工方案。

二、多项选择题

1. **【答案】**BDE

【解析】选项A、C体现的是目标之间的统一关系。

2. **【答案】**ACD

【解析】分析论证建设工程总目标，应遵循下列基本原则：①确保建设工程质量目标符合工程建设强制性标准；②定性分析与定量分析相结合；③不同建设工程三大目标可具有不同的优先等级。建设工程三大目标之间密切联系、相互制约，努力在“质量优、投资省、工期短”之间寻求最佳匹配。

3. **【答案】**ABCD

【解析】项目监理机构在建设工程施工阶段造价控制的主要任务是通过工程计量、工程付款控制、工程变更费用控制、预防并处理好费用索赔、挖掘降低工程造价潜力等使工程实际费用支出不超过计划投资。

4. **【答案】**ABD

【解析】选项C、E是造价控制任务。

5. **【答案】**AE

【解析】巡视是指项目监理机构监理人员对施工现场进行定期或不定期的检查活动，故选项B错误。巡视检查内容以现场施工质量、生产安全事故隐患为主，故选项C错误。巡视监理人员认为发现的问题自己无法解决或无法判断是否能够解决时，应立即向总监理工程师汇报，故选项D错误。

6. **【答案】**ADE

【解析】项目监理机构发现下列情况之一时，总监理工程师应及时签发工程暂停令：①建设单位要求暂停施工且工程需要暂停施工的；②施工单位未经批准擅自施工或拒绝项目监理机构管理的；③施工单位未按审查通过的工程设计文件施工的；④施工单位违反工程建设强制性标准的；⑤施工存在重大质量、安全事故隐患或发生质量、安全事故的。

7. **【答案】**BCE

【解析】从系统工程角度看，项目监理机构组织协调内容可分为系统内部（项目监理机构）协调和系统外部协调两大类，系统外部协调又分为系统近外层协调和系统远外层协调。近外层和远外层的主要区别是，建设单位与近外层关联单位之间有合同关系，与远外层关联单位之间没有合同关系。选项D不选，项目监理机构虽然不直接与分包合同发生关系，但可对分包合同中的工程质量、进度进行直接跟踪监控，然后通过总承包单位进行调控、纠偏。分包单位在施工中发生的问题，由总承包单位负责协调处理。

8. **【答案】**AC

【解析】项目监理机构应在监理规划的相关章节中编制体现巡视工作的方案、计划、制度等相关内容，以及在监理实施细则中明确巡视要点、巡视频率和措施，并明确巡视检查记录表。

9.**【答案】**BCD

【解析】项目监理机构应根据工程的特点和具体情况，制定工程见证取样送检工作制度，将材料进场报验、见证取样送检的范围、工作程序、见证人员和取样人员的职责、取样方法等内容纳入监理实施细则。

第九章　建设工程监理文件资料管理

第一节　建设工程基本表式及主要文件资料内容

考情分析：

近三年考情分析如表 9-1 所示。

近三年考情分析　　**表 9-1**

年份	2024 年	2023 年	2022 年
单选分值	3	3	3
多选分值	2	2	4
合计分值	5	5	7

本节主要知识点：

1. 签发监理通知单的情形（1 分）
2. 各类表式的签字主体（2～3 分）
3. 监理会议纪要（1 分）
4. 监理日志与监理月报（0～1 分）
5. 工程质量评估报告（1～2 分）
6. 监理工作总结的内容

知识点一　基本表式及其应用说明（了解即可）

（1）工程监理单位用表（A 类表）。

（2）施工单位报审、报验用表（B 类表）。

（3）监理通用表（C 类表）。

典型例题

【例题】 依据《建设工程监理规范》GB/T 50319—2013，建设工程监理表格体系包括 3 类表式，其中 A 类表为（　　）。

A. 承包单位用表　　B. 建设单位用表

C. 监理单位用表　　D. 各方通用表

【答案】 C

【解析】 建设工程监理基本表式分为三大类：A 类表为工程监理单位用表（共 8 个表）；B 类表为施工单位报审、报验用表（共 14 个表）；C 类表为通用表（共 3 个表）。

知识点二 签发监理通知单的情形（1分）

监理通知单可由总监理工程师或专业监理工程师签发，对于一般问题可由专业监理工程师签发，对于重大问题应由总监理工程师或经其同意后签发。

施工单位发生下列情况时，应发出监理通知：

（1）施工不符合设计要求、工程建设标准、合同约定；

（2）使用不合格的工程材料、构配件和设备；

（3）施工存在质量问题或采用不适当的施工工艺，或施工不当造成工程质量不合格；

（4）实际进度严重滞后于计划进度且影响合同工期；

（5）未按专项施工方案施工；

（6）存在安全事故隐患；

（7）工程质量、造价、进度等方面的其他违法违规行为。

签发暂停令与监理通知单的情形总结于表9-2中。

签发暂停令与监理通知单的情形 表9-2

暂停令（总监理工程师签发）	监理通知单（总监理工程师或专业监理工程师签发）
建设单位要求暂停施工且工程需要暂停施工的	施工不符合设计要求、工程建设标准、合同约定
擅自施工或拒绝监理管理的	使用不合格的工程材料、构配件和设备
未按审查通过的设计文件施工的	施工存在质量问题或采用不当的施工工艺，或施工不当造成工程质量不合格
施工单位违反建设强制性标准的	实际进度严重滞后于计划进度且影响合同工期
存在重大质量、安全事故隐患或发生质量、安全事故的	存在安全事故隐患
	未按专项施工方案施工
	质量、造价、进度等存在违规行为

典型例题

【例题1】 根据《建设工程监理规范》GB/T 50319—2013，项目监理机构应签发监理通知单的情形是（　　）。

A. 施工存在重大质量事故隐患的

B. 未经批准擅自施工或拒绝项目监理机构管理的

C. 实际进度严重滞后于计划进度且影响合同工期的

D. 未按审查通过的工程设计文件组织施工的

【答案】 C

【解析】 选项A、B、D属于应签发工程暂停令的情形。

【例题2】 项目监理机构应签发《监理通知单》的情形有（　　）。

A. 未按审查通过的工程设计文件施工的

B. 未经批准擅自组织施工的

C. 在工程质量方面存在违规行为的

D. 在工程进度方面存在违规行为的

E. 使用不合格的工程材料的

【答案】CDE

【解析】选项 A、B 属于应签发工程暂停令的情形。

【例题 3】根据《建设工程监理规范》GB/T 50319—2013，总监理工程师应向政府主管部门报告的情形是（　　）。(2023 年真题)

A. 施工不符合工程建设标准

B. 存在安全事故隐患，施工单位拒不按项目监理机构要求整改

C. 工程进度滞后于计划进度且影响合同工期

D. 施工单位未按专项施工方案施工

【答案】B

【例题 4】案例分析（节选）：

某工程，在实施过程中发生事件 2，请指出事件 2 中签发工程暂停令和监理通知单情形的不妥项，并写出正确做法。

事件 2：

在第一次工地会议上，总监理工程师提出以下两方面要求：

(1) 签发工程暂停令的情形包括：

① 建设单位要求暂停施工的；

② 施工单位拒绝项目监理机构管理的；

③ 施工单位采用不适当的施工工艺或施工不当，造成工程质量不合格的。

(2) 签发监理通知单的情形包括：

① 施工单位违反工程建设强制性标准的；

② 施工存在重大质量、安全事故隐患的。

【答案】事件 2 中签发工程暂停令情形的不妥项为③。

正确做法为：施工单位采用不适当的施工工艺或施工不当，造成工程质量不合格的，由专业监理工程师或总监理工程师及时签发监理通知单，要求施工单位整改。

事件 2 中签发监理通知单情形的不妥项为①和②，正确做法为：

① 施工单位违反工程建设强制性标准的，由总监理工程师签发工程暂停令。

② 监理人员发现可能造成质量事故的重大隐患或已发生质量事故的，由总监理工程师签发工程暂停令。

【例题 5】案例分析（节选）：

某工程，在实施过程中发生事件 3，请写出事件 3 中监理实施细则还应包括的内容，指出监理工作方法及措施中提到的具体要求是否妥当，并说明理由。

事件 3：

专业监理工程师编写的深基坑工程监理实施细则主要内容包括：专业工程特点、监理工作方法及措施。其中，在监理工作方法及措施中提出：

(1) 要加强对深基坑工程施工巡视检查；

(2) 发现施工单位未按深基坑工程专项施工方案施工的，应立即签发工程暂停令。

【答案】监理实施细则还应包括的内容：监理工作流程、监理工作要点。

监理工作方法及措施中提到的具体要求：

①妥当，巡视是监理的工作方法之一，因此，专业监理工程师要求加强巡视检查的做法妥当。

②不妥当，理由：监理人员如发现施工单位未按施工方案施工，应签发监理通知单，要求施工单位整改。

（注：案例分析题应注意各题格式）

知识点三 各类表式的签字主体（2～3分）

（1）建设单位审批同意的表式：

① 施工组织设计或（专项）施工方案报审表（仅对超过一定规模的危险性较大的分部分项工程专项施工方案）；

② 工程开工报审表；

③ 工程复工报审表；

④ 工程款支付报审表；

⑤ 费用索赔报审表；

⑥ 工程临时或最终延期报审表。

（2）需要工程监理单位法定代表人签字并加盖工程监理单位公章的表式只有“总监理工程师任命书”。

（3）需要由施工项目经理签字并加盖施工单位公章的表式：工程开工报审表、单位工程竣工验收报审表。

各类表式的签字主体如表9-3所示。

各类表式的签字主体　　表9-3

表式	专业监理工程师	总监理工程师	建设单位	项目经理	施工单位
施工控制测量成果报验表	签字				
工程材料、构配件、设备报审表	签字				
隐蔽工程、检验批、分项工程的报验、报审表	签字				
分部工程报验表	签字	签字			
施工进度计划报审表	签字	签字			
分包单位资格报审表	签字	签字			
工程开工令、工程复工令		签字＋印章			
单位工程竣工验收报审表		签字＋印章		签字	公章
工程款支付报审表		签字＋印章	批准		
费用索赔报审表		签字＋印章	批准		
临时或最终延期报审表		签字＋印章	批准		
工程开工报审表		签字＋印章	批准	签字	公章
工程复工报审表		签字	批准		

典型例题

【例题1】根据《建设工程监理规范》GB/T 50319—2013，下列文件资料中，应由总

监理工程师审核签认的是（　　）。（2023 年真题）

A. 工程材料、构配件、设备报审表

B. 施工控制测量成本报验表

C. 分包单位资格报审表

D. 分项工程验收申请表

【答案】C

【例题 2】下列报审表中，需要施工项目经理签字并加盖施工单位公章的文件资料是（　　）。（2023 年真题）

A. 工程开工报审表

B. 工程复工报审表

C. 工程临时或最终延期报审表

D. 施工组织设计或（专项）施工方案报审表

【答案】A

【例题 3】根据《建设工程监理规范》GB/T 50319—2013，下列表式中，不需要总监理工程师加盖执业印章，但需要建设单位盖章的是（　　）。（2018 年真题）

A. 施工组织设计报审表　　B. 专业施工方案报审表

C. 工程开工报审表　　D. 工程复工报审表

【答案】D

【解析】选项 A、B，施工组织设计或（专项）施工方案报审表，需要由总监理工程师签字，并加盖执业印章。对于超过一定规模的危险性较大的分部分项工程专项施工方案，还需要报建设单位审批。选项 C，工程开工报审表需要由总监理工程师签字，并加盖执业印章。

【例题 4】根据《建设工程监理规范》GB/T 50319—2013，可由专业监理工程师签发的监理文件是（　　）。（2020 年真题）

A. 工程复工令　　B. 工程开工令

C. 监理通知单　　D. 工程款支付证书

【答案】C

【解析】监理通知单应由总监理工程师或专业监理工程师签发，对于一般问题可由专业监理工程师签发，对于重大问题应由总监理工程师或经其同意后签发。工程开工令、工程复工令、工程款支付证书需要由总监理工程师签字，并加盖执业印章。

【例题 5】根据《建设工程监理规范》GB/T 50319—2013，不需要建设单位签署审批意见的报审表是（　　）。

A. 分包单位资格报审表　　B. 工程开工报审表

C. 工程临时或最终延期报审表　　D. 工程复工报审表

【答案】A

【例题 6】根据《建设工程监理规范》GB/T 50319—2013，下列报审表中，需要建设单位审批的是（　　）。（2024 年真题）

A. 工程临时或最终延期报审表　　B. 施工进度计划报审表

C. 单位工程竣工验收报审表　　D. 分包单位资格报审表

【答案】A

【例题 7】根据《建设工程监理规范》GB/T 50319—2013，不需要由总监理工程师签认的报审表是（　　）。

A. 分包单位资格报审表　　B. 分项工程报验、报审表

C. 施工进度计划报审表　　D. 工程临时延期报审表

【答案】B

【解析】报验、报审表主要用于隐蔽工程、检验批、分项工程的报验，也可用于为施工单位提供服务的试验室的报审。专业监理工程师审查合格后予以签认。

【例题 8】根据《建设工程监理规范》GB/T 50319—2013，应由总监理工程师签字并加盖执业印章的监理文件有（　　）。

A. 工程款支付证书　　B. 隐蔽工程报验表

C. 费用索赔报审表　　D. 分部工程报验表

E. 工程复工令

【答案】ACE

【解析】选项 A，工程款支付证书需要由总监理工程师签字，并加盖执业印章。选项 B，隐蔽工程报验表需要由专业监理工程师审查合格后予以签认。选项 C，费用索赔报审表需要由总监理工程师签字，并加盖执业印章。选项 D，分部工程报验表需要在专业监理工程师验收的基础上，由总监理工程师签署验收意见。选项 E，工程复工令需要由总监理工程师签字，并加盖执业印章。

【例题 9】下列工程监理文件资料中，需要建设单位签署审批意见的有（　　）。（2023年真题）

A. 工程开工报审表　　B. 工程开工令

C. 费用索赔报审表　　D. 工程暂停令

E. 单位工程竣工验收报审表

【答案】AC

【例题 10】案例分析（节选）：

某工程，在实施过程中发生事件 1，请指出事件 1 中总监理工程师做法的不妥之处，写出正确做法。

事件 1：

开工前，项目监理机构审查施工单位报送的工程开工报审表及相关资料时，总监理工程师要求：首先由专业监理工程师签署审查意见，之后由总监理工程师代表签署审核意见。总监理工程师依据总监理工程师代表签署的同意开工意见，签发了工程开工令。

【答案】事件 1 中，总监理工程师做法的不妥之处①：总监理工程师要求首先由专业监理工程师签署审查意见，之后由总监理工程师代表签署审核意见。

正确做法：总监理工程师应组织专业监理工程师审查施工单位报送的工程开工报审表及相关资料，符合条件的，由总监理工程师签署审核意见。

不妥之处②：总监理工程师依据总监理工程师代表签署的同意开工意见，签发了工程开工令。

正确做法：监理单位将工程开工报审表和相关资料报建设单位批准后，由总监理工程

师签发工程开工令。

（4）通用表（C类表）：

① 工作联系单。

该表用于项目监理机构与工程建设有关方（包括建设、施工、监理、勘察、设计等单位和上级主管部门）之间的日常工作联系。有权签发工作联系单的负责人有：建设单位现场代表、施工单位项目经理、工程监理单位项目总监理工程师、设计单位本工程设计负责人及工程项目其他参建单位的相关负责人等。

② 工程变更单。

施工单位、建设单位、工程监理单位提出工程变更时，应填写工程变更单，由建设单位、设计单位、监理单位和施工单位共同签认。

【例题11】根据《建设工程监理规范》GB/T 50319—2013，施工单位、建设单位、工程监理单位提出工程变更时，应填写工程变更单，由（　　）共同签认。

A. 施工单位　　　　B. 监理单位

C. 建设单位　　　　D. 设计单位

E. 分包单位

【答案】ABCD

【解析】施工单位、建设单位、工程监理单位提出工程变更时，应填写工程变更单，由建设单位、设计单位、监理单位和施工单位共同签认。

【例题12】总监理工程师的任命书中应包含的内容有（　　）。（2024年真题）

A. 工程监理单位法定代表人签字　　　　B. 工程监理单位技术负责人签字

C. 建设单位审核认可意见　　　　D. 质量监督机构备案印章

E. 工程监理单位公章

【答案】AE

【解析】《总监理工程师任命书》需要由工程监理单位法定代表人签字，并加盖单位公章。

【例题13】施工单位提出工程变更后，总监理工程师应组织建设单位、施工单位等共同协商确定工程变更费用及工期变化，并及时进行的工作是（　　）。（2024年真题）

A. 变更工程设计文件　　　　B. 批准工程变更文件

C. 会签工程变更文件　　　　D. 组织工程变更文件交底

【答案】C

知识点四　建设工程监理主要文件资料

（1）勘察设计文件、建设工程监理合同及其他合同文件；

（2）监理规划、监理实施细则；

（3）设计交底和图纸会审会议纪要；

（4）施工组织设计、（专项）施工方案、施工进度计划报审文件资料；

（5）分包单位资格报审会议纪要；

（6）施工控制测量成果报验文件资料；

（7）总监理工程师任命书，工程开工令、暂停令、复工令，开工或复工报审文件资料；

(8) 工程材料、构配件、设备报验文件资料；

(9) 见证取样和平行检验文件资料；

(10) 工程质量检验报验资料及工程有关验收资料；

(11) 工程变更、费用索赔及工程延期文件资料；

(12) 工程计量、工程款支付文件资料；

(13) 监理通知单、工程联系单与监理报告；

(14) 第一次工地会议，监理例会、专题会议等会议纪要；

(15) 监理月报、监理日志、旁站记录；

(16) 工程质量或安全生产事故处理文件资料；

(17) 工程质量评估报告及竣工验收监理文件资料；

(18) 监理工作总结。

典型例题

【例题】下列文件资料中，属于建设工程监理文件资料的有（　　）。(2015 年真题)

A. 设备采购合同

B. 工程监理合同

C. 施工承包合同

D. 材料采购合同

E. 材料报验文件

【答案】BE

【解析】选项 A、D 中的采购合同和选项 C 中的施工合同，不属于建设工程监理文件资料。

知识点五　监理会议纪要（1 分）

监理例会会议纪要由项目监理机构记录整理，主要内容包括：

(1) 会议地点及时间；

(2) 会议主持人；

(3) 与会人员姓名、单位、职务；

(4) 会议主要内容、决议事项及其负责落实单位、负责人和时限要求；

(5) 其他事项。

对于监理例会上意见不一致的重大问题，应将各方的主要观点，特别是相互对立的意见记入“其他事项”中。

典型例题

【例题】监理例会会议纪要由项目监理机构根据会议记录整理，主要内容包括（　　）。

A. 会议地点及时间

B. 与会人员姓名、单位、职务

C. 会议主要内容、决议事项

D. 负责落实单位、负责人和时限要求

E. 与会各方代表会签

【答案】ABCD

知识点六　监理日志

监理日志是在实施建设工程监理过程中，每日对建设工程监理工作及施工进展情况所做的记录，由总监理工程师根据工程实际情况指定专业监理工程师负责记录。

监理日志的主要内容：

（1）天气和施工环境情况（当日）。

（2）当日施工进展情况，包括工程进度情况、工程质量情况、安全生产情况等。

（3）当日监理工作情况，包括旁站、巡视、见证取样、平行检验等情况。

（4）当日存在的问题及协调解决情况。

（5）其他有关事项。

典型例题

【例题 1】根据《建设工程监理规范》GB/T 50319—2013，监理日志应包括的内容有（　　）。（2020 年真题）

A. 天气和施工环境情况　　　　B. 当日监理工作情况

C. 当日施工进展情况　　　　　D. 当日存在的问题及处理情况

E. 次日监理工作任务

【答案】ABCD

【例题 2】关于监理例会的说法，正确的是（　　）。（2018 年真题）

A. 监理例会可以由建设单位组织召开

B. 监理例会的讨论内容是工程质量安全问题

C. 监理例会的会议纪要由建设单位签发

D. 监理例会的决议事项应有落实单位和时限要求

【答案】D

【解析】项目监理机构应定期召开监理例会，组织有关单位研究解决与监理相关的问题。项目监理机构可根据工程需要，主持或参加专题会议，解决监理工作范围内工程专项问题。监理例会的会议纪要由项目监理机构负责整理，与会各方代表会签。

知识点七　监理月报

由总监理工程师组织编写、签认后报送建设单位和本监理单位。

监理月报应包括以下主要内容：

（1）本月工程实施情况；

（2）本月监理工作情况；

（3）本月工程实施的主要问题分析及处理情况；

（4）下月监理工作重点；

（5）工程管理方面的监理工作重点；

（6）项目监理机构内部管理方面的工作重点。

知识点八　工程质量评估报告（1～2 分）（必考知识点）

（1）工程竣工预验收合格后，由总监理工程师组织专业监理工程师编制工程质量评估报告，编制完成后，由项目总监及监理单位技术负责人审核签认并加盖监理单位公章后报建设单位。

（2）工程质量评估报告应在正式竣工验收前提交给建设单位。

【总结】监理单位技术负责人审核的有两个：①监理规划；②工程质量评估报告。

典型例题

【例题 1】根据《建设工程监理规范》GB/T 50319—2013，工程质量评估报告应在（　　）提交给建设单位。（2024 年真题）

A. 工程竣工预验收前　　B. 工程竣工验收前

C. 工程竣工验收合格后 7 日内　　D. 工程竣工验收报告提交后 7 日内

【答案】B

【例题 2】关于工程质量评估报告的说法，正确的是（　　）。（2016 年真题）

A. 工程质量评估报告应在竣工验收前提交建设单位

B. 工程质量评估报告应由施工单位组织编制并经总监理工程师签认

C. 工程质量评估报告是工程竣工验收后形成的主要验收文件之一

D. 工程质量评估报告由专业监理工程师组织编制并经总监理工程师签认

【答案】A

【解析】工程竣工预验收合格后，由总监理工程师组织专业监理工程师编制工程质量评估报告，编制完成后，由项目总监理工程师及监理单位技术负责人审核签认并加盖监理单位公章后报建设单位。工程质量评估报告应在正式竣工验收前提交给建设单位。

【例题 3】根据《建设工程监理规范》GB/T 50319—2013，下列监理工作文件中，需要工程监理单位技术负责人审批签字后报送建设单位的有（　　）。（2021 年真题）

A. 监理规划　　B. 旁站方案

C. 第一次工地会议记录　　D. 工程质量评估报告

E. 工程暂停令

【答案】AD

【解析】监理规划报送前还应由监理单位技术负责人审核签字。工程竣工预验收合格后，由总监理工程师组织专业监理工程师编制工程质量评估报告，编制完成后，由项目总监理工程师及监理单位技术负责人审核签认并加盖监理单位公章后报建设单位。

知识点九　工程质量评估报告与监理工作总结的主要内容

如表 9-4 所示。

工程质量评估报告与监理工作总结的主要内容　　表 9-4

质量评估报告的主要内容	监理工作总结的内容
工程概况	工程概况
工程参建单位	项目监理机构
工程质量验收情况	建设工程监理合同履行情况
工程质量事故及其处理情况	监理工作中发现的问题及其处理情况

续表

质量评估报告的主要内容	监理工作总结的内容
竣工资料审查情况	监理工作成效
工程质量评估结论	说明与建议

典型例题

【例题 1】 项目监理机构编制的工程质量评估报告包括的内容有（　　）。（2018 年真题）

A. 工程参建单位　　B. 工程质量验收情况

C. 竣工验收情况　　D. 监理工作经验与教训

E. 工程质量事故处理情况

【答案】 ABE

【例题 2】 根据《建设工程监理规范》GB/T 50319—2013，工程质量评估报告包括的内容有（　　）。（2017 年真题）

A. 工程参建单位情况　　B. 工程质量验收情况

C. 专项施工方案评审情况　　D. 竣工资料审查情况

E. 工程质量安全事故处理情况

【答案】 ABD

【例题 3】 根据《建设工程监理规范》GB/T 50319—2013，监理工作总结应包含的内容有（　　）。（2022 年真题）

A. 监理工作职责　　B. 监理合同履行情况

C. 监理工作成效　　D. 监理工作流程

E. 监理工作中发现的问题及其处理情况

【答案】 BCE

知识点十　监理工作总结的内容

当监理工作结束时，项目监理机构应进行监理工作总结。

监理工作总结由总监理工程师组织专业监理工程师编写，经总监理工程师签字，并加盖项目监理机构印章后报送监理单位后报建设单位。

监理文件的编制与审核如表 9-5 所示。

监理文件的编制与审核　　表 9-5

监理文件	组织编制	审核
监理日志	总监理工程师指定专业监理工程师	总监理工程师
监理例会会议纪要	项目监理机构	
监理月报	总监理工程师组织编制，专业监理工程师参与	
质量评估报告	总监理工程师组织专业监理工程师编写	
监理工作总结	总监理工程师组织专业监理工程师编写	

第二节 监理文件资料管理职责和要求

考情分析：近三年考情分析如表 9-6 所示。

近三年考情分析 表 9-6

年份	2024 年	2023 年	2022 年
单选分值	1	0	0
多选分值	2	0	2
合计分值	3	0	2

本节主要知识点：

1. 监理文件资料编制要求
2. 监理文件资料组卷方法及要求
3. 监理文件资料归档范围和保管期限
4. 监理文件资料验收与移交

知识点一 监理文件资料管理要求

根据《建设工程监理规范》GB/T 50319—2013，项目监理机构文件资料管理的基本职责如下：

（1）应建立和完善监理文件资料管理制度，宜设专人管理监理文件资料。

（2）应及时、准确、完整地收集、整理、编制、传递监理文件资料，宜采用信息技术进行监理文件资料管理。

（3）应及时整理、分类汇总监理文件资料，并按规定组卷，形成监理档案。

（4）应根据工程特点和有关规定，保存监理档案，并应向有关单位、部门移交需要存档的监理文件资料。

建设工程监理文件资料的管理要求体现在建设工程监理文件资料管理全过程，包括：监理文件资料收/发文与登记、传阅、分类存放、组卷归档、验收与移交等。（没有“修改”）

1. 建设工程监理文件资料收文与登记

在监理文件资料有追溯性要求的情况下，应注意核查所填内容是否可追溯。如工程材料报审表中是否明确注明使用该工程材料的具体工程部位，以及该工程材料质量证明原件的保存处等。

项目监理机构文件资料管理人员应检查监理文件资料的各项内容填写和记录是否真实完整，签字认可人员应为符合相关规定的责任人员，并且不得以盖章和打印代替手写签认。

2. 建设工程监理文件资料传阅与登记

建设工程监理文件资料需要由总监理工程师或其授权的监理工程师确定是否需要传阅。对于需要传阅的，应确定传阅人员名单和范围，并在文件传阅纸上注明，将文件传阅纸随同文件资料一起进行传阅。

3. 建设工程监理文件资料发文与登记

建设工程监理文件资料发文应由总监理工程师或其授权的监理工程师签名，并加盖项目监理机构图章。若为紧急处理的文件，应在文件资料首页标注“急件”字样。

4. 建设工程监理文件资料分类存放

建设工程监理文件资料经收/发文、登记和传阅工作程序后，必须进行科学的分类后进行存放。

项目监理机构应备有存放监理文件资料的专用柜和用于监理文件资料分类存放的专用资料夹。

建设工程监理文件资料的分类应根据工程项目的施工顺序、施工承包体系、单位工程的划分以及工程质量验收程序等，并结合项目监理机构自身的业务工作开展情况进行，原则上可按施工单位、专业施工部位、单位工程等进行分类，以保证建设工程监理文件资料检索和归档工作的顺利进行。

典型例题

【例题 1】根据《建设工程监理规范》GB/T 50319—2013，关于项目监理机构文件资料监理职责的说法，错误的是（　　）。(2015 年真题)

A. 应建立和完善监理文件资料管理制度，宜设专人管理监理文件资料

B. 应及时整理、分类汇总监理文件资料，并按分项工程组卷存放

C. 应及时收集、整理、编制、传递监理文件资料

D. 应根据工程特点和有关规定保存监理档案，并向有关单位、部门移交

【答案】B

【解析】选项 B 错误，应及时整理、分类汇总监理文件资料，并按规定组卷，形成监理档案。

【例题 2】下列工作内容中，属于建设工程监理文件资料管理的有（　　）。(2016 年真题)

A. 收/发文与登记　　B. 文件起草与修改

C. 文件传阅　　D. 文件分类存放

E. 文件组卷归档

【答案】ACDE

【解析】建设工程监理文件资料的管理要求体现在建设工程监理文件资料管理全过程，包括：监理文件资料收/发文与登记、传阅、分类存放、组卷归档、验收与移交等。

【例题 3】关于建设工程监理文件资料管理的说法，正确的是（　　）。(2018 年真题)

A. 监理文件资料有追溯性要求时，收文登记应注意核查所填内容是否可追溯

B. 监理文件资料的收文登记人员应确定该文件资料是否需传阅及传阅范围

C. 监理文件资料完成传阅程序后应按监理单位对项目检查的需要进行分类存放

D. 监理文件资料应按施工总承包单位，分包单位和材料供应单位进行分类

【答案】A

【解析】选项 A 正确，在监理文件资料有追溯性要求时，应注意核查所填内容是否可

追溯。选项B错误，建设工程监理文件资料需要由总监理工程师或其授权的监理工程师确定是否需要传阅。选项C错误，建设工程监理文件资料经收文、发文、登记和传阅工作程序后，必须进行科学的分类后进行存放。选项D错误，建设工程监理文件资料的分类原则应根据工程特点及监理与相关服务内容确定。建设工程监理文件资料的分类应根据工程项目的施工顺序、施工承包体系、单位工程的划分以及工程质量验收程序等，并结合项目监理机构自身的业务工作开展情况进行。

知识点二 建设工程监理文件的组卷归档

1. 建设工程监理文件资料编制要求

（1）归档的文件资料一般应为原件（建设工程监理文件资料的归档保存应严格遵循保存原件为主、复印件为辅和按照一定顺序归档的原则）。

（2）文件资料的内容及其深度须符合国家有关工程勘察、设计、施工、监理等方面的技术规范、标准的要求。

（3）文件资料的内容必须真实、准确，与工程实际相符。

（4）文件资料应采用耐久性强的书写材料，如碳素墨水、蓝黑墨水，不得使用易褪色的书写材料，如：红色墨水、纯蓝墨水、圆珠笔、复写纸、铅笔等。

（5）文件资料应字迹清楚，图样清晰，图表整洁，签字盖章手续完备。

（6）文件资料的缩微制品，必须按国家缩微标准进行制作。

2. 建设工程监理文件资料组卷方法及要求

1）组卷原则及方法

（1）组卷应遵循监理文件资料的自然形成规律，保持卷内文件的有机联系，便于档案的保管和利用。

（2）一个建设工程由多个单位工程组成时，应按单位工程组卷。

（3）监理文件资料可按单位工程、分部工程、专业、阶段等组卷。

2）组卷要求

（1）案卷不宜过厚，文字材料卷厚度不宜超过 20mm，图纸卷厚度不宜超过 50mm。

（2）案卷内不应有重份文件，不同载体的文件一般应分别组卷。

3）卷内文件排列

（1）文字材料按事项、专业顺序排列。同一事项的请示与批复、同一文件的印本与定稿、主件与附件不能分开，并按批复在前、请示在后，印本在前、定稿在后，主件在前、附件在后的顺序排列。

（2）图纸按专业排列，同专业图纸按图号顺序排列。

（3）既有文字材料又有图纸的案卷，文字材料排前，图纸排后。

典型例题

【例题 1】建设工程监理文件资料的组卷顺序是（　　）。（2017 年真题）

A. 分项工程、分部工程、单位工程　　B. 单位工程、分部工程、专业、阶段

C. 单位工程、分部工程、检验批　　D. 检验批、分部工程、单位工程

【答案】B

【解析】监理文件资料可按单位工程、分部工程、专业、阶段等组卷。

【例题 2】关于建设工程监理文件资料卷内排列要求的说法，正确的是（　　）。(2016 年真题)

A. 请示在前，批复在后　　B. 主件在前，附件在后

C. 定稿在前，印本在后　　D. 图纸在前，文字在后

【答案】B

【解析】文字材料按事项、专业顺序排列。同一事项的请示与批复、同一文件的印本与定稿、主件与附件不能分开，并按批复在前、请示在后，印本在前、定稿在后，主件在前、附件在后的顺序排列。

【例题 3】关于建设工程监理文件资料组卷要求的说法，正确的有（　　）。(2015 年真题)

A. 案卷厚度应一致，每卷厚度为 40mm

B. 案卷内应有重份文件作为备份

C. 不同载体文件应按形成时间统一组卷

D. 文字材料按事项、专业顺序排列

E. 相同专业图纸按图号顺序排列

【答案】DE

【解析】选项 A 错误，案卷不宜过厚，文字材料卷厚度不宜超过 20mm，图纸卷厚度不宜超过 50mm。选项 B 错误，案卷内不应有重份文件。选项 C 错误，应是不同载体的文件一般应分别组卷。

【例题 4】编制监理文件资料时，可以采用书写材料的有（　　）。(2024 年真题)

A. 红色墨水　　B. 碳素墨水

C. 蓝黑墨水　　D. 纯蓝墨水

E. 圆珠笔

【答案】BC

知识点三　监理文件资料归档范围

如表 9-7 所示。

监理文件资料归档范围　　表 9-7

类别	文件资料		保存单位：建设单位
			归档要求
监理文件	1	监理规划	必须
	2	监理实施细则	必须
	3	监理月报	选择性
	4	监理会议纪要	必须
	5	监理工作日志	—
	6	监理工作总结	—
	7	工程复工报审表	必须

典型例题

【例题 1】下列建设工程监理文件资料，建设单位可以不保存的是（　　）。

A. 监理规划　　B. 监理实施细则

C. 监理会议纪要　　D. 监理工作总结

【答案】D

【解析】建设单位可以不保存监理工作总结。

保管期限：

（1）工程档案保管期限分为永久保管、长期保管和短期保管。

（2）永久保管是指工程档案无限期地、尽可能长远地保存下去。

（3）长期保管是指工程档案保存到该工程被彻底拆除。

（4）短期保管是指工程档案保存 10 年以下。

（5）保管期限的长短应根据卷内文件的保存价值确定。当同一案卷内有不同保管期限的文件时，该案卷保管期限应从长。

【例题 2】关于工程档案的说法，正确的是（　　）。（2021 年真题）

A. 工程档案保管期限分为永久、长期、短期三种

B. 工程档案文件须经项目监理机构审查盖章

C. 永久保管是指工程档案保存到该工程的设计使用年限

D. 应归档的文件必须是纸质文件原件

【答案】A

【解析】选项 A 正确，工程档案保管期限分为永久保管、长期保管和短期保管。选项 B 错误，工程档案文件有部分内容不需要项目监理机构审查盖章。选项 C 错误，永久保管是指工程档案无限期地、尽可能长远地保存下去。选项 D 错误，归档的文件资料一般应为原件。

【例题 3】根据《建设工程文件归档规范》GB/T 50328—2014，短期保管是指工程档案保存（　　）年以下。（2022 年真题）

A. 20　　B. 10　　C. 5　　D. 3

【答案】B

【解析】短期保管是指工程档案保存 10 年以下。

知识点四　建设工程监理文件资料验收与移交

1. 验收

对国家、省市重点工程项目或一些特大型、大型工程项目的预验收和验收，必须有地方城建档案管理部门参加。

2. 移交

（1）建设单位在工程竣工验收后 3 个月内向城建档案管理部门移交工程档案（监理文件资料）。

（2）停建、缓建工程的监理文件资料暂由建设单位保管。

（3）对改建、扩建和维修工程，建设单位应组织工程监理单位据实修改、补充和完善

监理文件资料；对改变的部位，应当重新编写，并在工程竣工验收后 3 个月内向城建档案管理部门移交。

（4）工程监理单位应在工程竣工验收前将监理文件资料移交给建设单位。

典型例题

【例题 1】 根据《建设工程文件归档规范》GB/T 50328—2014，可暂由建设单位保管监理文件资料的工程有（　　）。（2022 年真题）

A. 改建工程　　B. 扩建工程

C. 停建工程　　D. 缓建工程

E. 维修工程

【答案】 CD

【解析】 停建、缓建工程的监理文件资料暂由建设单位保管。

【例题 2】 对于列入城建档案管理部门接收档案的工程，负责移交工程档案资料的责任单位是（　　）。（2017 年真题）

A. 施工单位　　B. 监理单位

C. 建设单位　　D. 城建档案管理部门

【答案】 C

【解析】 建设单位向城建档案管理部门移交工程档案（监理文件资料），应提交移交案卷目录，办理移交手续，双方签字、盖章后方可交接。

【例题 3】 关于监理文件资料暂时保管单位的说法，正确的是（　　）。（2016 年真题）

A. 停建、缓建工程的监理文件资料暂由建设单位保管

B. 停建、缓建工程的监理文件资料暂由监理单位保管

C. 改建、扩建工程的监理文件资料由建设单位保管

D. 改建、扩建工程的监理文件资料由监理单位保管

【答案】 A

【解析】 停建、缓建工程的监理文件资料暂由建设单位保管。

本章精选习题

一、单项选择题

1. 项目监理机构应发出监理通知单的情形是（　　）。

A. 施工单位违反工程建设强制性标准的

B. 施工单位未经批准擅自施工或拒绝项目监理机构管理的

C. 施工单位在施工过程中出现不符合工程建设标准或合同约定的

D. 施工单位的施工存在重大质量、安全事故隐患的

2. 下列报审、报验表中，最终可由专业监理工程师签认的表式是（　　）。

A. 施工控制测量成果报验表　　B. 施工进度计划报审表

C. 分包单位资格报审表　　D. 分部工程报验表

3. 下列报审、报验表中，应由总监理工程师签字并加盖执业印章的是（　　）。

A. 分部工程报验表　　B. 分包单位资格报审表

C. 费用索赔报审表　　D. 施工进度计划报审表

4. 下列建设工程监理基本表式中，需要加盖施工单位公章的是（　　）。

A. 工程款支付报审表　　B. 工作联系单

C. 工程开工报审表　　D. 工程复工报审表

5. 下列施工单位报审、报验用表中，需专业监理工程师提出审查意见后，总监理工程师审核签字的是（　　）。

A. 分包单位资格报审表　　B. 隐蔽工程报验表

C. 施工控制测量成果报验表　　D. 分项工程报验表

6. 下列报审表中，需要由施工项目经理签字并加盖施工单位公章的是（　　）。

A. 工程款支付报审表　　B. 工程复工报审表

C. 费用索赔报审表　　D. 工程开工报审表

7. 下列文件资料中，需要由建设单位签署批准意见的是（　　）。

A. 单位工程竣工验收报审表　　B. 工程开工报审表

C. 施工方案报审表　　D. 施工进度计划报审表

8. 下列文件资料中，需要总监理工程师签字并加盖执业印章的是（　　）。

A. 工程款支付证书　　B. 分部工程报验表

C. 分包单位资格报审表　　D. 工程材料、构配件、设备报审表

9. 根据《建设工程监理规范》GB/T 50319—2013，项目监理机构编制的工程质量评估报告应在（　　）前提交给建设单位。

A. 单位工程验收　　B. 工程竣工预验收

C. 正式竣工验收　　D. 分部工程验收

10. 关于工程质量评估报告的说法，正确的是（　　）。

A. 工程质量评估报告应在正式竣工验收后报送建设单位

B. 工程质量评估报告应在工程竣工验收前报送建设单位

C. 工程质量评估报告应由总监理工程师组织专业监理工程师编写

D. 工程质量评估报告由总监理工程师及监理单位法定代表人审核签认

11. 根据《建设工程文件归档规范》GB/T 50328—2014，短期保管是指工程档案保存（　　）年以下。

A. 20　　B. 10

C. 5　　D. 3

12. 列入城建档案管理部门档案接收范围的工程，建设单位应当在工程竣工验收后（　　）个月内，向当地城建档案管理部门移交一套符合规定的工程文件。

A. 3　　B. 6

C. 9　　D. 12

二、多项选择题

1. 下列报审表中，需要建设单位签署审批意见的有（　　）。

A. 工程开工报审表　　B. 工程复工报审表

C. 费用索赔报审表　　D. 工程临时或最终延期报审表

E. 单位工程竣工验收报审表

2. 下列监理文件资料中，需要建设单位审批同意的有（　　）。

A. 工程开工令　　B. 工程暂停令

C. 费用索赔报审表　　D. 单位工程竣工验收报审表

E. 工程临时或最终延期报审表

3. 根据《建设工程监理规范》GB/T 50319—2013，需要由总监理工程师签字并加盖执业印章的有（　　）。

A. 工程款支付报审表　　B. 分部工程报验表

C. 施工进度计划报审表　　D. 工程材料、构配件、设备报审表

E. 工程临时延期报审表

4. 根据《建设工程监理规范》GB/T 50319—2013，总监理工程师可在工程开工报审表中签署同意开工意见的条件有（　　）。

A. 设计交底和图纸会审已完成　　B. 施工机械具备使用条件

C. 主要工程材料已落实　　D. 施工测量放线已完成

E. 施工试验室已准备就绪

5. 根据《建设工程监理规范》GB/T 50319—2013，监理工作总结应包括的内容有（　　）。

A. 项目监理目标　　B. 项目监理工作内容

C. 项目监理机构　　D. 监理工作成效

E. 监理工作程序

6. 监理单位报送的工程质量评估报告的主要内容包括（　　）。

A. 工程质量事故及其处理情况　　B. 工程参建单位

C. 安全生产管理方面的工作情况　　D. 工程质量验收情况

E. 竣工资料审查情况

7. 下列工程中，监理文件资料暂由建设单位保管的有（　　）。

A. 维修工程　　B. 停建工程

C. 缓建工程　　D. 改建工程

E. 扩建工程

8. 关于工程监理文件资料管理的说法，正确的有（　　）。

A. 工程监理所有文件资料的流转均应记录在监理日志中

B. 工程监理文件资料的复印件可作为归档文件资料保存

C. 工程监理文件资料的组卷应遵循自然形成规律

D. 工程监理文件资料可按单位工程、分部工程、专业、阶段等组卷

E. 工程监理文件资料分为必须归档保存和选择性归档保存两类

习题答案及解析

一、单项选择题

1. **【答案】**C

【解析】施工单位有下列行为时，项目监理机构应签发监理通知单：施工不符合设计要求、工程建设标准、合同约定。选项A、B、D属于应签发工程暂停令的情形。

2. **【答案】**A

【解析】选项A，施工控制测量成果报验表，专业监理工程师审查合格后予以签认。选项B，施工进度计划报审表在专业监理工程师审查的基础上，由总监理工程师审核签认；选项C，分包单位资格报审表由专业监理工程师提出审查意见后，由总监理工程师审核签认；选项D，分部工程报验表在专业监理工程师验收的基础上，由总监理工程师签署验收意见。

3. **【答案】**C

【解析】费用索赔报审表需要由总监理工程师签字，并加盖执业印章。

4. **【答案】**C

【解析】工程开工报审表和单位工程竣工验收报审表必须由项目经理签字并加盖施工单位公章。

5. **【答案】**A

【解析】选项B、C、D需由专业监理工程师审查合格后予以签认。

6. **【答案】**D

【解析】工程开工报审表和单位工程竣工验收报审表必须由项目经理签字并加盖施工单位公章。

7. **【答案】**B

【解析】选项A错误，单位工程竣工验收报审表需要由总监理工程师签字，并加盖执业印章，还必须由项目经理签字并加盖施工单位公章。选项B正确，工程开工报审表应由总监理工程师签字并加盖执业印章，需要建设单位审批同意，需要由施工项目经理签字并加盖施工单位公章。选项C、D错误，施工方案报审表和施工进度计划报审表都是先由专业监理工程师审查后，再由总监理工程师审核签署意见。

8. **【答案】**A

【解析】选项B、C由专业监理工程师签字和总监理工程师签字即可，选项D由专业监理工程师签字即可。

9. **【答案】**C

【解析】工程竣工预验收合格后，由总监理工程师组织专业监理工程师编制工程质量评估报告，编制完成后，由项目总监理工程师及监理单位技术负责人审核签认并加盖监理单位公章后报建设单位。工程质量评估报告应在正式竣工验收前提交给建设单位。

10.【答案】C

【解析】选项A、B错误，工程质量评估报告应在“正式竣工验收前”提交给建设单位；选项D错误，工程质量评估报告编制完成后，由项目总监理工程师及监理单位技术负责人审核签认并加盖监理单位公章后报建设单位。

11.【答案】B

【解析】永久保管是指工程档案无限期地、尽可能长远地保存下去；长期保管是指工程档案保存到该工程被彻底拆除；短期保管是指工程档案保存10年以下。

12.【答案】A

【解析】对列入当地城建档案管理部门接收范围的工程，工程竣工验收3个月内，向当地城建档案管理部门移交一套符合规定的工程文件。

二、多项选择题

1.【答案】ABCD

【解析】下列表式需要建设单位审批同意：①施工组织设计或（专项）施工方案报审表（仅对超过一定规模的危险性较大的分部分项工程专项施工方案）；②工程开工报审表；③工程复工报审表；④工程款支付报审表；⑤费用索赔报审表；⑥工程临时或最终延期报审表。

2.【答案】CE

【解析】下列表式需要建设单位审批同意：①施工组织设计或（专项）施工方案报审表（仅对超过一定规模的危险性较大的分部分项工程专项施工方案）；②工程开工报审表；③工程复工报审表；④工程款支付报审表；⑤费用索赔报审表；⑥工程临时或最终延期报审表。

3.【答案】AE

【解析】下列表式应由总监理工程师签字并加盖执业印章：①工程开工令；②工程暂停令；③工程复工令；④工程款支付证书；⑤施工组织设计或（专项）施工方案报审表；⑥工程开工报审表；⑦单位工程竣工验收报审表；⑧工程款支付报审表；⑨费用索赔报审表；⑩工程临时或最终延期报审表。

4.【答案】ABC

【解析】单位工程具备开工条件时，施工单位需要向项目监理机构报送工程开工报审表。同时具备下列条件时，由总监理工程师签署审查意见，并报建设单位批准后，总监理工程师方可签发工程开工令：①设计交底和图纸会审已完成；②施工组织设计已由总监理工程师签认；③施工单位现场质量、安全生产管理体系已建立，管理及施工人员已到位，施工机械具备使用条件，主要工程材料已落实；④进场道路及水、电、通信等已满足开工要求。

5.【答案】CD

【解析】监理工作总结应包括以下内容：①工程概况；②项目监理机构；③建设工程监理合同履行情况；④监理工作成效；⑤监理工作中发现的问题及其处理情况；⑥说明与建议。

6.【答案】ABDE

【解析】工程质量评估报告的主要内容：①工程概况；②工程参建单位；③工程质

量验收情况；④工程质量事故及其处理情况；⑤竣工资料审查情况；⑥工程质量评估结论。选项C属于监理月报的内容。

7.【答案】BC

【解析】停建、缓建工程的监理文件资料暂由建设单位保管。

8.【答案】BCDE

【解析】选项A错误，建设工程监理文件资料需要由总监理工程师或其授权的监理工程师确定是否需要传阅。对于需要传阅的，应确定传阅人员名单和范围，并在文件传阅纸上注明。

第十章　建设工程项目管理服务

第一节　项目管理知识体系（PMBOK）

考情分析：

近三年考情分析如表 10-1 所示。

近三年考情分析　　表 10-1

年份	2024 年	2023 年	2022 年
单选分值	2	2	0
多选分值	2	0	0
合计分值	4	2	0

本节主要知识点：

1. 价值交付
2. PMBOK 的五个基本过程组和十大知识领域
3. 项目利益相关者管理

知识点一　价值交付

PMBOK 提出了以价值为导向的项目管理，认为度量项目成功的指标应由传统项目管理所强调的范围、进度、成本三重要素约束下满足质量要求（“铁三角”）从而成功地交付项目可交付成果，转变为实现收益并获取价值。

项目成功与否并不在于项目成果是否交付、是否得到相关方验收，而在于项目完成时相关方对可交付成果的价值感知与价值认同，以及项目投入运营后可交付成果为组织和社会创造的价值。为此，应建立以交付价值为导向的项目管理理念，从项目需求提出开始到项目交付使用，以追求价值卓越为目标，最终完整实现项目价值。

1. 价值交付系统

PMBOK（第 7 版）提出，一个符合组织战略的价值交付系统可有多种组件，包括项目组合、项目群、项目、产品和运营，可以单独或共同使用多种组件来创造价值，这些组件共同组成一个符合组织战略的价值交付系统。具体而言，价值交付系统需要考虑以下内容：

（1）创造价值：

为组织及利益相关者创造价值，运作项目的方式有：

① 创造满足客户或最终用户需要的新产品、服务或成果。

② 做出积极的社会或环境贡献。

③ 提高效率、生产力、效果或响应能力。

④ 推动必要的变革，以促进组织向期望的未来状态过渡。

⑤ 维持以前的项目群、项目或业务运营所带来的收益。

（2）组织治理体系。

（3）与项目有关的职能。

项目价值交付需要人们有效地履行相关职能来实现。因此，协调集体工作对于任何项目的成功都至关重要。项目组织方式不同，会有不同的协调方式。有些项目受益于去中心化的协调，项目团队成员会进行自组织和自管理。有些项目则受益于由委派的项目经理或类似角色领导和指导的集中化协调。

（4）项目环境。

（5）产品管理考虑因素。

总之，价值交付要求项目管理者具备更为全面的眼光和更为深远的洞察，不再局限于在项目范围内按时、按预算管理客户对质量的期望，或传统的关键绩效指标，而是要聚焦长远战略和可持续的收益。

2. 价值驱动型项目管理

价值驱动是项目管理领域的新发展，项目管理者应关注项目管理新发展。

1）项目管理新理念

价值驱动型项目管理有如下基本理念：

（1）如果做的是错误的项目，那么项目执行得再完美也无关紧要。

（2）在预算范围内按时完成的项目并不一定是成功的项目。

（3）满足进度（工期）、成本、范围和质量“铁三角”的项目并不一定在项目完成后产生必要的商业价值。

（4）拥有成熟的项目管理实践并不能保证项目完成后会有商业价值。

（5）价格是实施项目所付出的，价值是实施项目得到的。

（6）商业价值是客户认为值得付出的东西。

（7）当商业价值实现时，项目就成功了。

2）商业价值因素

价值驱动型项目管理应考虑以下商业价值因素：

（1）从商业角度看，一个预算超支的项目有时却是划算的。

（2）一组产生正现金流的项目，并不一定代表一家公司的总体最佳投资机会。

（3）从数学上讲，不可能同时将所有项目列为第一优先级。

（4）一个组织在同一时间做太多的项目，并不能真正完成更多的工作。

（5）从商业角度看，强迫项目团队接受不切实际的最后期限是极其有害的。

【例题 1】价值驱动型项目管理的基本理念是（　　）。（2024 年真题）

A. 成功的项目应是在其预算范围内按时完成的项目

B. 满足进度、成本和质量要求的项目必然会产生商业价值

C. 拥有成熟的项目管理实践经验可保证项目完成后的商业价值

D. 商业价值一定是客户认为值得付出的东西

【答案】D

【例题 2】项目管理知识体系提出的价值交付原则有（　　）。(2024 年真题)

A. 有效的利益相关者

B. 优化风险应对措施

C. 建立便于协作的项目团队环境

D. 聚焦项目成本管理

E. 将所有项目同时列为第一优先级

【答案】ABC

知识点二　PMBOK 的五个基本过程组和十大知识领域

1. PMBOK 的五个基本过程组

PMBOK 将项目管理活动归结为五个基本过程组：启动、计划、执行、监控和收尾。

2. PMBOK 的十大知识领域（表 10-2）

PMBOK 中项目管理的知识领域包括：项目集成管理、项目范围管理、项目进度管理、项目费用管理、项目质量管理、项目资源管理、项目沟通管理、项目风险管理、项目采购管理、项目利益相关者管理。

PMBOK 的十大知识领域　　表 10-2

序号	知识领域	含义
1	项目集成管理	全过程管理
2	项目范围管理	成功完成项目应包括且仅需包括的工作的过程
3	项目进度管理	项目及时完成的过程
4	项目费用管理	在批准的预算内完成项目所需进行的管理过程
5	项目质量管理	指为满足项目利益相关者目标而开展的管理过程
6	项目资源管理	指为了成功完成项目而对项目所需资源进行管理的过程
7	项目沟通管理	指为确保项目及其利益相关者的信息需求得到满足而进行的管理过程
8	项目风险管理	对项目进行风险管理
9	项目采购管理	从项目团队外部采购或获得所需产品、服务或结果的过程
10	项目利益相关者管理	指识别影响项目或被项目所影响的人员或组织，分析这些利益相关者期望和对项目的影响，并制定适宜的管理策略以便使利益相关者在项目决策和实施过程中积极参与的过程

典型例题

【例题 1】项目管理知识体系（PMBOK）除将项目管理活动归结为计划、执行、监控和收尾过程组外，尚有（　　）过程组。(2021 年真题)

A. 启动　　B. 目标

C. 范围　　D. 规划

【答案】A

【解析】PMBOK将项目管理活动归结为五个基本过程组：启动、计划、执行、监控和收尾。

【例题2】根据项目管理知识体系（PMBOK），为完成项目而对项目所需资源进行管理的工作过程称为（　　）。（2020年真题）

A. 项目集成管理　　B. 项目范围管理

C. 项目资源管理　　D. 项目风险管理

【答案】C

【解析】项目资源管理是指为了成功完成项目而对项目所需资源进行管理的过程。

3. 多项目管理

项目管理不仅是指单一项目管理，还包括多项目管理，即项目群管理和项目组合管理。

1）项目群管理

项目群管理是指组织为实现战略目标、获得收益，而以一种综合协调的方式对一组相关项目进行的管理。由多个项目组成的通信卫星系统是一个典型的项目群实例，该项目群包括卫星和地面站的设计、卫星和地面站的施工、系统集成、卫星发射等多个项目。

2）项目组合管理

项目组合管理是指将若干项目或项目群与其他工作组合在一起进行有效管理，以实现组织的战略目标。项目组合中的项目或项目群之间没必要相互关联或直接相关。例如，一个基础设施公司为实现其投资回报最大化的战略目标，可将石油天然气、能源、水利、道路、铁道、机场等多个项目或项目群组合在一起实施。

知识点三　项目利益相关者管理

1. 项目利益相关者及其分类

1）按利益相关程度划分

按利益相关程度不同，项目利益相关者可分为主要利益相关者和次要利益相关者。

2）按项目掌控力划分

按项目掌控力不同，项目利益相关者可分为强利益相关者和弱利益相关者。

3）按损益程度划分

按损益程度不同，项目利益相关者可分为受益利益相关者和受损利益相关者。

4）按利益主体划分

按利益主体不同，项目利益相关者可分为内部利益相关者和外部利益相关者。

典型例题

【例题1】按项目掌控力不同，项目利益相关者可分为（　　）。

A. 主要利益相关者和次要利益相关者

B. 强利益相关者和弱利益相关者

C. 受益利益相关者和受损利益相关者

D. 内部利益相关者和外部利益相关者

【答案】B

【例题 2】项目利益相关者管理中，把项目利益相关者分为强利益相关者和弱利益相关者，是从（　　）的角度对项目利益相关者进行的分类。（2023 年真题）

A. 利益相关程度　　B. 项目掌控力

C. 损益程度　　D. 利益主体

【答案】B

2. 项目利益相关者识别的方法

识别项目利益相关者的方法主要有以下五种。

（1）文件资料分析；

（2）访谈；

（3）历史数据分析；

（4）假设分析；

（5）环境因素分析。

【例题 3】识别项目利益相关者的方法主要有（　　）。

A. 文件资料分析　　B. 专家调查法

C. 经验数据分析　　D. 假设分析

E. 财务报表法

【答案】AD

【例题 4】项目利益相关者管理的首要任务是（　　）。（2024 年真题）

A. 定义项目利益相关者

B. 识别项目利益相关者

C. 统一利益相关者的态度

D. 评估利益相关者的受损程度

【答案】B

【解析】进行项目利益相关者管理的首要任务是结合项目特点及实施环境识别项目利益相关者。

第二节　建设工程风险管理

考情分析：

近三年考情分析如表 10-3 所示。

近三年考情分析　　**表 10-3**

年份	2024 年	2023 年	2022 年
单选分值	2	2	2
多选分值	2	4	2
合计分值	4	6	4

本节主要知识点：

1.《风险管理标准》ISO 31000

2. 建设工程风险的分类
3. 风险识别的方法
4. 风险分析与评价的方法
5. 风险转移与风险自留

知识点一 《风险管理标准》ISO 31000（2023 年教材新增）

《风险管理标准》ISO 31000 中采用“三轮”形式概括了风险管理的原则、框架和流程，如图 10-1 所示。从图 10-1 可以看出：

（1）风险管理原则轮中，核心是“价值创造和保护”。

（2）风险管理框架轮中，核心是“领导力和承诺”。

（3）风险管理流程轮中，反映了风险评估的经典流程：风险识别—风险分析—风险评价。

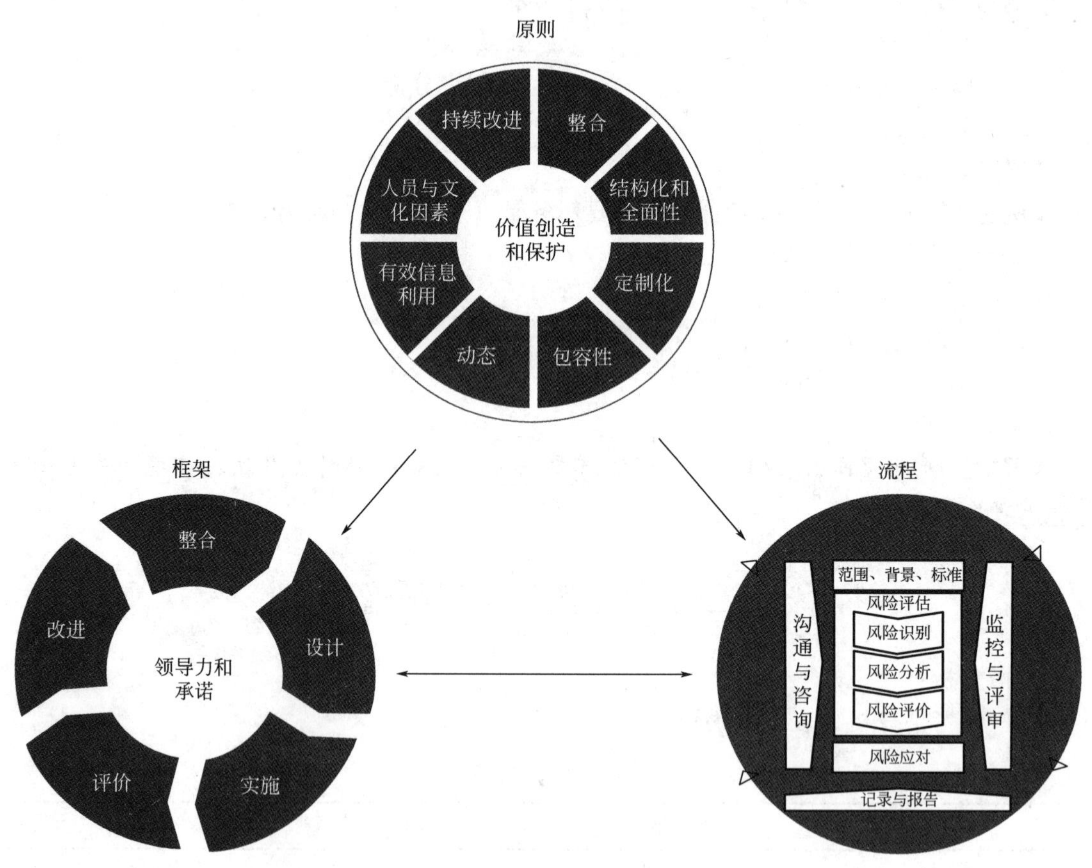

图 10-1 风险管理的原则、框架和流程

典型例题

【例题 1】《风险管理标准》ISO 31000 中采用“三轮”形式概括了风险管理的原则、框架和流程，风险管理流程轮中，反映了风险评估的经典流程（　　）。

A. 风险识别—风险分析—风险评价
B. 风险评估—风险识别—风险分析
C. 风险分析—风险评价—风险应对
D. 风险评估—风险分析—风险评价

【答案】 A

【例题 2】《风险管理标准》ISO 31000 中采用“三轮”形式概括了风险管理的原则、框架和流程，风险管理原则轮中，核心是（　　）。

A. 价值创造和保护　　B. 人员与文化因素
C. 持续改进　　D. 领导力和承诺

【答案】 A

【例题 3】《风险管理标准》ISO 31000 中采用“三轮”形式概括了风险管理的原则、框架和流程，风险管理框架轮中，核心是（　　）。

A. 人员与文化因素　　B. 价值创造和保护
C. 设计与实施　　D. 领导力和承诺

【答案】 D

【例题 4】 根据《风险管理标准》ISO 31000，风险管理原则轮中的核心内容是（　　）。（2023 年真题）

A. 持续改进和整合　　B. 有效信息利用
C. 价值创造和保护　　D. 结构化和全面性

【答案】 C

【例题 5】 根据《风险管理标准》ISO 31000，风险管理流程轮中，反映风险评估流程的经典内容有（　　）。（2023 年真题）

A. 风险识别　　B. 风险分析
C. 风险评价　　D. 风险应对
E. 风险监控

【答案】 ABC

【解析】 风险管理流程轮中，反映了风险评估的经典流程：风险识别、风险分析、风险评价。

知识点二　建设工程风险的分类（表 10-4）

建设工程风险的分类　　表 10-4

划分依据	分类
风险来源	自然风险;社会风险;经济风险;法律风险;政治风险
风险涉及的当事人	建设单位风险;设计单位风险;施工单位风险;工程监理单位风险等
风险可否管理	可管理风险与不可管理风险
风险影响范围	局部风险和总体风险

典型例题

【例题】 按风险影响范围分类，建设工程风险可划分为（　　）。（2017 年、2024 年真题）

A. 社会风险和政治风险

B. 监理单位风险和施工单位风险

C. 局部风险和总体风险

D. 可管理风险和不可管理风险

【答案】 C

【解析】 按风险影响范围划分，建设工程风险可分为局部风险和总体风险。

知识点三　风险识别的方法（表 10-5）

风险识别的方法　　**表 10-5**

方法及速记口诀	具体内容
专家调查法	主要包括头脑风暴法、德尔菲法和访谈法
财务报表法	通过分析资产负债表、现金流量表、损益表及有关补充资料，可以识别企业当前的所有资产、负债、责任及人身损失风险
流程图法	流程图分析仅着重于流程本身，而无法显示发生问题的损失值或损失发生的概率
初始清单法	初始清单法是指有关人员利用所掌握的丰富知识设计而成的初始风险清单表，尽可能详细地列举建设工程所有的风险类别，按照系统化、规范化的要求去识别风险
	建立初始清单有两种途径： ①参照保险公司或风险管理机构公布的潜在损失一览表 ②通过适当的风险分解方式来识别风险
	初始清单只是为了便于人们较全面地认识风险的存在，而不至于遗漏重要的建设工程风险，但并不是风险识别的最终结论
	风险识别的最主要成果是风险清单
经验数据法	经验数据法也称统计资料法，即根据已建各类建设工程与风险有关的统计资料来识别拟建工程风险 已建各类建设工程与风险有关的数据是识别拟建工程风险的重要基础
风险调查法	花费人力、物力、财力进行风险调查 ①对通过其他方法已识别出的风险（如初始清单所列出的风险）进行鉴别和确认 ②通过风险调查有可能发现此前尚未识别出的重要风险
速记口诀	“财经专家风流史”

典型例题

【例题 1】 下列风险识别方法中，属于专家调查法的有（　　）。（2021 年真题）

A. 初始清单法　　B. 流程图法

C. 德尔菲法　　D. 经验数据法

E. 访谈法

【答案】CE

【解析】专家调查法主要包括头脑风暴法、德尔菲法和访谈法。

【例题 2】属于建设工程风险识别方法的有（　　）。

A. 损失控制法　　B. 预防计划法

C. 初始清单法　　D. 经验数据法

E. 风险调查法

【答案】CDE

建设工程风险初始清单如表 10-6 所示。

建设工程风险初始清单　　表 10-6

风险因素		典型风险事件
技术风险	设计	设计内容不全，设计存在缺陷、错误和遗漏，应用规范不恰当，未考虑地质条件，未考虑施工可能性等
	施工	施工工艺落后，施工技术和方案不合理，施工安全措施不当，应用新技术新方案失败，未考虑场地情况等
	其他	工艺设计未达到先进性指标，工艺流程不合理，未考虑操作安全性等
非技术风险	自然与环境、政治法律、合同、材料、人员	

【例题 3】建设工程风险初始清单中，属于非技术风险的有（　　）。（2017 年真题）

A. 设计风险　　B. 施工风险

C. 经济风险　　D. 合同风险

E. 材料风险

【答案】CDE

【解析】选项 A、B 属于技术风险。非技术风险包括自然与环境、政治法律、经济、组织协调、合同、人员、材料设备。

【例题 4】关于采用初始清单法识别风险的说法，正确的有（　　）。（2016 年真题）

A. 初始清单可由有关人员利用所掌握的丰富知识设计而成

B. 建立初始清单是为了便于人们较全面地认识工程风险的存在

C. 利用初始清单有利于风险识别人员不遗漏重要的工程风险

D. 建立初始清单需要参照同类工程风险的经验数据

E. 初始清单中列出的风险，是风险识别的最终结论

【答案】ABCD

【例题 5】关于风险识别方法的说法，正确的是（　　）。（2018 年真题）

A. 流程图法不仅分析流程本身，也可显示发生问题的损失值或损失发生的概率

B. 分析初始清单是项目分析管理的检验总结，可以作为项目风险识别的最终结论

C. 经验数据法根据已建各类建设工程与风险有关的统计数据来识别拟建工程风险

D. 专家调查法是从分析具体工程特点入手，对已经识别出的风险进行鉴别和确认

【答案】C

【解析】流程图分析仅着重于流程本身，而无法显示发生问题的损失值或损失发生的

概率，选项A错误。初始清单只是为了便于人们较全面地认识风险的存在，而不至于遗漏重要的建设工程风险，但并不是风险识别的最终结论，选项B错误。经验数据法也称统计资料法，即根据已建各类建设工程与风险有关的统计资料来识别拟建工程风险，选项C正确。从分析具体工程特点入手，一方面对已经识别出的风险进行鉴别和确认，另一方面通过风险调查可能发现此前尚未识别出的重要风险的方法是风险调查法，选项D错误。

【例题6】风险识别的最主要成果是（　　）。(2017年真题)

A. 风险清单损失值　　B. 风险清单

C. 风险事件发生概率　　D. 风险度量值

【答案】B

【解析】风险识别的最主要成果是风险清单。

【例题7】建设工程风险清单的作用是（　　）。(2023年真题)

A. 描述存在的风险并记录可能减轻风险的行为

B. 描述存在风险的发生概率并记录可能减轻风险的行为

C. 描述存在风险的影响范围并评估多种风险因素的综合影响

D. 描述存在的风险并跟踪已识别的风险和识别新的风险

【答案】A

【例题8】采用风险调查法识别建设工程风险的作用有（　　）。(2024年真题)

A. 确认财务报表法已经识别的风险

B. 确认初始清单法已识别的风险

C. 鉴别流程图法已识别的风险

D. 发现此前尚未识别的风险

E. 实地考察确定风险发生概率

【答案】BD

知识点四　风险分析与评价的任务

(1) 确定单一风险因素发生的概率；

(2) 分析单一风险因素的影响范围大小；

(3) 分析各个风险因素的发生时间；

(4) 分析各个风险因素的结果，探讨这些风险因素对建设工程目标的影响程度；

(5) 在单一风险因素量化分析的基础上，考虑多种风险因素对建设工程目标的综合影响，评估风险的程度并提出可能的措施作为管理决策的依据。

典型例题

【例题1】下列风险管理工作中，属于风险分析与评价工作内容的有（　　）。(2018年真题)

A. 确定单一风险因素发生的概率

B. 分析单一风险因素的影响范围大小

C. 分析各风险因素之间相关性的大小

D. 分析各个风险因素最适宜的管理措施

E. 分析各个风险因素的结果

【答案】ABE

1. 风险后果的等级划分

可按事故发生后果的严重程度划分为 3～5 个等级。

2. 风险重要性评定

将风险事件发生概率（P）的等级和风险后果（O）的等级分别划分为很大（VH）、大（H）、中（M）、小（L）、很小（VL）五个区间（图 10-2）。

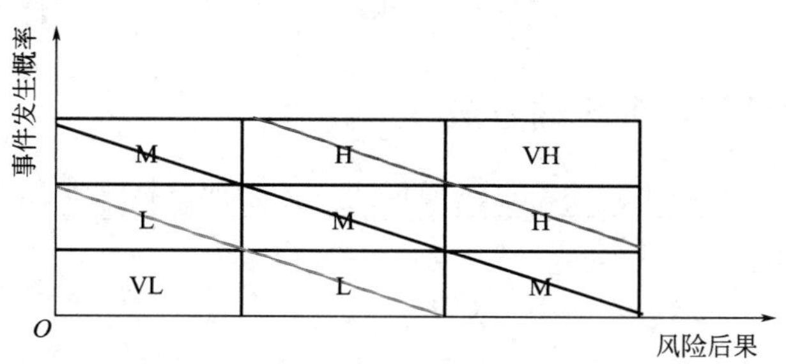

图 10-2　风险重要性评定

3. 风险可接受性评定（表 10-7）

风险可接受性评定　　**表 10-7**

风险等级	可接受性评定
很大、大	是不可接受的风险，需要给予重点关注
中	是不希望有的风险
小	是可接受的风险
很小	可忽略的风险

【例题 2】关于风险等级可接受性评定的说法，正确的是（　　）。（2016 年真题）

A. 风险等级为大的风险因素是不希望有的风险

B. 风险等级为中的风险因素是不可接受的风险

C. 风险等级为小的风险因素是不可接受的风险

D. 风险等级为很小的风险因素是可忽略的风险

【答案】D

【例题 3】图 10-3 中，风险最大数相等的是（　　）。（2018 年真题）

A. ①②③

B. ②④⑥

C. ①⑤⑨

D. ③⑤⑦

【答案】C

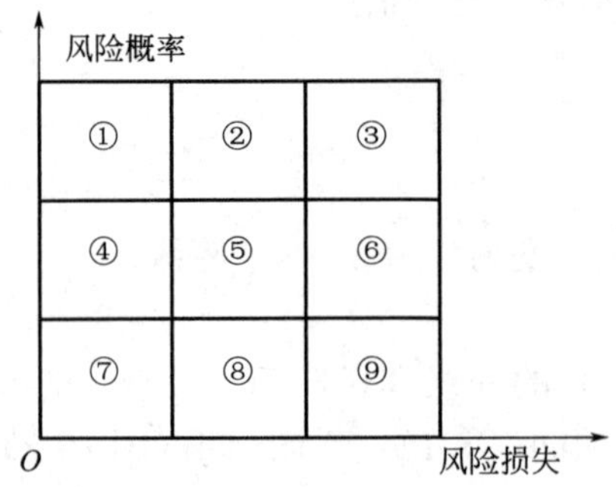

图 10-3　风险等级图

知识点五　风险分析与评价的方法

常用的方法有调查打分法、蒙特卡洛模拟法、计划评审技术法和敏感性分析法等。

口诀：打卡记（计）名（敏）。

典型例题

【例题】工程风险管理中，分析与评价工程风险可采用的方法是（　　）。（2020 年真题）

A. 财务报表法　　B. 流程图法

C. 敏感性分析法　　D. 经验数据法

【答案】C

【解析】常用的风险分析与评价方法有调查打分法、蒙特卡洛模拟法、计划评审技术法和敏感性分析法等。

知识点六　建设工程风险对策

建设工程风险对策包括风险回避、损失控制、风险转移和风险自留。

1. 风险回避

风险回避是指在完成建设工程风险分析与评价后，如果发现风险发生的概率很高，而且可能的损失也很大，又没有其他有效的对策来降低风险时，应采取放弃项目、放弃原有计划或改变目标等方法，使其不发生或不再发展，从而避免可能产生的潜在损失。

通常，当遇到下列情形时，应考虑风险回避的策略：

（1）风险事件发生概率很大且后果损失也很大的工程项目；

（2）发生损失的概率并不大，但当风险事件发生后产生的损失是灾难性的、无法弥补的。

2. 损失控制

损失控制是一种主动、积极的风险对策。损失控制可分为预防损失和减少损失两个方面。预防损失措施的主要作用在于降低或消除（通常只能做到降低）损失发生的概率，而减少损失措施的作用在于降低损失的严重性或遏制损失的进一步发展，使损失最小化。

在采用风险控制对策时，所制定的风险控制措施应当形成一个周密的、完整的损失控制计划系统。该计划系统一般应由预防计划、灾难计划和应急计划（表10-8）三部分组成。

灾难计划和应急计划　　表10-8

计划	具体包含的内容
灾难计划	①安全撤离现场人员 ②援救及处理伤亡人员 ③控制事故的进一步发展，最大限度地减少资产和环境损害 ④保证受影响区域的安全尽快恢复正常 （灾难计划在灾难性风险事件发生或即将发生时付诸实施）
应急计划	①调整整个进度计划、材料与设备的采购计划、供应计划 ②全面审查可使用的资金情况 ③准备保险索赔依据 ④确定保险索赔的额度 ⑤起草保险索赔报告 ⑥必要时需调整筹资计划等

典型例题

【例题1】某投标人在招标工程开标后发现自己由于报价失误，比正常报价少报20%，虽然被确定为中标人，但拒绝与业主签订施工合同，该风险对策为（　　）。（2005年真题）

A. 风险回避　　B. 损失控制

C. 风险自留　　D. 风险转移

【答案】A

【例题2】下列计划中，属于应急计划的是（　　）。（2015年真题）

A. 现场人员安全撤离计划　　B. 材料与设备采购调整计划

C. 伤亡人员援救及处理计划　　D. 资产和环境损害控制计划

【答案】B

【解析】应急计划应包括的内容有：调整整个建设工程实施进度计划，材料与设备的采购计划、供应计划；全面审查可使用的资金情况；准备保险索赔依据；确定保险索赔的额度；起草保险索赔报告；必要时需调整筹资计划等。

【例题3】工程风险管理中，关于预防损失和减少损失两类措施的说法，正确的是（　　）。（2022年、2024年真题）

A. 预防损失措施和减少损失措施的作用均在于降低损失发生的概率

B. 预防损失措施和减少损失措施的作用均在于降低损失的严重性

C. 预防损失措施的作用在于降低损失发生的概率，减少损失措施的作用在于降低损失的严重性

D. 预防损失措施的作用在于降低损失的严重性，减少损失措施的作用在于降低损失发生的概率

【答案】C

【解析】预防损失措施的主要作用在于降低或消除（通常只能做到降低）损失发生的概率，而减少损失措施的作用在于降低损失的严重性或遏制损失的进一步发展，使损失最小化。

3. 风险转移（表 10-9）

风险转移　　表 10-9

<table>
<tr><th>分类及应用</th><th colspan="2">具体内容</th></tr>
<tr><td rowspan="3">非保险转移</td><td>最常见的三种情况</td><td>①建设单位将合同责任和风险转移给对方当事人
②施工单位进行工程分包
③第三方担保</td></tr>
<tr><td>优点</td><td>①可以转移某些不可保的潜在损失，如物价上涨、法规变化、设计变更等引起的投资增加
②被转移者往往能较好地进行损失控制，如施工单位相对于建设单位能更好地把握施工技术风险，专业分包单位相对于总承包单位能更好地完成专业性强的工程内容</td></tr>
<tr><td>缺点</td><td>—</td></tr>
<tr><td rowspan="2">保险转移</td><td>需要考虑与保险有关的问题</td><td>①保险的安排方式
②选择保险类别和保险人（保险公司）
③可能要进行保险合同谈判，免赔额的数额或比例要由投保人自己确定</td></tr>
<tr><td>缺点</td><td>保险并不能转移建设工程所有风险，一方面是因为存在不可保风险，另一方面则是因为有些风险不宜保险</td></tr>
<tr><td>应用</td><td colspan="2">应将保险转移与风险回避、损失控制和风险自留结合起来应用</td></tr>
</table>

【例题 4】采用工程保险方式转移工程风险时，需要考虑的内容有（　　）。（2017 年真题）

A. 保险安排方式　　B. 保险类型选择

C. 保险人选择　　D. 保险合同谈判

E. 保险索赔报告

【答案】ABCD

【解析】在决定采用保险转移这一风险对策后，需要考虑与保险有关的几个具体问题：一是保险的安排方式；二是选择保险类别和保险人，一般是通过多家比选后确定，也可委托保险经纪人或保险咨询公司代为选择；三是可能要进行保险合同谈判，这项工作最好委托保险经纪人或保险咨询公司完成，但免赔额的数额或比例要由投保人自己确定。

【例题 5】为应对工程风险，采用非保险转移策略的优点有（　　）。（2022 年真题）

A. 转移风险一方不需要为风险转移付出任何代价

B. 双方当事人不会因对合同条款理解发生分歧而导致风险转移失效

C. 可以转移某些在保险公司不能投保的潜在损失风险

D. 风险被转移者往往能较好地进行损失控制

E. 风险被转移者不会因为无力承担实际重大损失而导致风险转移失效

【答案】CD

【解析】非保险转移一般都要付出一定的代价，有时转移风险的代价可能会超过实际发生的损失，从而对转移者不利，故选项 A 错误。非保险转移的媒介是合同，这就可能因为双方当事人对合同条款的理解发生分歧而导致转移失效，故选项 B 错误。与其他的风险对策相比，非保险转移的优点主要体现在：一是可以转移某些不可保的潜在损失，如物价上涨、法规变化、设计变更等引起的投资增加；二是被转移者往往能较好地进行损失控制，如施工单位相对于建设单位能更好地把握施工技术风险，专业分包单位相对于总承包单位能更好地完成专业性强的工程内容，故选项 C、D 正确。非保险转移，在某些情况下，可能因被转移者无力承担实际发生的重大损失而导致仍然由转移者来承担损失，故选项 E 错误。

【例题 6】与其他工程风险对策相比，非保险转移的优点有（　　）。（2023 年真题）

A. 担保方所承担的风险不仅仅局限于合同责任

B. 合同双方当事人对合同条款的理解不会发生分歧

C. 可以转移某些不可投保的潜在损失

D. 被转移者往往能较好地进行损失控制

E. 被转移者无力承担实际重大损失也不会导致风险转移失败

【答案】CD

4. 风险自留（表 10-10）

风险自留　　表 10-10

项目	内容
含义	将风险保留在风险管理主体内部，通过采取内部控制措施等来化解风险
分类	风险自留可分为非计划性风险自留和计划性风险自留两种
非计划性风险自留	主要原因： ①缺乏风险意识 ②风险识别失误 ③风险分析与评价失误 ④风险决策延误 ⑤风险决策实施延误等
计划性风险自留	①风险自留绝不可能单独运用，而应与其他风险对策结合使用 ②在实行风险自留时，应保证重大和较大的建设工程风险已经进行了工程保险或实施了损失控制计划

【例题 7】下列关于风险自留的说法，正确的有（　　）。（2019 年真题）

A. 计划性风险自留是有计划的选择

B. 风险自留区别于其他风险对策，应单独运用

C. 风险自留主要通过采取内部控制措施来化解风险

D. 非计划性风险自留是由于没有识别到某些风险以至于风险发生后被迫自留

E. 风险自留往往可以化解较大的建设工程风险

【答案】ACD

【解析】风险自留绝不可能单独运用，而应与其他风险对策结合使用，选项 B 错误。在实行风险自留时，应保证重大和较大的建设工程风险已进行工程保险或实施了损失控制计划，选项 E 错误。

知识点七 风险监控的主要内容

（1）评估风险控制措施产生的效果；
（2）及时发现和度量新的风险因素；
（3）跟踪、评估风险的变化程度；
（4）监控潜在风险的发展，监测工程风险发生的征兆；
（5）提供启动风险应急计划的时机和依据。

跟踪风险控制措施的效果是风险监控的主要内容。

典型例题

【例题】风险监控的主要内容是（　　）。
A. 风险识别
B. 风险评估
C. 跟踪风险控制措施的效果
D. 及时发现新的风险

【答案】C

【解析】跟踪风险控制措施的效果是风险监控的主要内容，在实际工作中，通常采用风险跟踪表格来记录跟踪的结果，然后定期地将跟踪的结果制成风险跟踪报告，使决策者及时掌握风险发展趋势的相关信息，以便及时地做出反应。

第三节　建设工程勘察、设计、保修阶段服务内容

考情分析：

近三年考情分析如表 10-11 所示。

近三年考情分析　　**表 10-11**

年份	2024 年	2023 年	2022 年
单选分值	0	0	1
多选分值	0	0	0
合计分值	0	0	1

本节主要知识点：

1. 工程勘察设计阶段服务内容
2. 工程勘察成果评估报告

知识点一 工程勘察设计阶段服务内容

工程监理单位应协助建设单位编制工程勘察设计任务书和选择工程勘察设计单位，并协助建设单位签订工程勘察设计合同。

工程监理单位应审查工程勘察单位提交的勘察方案，提出审查意见，并报建设单位。工程勘察单位变更勘察方案时，应按原程序重新审查。

工程监理单位应检查工程勘察现场及室内试验主要岗位操作人员的资格，所使用设备、仪器计量的检定情况。

知识点二　工程勘察成果审查

工程监理单位应审查工程勘察单位提交的勘察成果报告，并向建设单位提交工程勘察成果评估报告，同时应参与工程勘察成果验收。

勘察评估报告由总监理工程师组织各专业监理工程师编制，必要时可邀请相关专家参加。

工程勘察成果评估报告应包括下列内容：①勘察工作概况；②勘察报告编制深度、与勘察标准的符合情况；③勘察任务书的完成情况；④存在问题及建议；⑤评估结论。

典型例题

【例题 1】根据《建设工程监理规范》GB/T 50319—2013，工程监理单位受建设单位委托进行工程勘察管理时，工程勘察成果评估报告应由（　　）组织编制。（2021 年真题）

A. 总监理工程师

B. 评估专家组组长

C. 工程勘察项目负责人

D. 建设单位项目负责人

【答案】A

【解析】勘察评估报告由总监理工程师组织各专业监理工程师编制，必要时可邀请相关专家参加。

【例题 2】工程勘察成果评估报告的内容包括（　　）。

A. 评估结论

B. 勘察任务书的完成情况

C. 勘察报告编制深度，与勘察标准的符合情况

D. 勘察人员的学历、职称等

E. 存在问题及建议

【答案】ABCE

工程监理单位应审查设计单位提出的新材料、新工艺、新技术、新设备在相关部门的备案情况。必要时应协助建设单位组织专家评审。

工程监理单位应审查设计单位提出的设计概算、施工图预算，提出审查意见，并报建设单位。

【例题 3】工程监理单位提供设计阶段相关服务时，对于设计单位提出使用新材料的设计方案时，应审查新材料在相关部门的备案情况，必要时应协助（　　）组织专家进行评审。（2022 年真题）

A. 设计单位　　B. 建设单位

C. 相关部门　　D. 审图机构

【答案】B

【解析】工程监理单位应审查设计单位提出的新材料、新工艺、新技术、新设备在相关部门的备案情况。必要时应协助建设单位组织专家评审。

第四节　建设工程监理与项目管理一体化

考情分析：

近三年考情分析如表 10-12 所示。

近三年考情分析　　表 10-12

年份	2024 年	2023 年	2022 年
单选分值	1	1	1
多选分值	0	2	0
合计分值	1	3	1

本节主要知识点：

1. 建设工程监理与项目管理服务的区别
2. 工程监理与项目管理一体化的实施条件

知识点一　建设工程监理与项目管理服务的区别

项目管理服务是指具有工程项目管理服务能力的单位受建设单位委托，按照合同约定，对建设工程项目组织实施进行全过程或若干阶段的管理服务。尽管工程监理与项目管理服务均是由社会化的专业单位为建设单位（业主）提供服务，但在服务的性质、范围及侧重点等方面有着本质区别。

1. 服务性质不同

建设工程监理是一种强制实施的制度。属于国家规定强制实施监理的工程，建设单位必须委托建设工程监理，工程监理单位不仅要承担建设单位委托的工程项目管理任务，还需要承担法律法规所赋予的社会责任，如安全生产管理方面的职责和义务。

工程项目管理服务属于委托性质，建设单位的人力资源有限、专业性不能满足工程建设管理需求时，才会委托工程项目管理单位协助其实施项目管理。

2. 服务范围不同

目前，建设工程监理定位于工程施工阶段，而工程项目管理服务可以覆盖项目策划决策、建设实施（设计、施工）全过程。

3. 服务侧重点不同

工程监理单位尽管也要采用规划、控制、协调等方法为建设单位提供专业化服务，但其中心任务是目标控制。工程项目管理单位能够在项目策划决策阶段为建设单位提供专业化项目管理服务，更能体现项目策划的重要性，更有利于实现工程项目的全寿命期、全过程管理。

其对比总结如表 10-13 所示。

建设工程监理与项目管理服务的区别　　表 10-13

区别	工程监理服务	项目管理服务
服务性质不同	国家强制实施	属于委托服务
服务范围不同	施工阶段	工程建设全过程
服务侧重点不同	目标控制	项目策划

典型例题

【例题 1】下列选项中，属于建设工程监理与项目管理服务的区别的有（　　）。

A. 服务性质不同　　B. 服务的对象不同

C. 服务范围不同　　D. 服务方式不同

E. 服务侧重点不同

【答案】ACE

【解析】尽管工程监理与项目管理服务均是由社会化的专业单位为建设单位（业主）提供服务，但在服务的性质、范围及侧重点等方面有着本质区别，即服务性质不同、服务范围不同、服务侧重点不同。

【例题 2】建设工程监理与项目管理服务的相同点是（　　）。（2023 年真题）

A. 服务性质相同　　B. 服务范围相同

C. 服务侧重点相同　　D. 服务单位的社会化

【答案】D

知识点二　工程监理与项目管理一体化的实施条件

工程监理与项目管理一体化是指工程监理单位在实施建设工程监理的同时，为建设单位提供项目管理服务。由同一家工程监理单位为建设单位同时提供建设工程监理与项目管理服务，既符合国家推行建设工程监理制度的要求，也能满足建设单位对于工程项目管理专业化服务的需求，而且从根本上避免了建设工程监理与项目管理职责的交叉重叠。

推行建设工程监理与项目管理一体化，对于深化我国工程建设管理体制和工程项目实施组织方式的改革，促进工程监理企业持续健康发展，具有十分重要的意义。

工程监理与项目管理一体化的实施条件：

（1）建设单位的信任和支持是前提；

（2）建设工程监理与项目管理队伍素质是基础；

（3）建立健全相关制度和标准是保证。

典型例题

【例题 1】实施工程监理与项目管理一体化的前提是（　　）。（2020 年、2024 年真题）

A. 工程监理单位人员素质高　　B. 监理单位管理手段先进

C. 施工单位的信任和支持　　D. 建设单位的信任和支持

【答案】D

【解析】建设单位的信任和支持是顺利推进建设工程监理与项目管理一体化的前提。

【例题 2】 关于工程监理与项目管理一体化的说法，正确的是（　　）。(2021 年真题)

A. 工程监理与项目管理一体化是指监理单位提供的建设工程全过程管理服务

B. 推行工程监理与项目管理一体化是深化项目法人责任制改革的重要举措

C. 高素质的专业队伍是提供工程监理与项目管理一体化优质服务的基础

D. 工程监理与项目管理一体化属于国家规定强制实施的一项制度

【答案】 C

【解析】 选项 A 错误，工程监理与项目管理一体化是指工程监理单位在实施建设工程监理的同时，为建设单位提供项目管理服务。选项 B 错误，推行建设工程监理与项目管理一体化，对于深化我国工程建设管理体制和工程项目实施组织方式的改革，促进工程监理企业持续健康发展，具有十分重要的意义。选项 C 正确，高素质的专业队伍是提供优质工程监理与项目管理一体化服务的基础。选项 D 错误，并非国家规定强制实施的一项制度。

【例题 3】 工程监理与项目管理一体化是指工程监理单位在实施建设工程监理的同时，为（　　）提供项目管理服务。(2022 年真题)

A. 建设单位　　　　B. 设计单位

C. 项目管理单位　　　　D. 施工总承包单位

【答案】 A

【解析】 工程监理与项目管理一体化是指工程监理单位在实施建设工程监理的同时，为建设单位提供项目管理服务。

【例题 4】 实施工程监理与项目管理一体化须具备的条件有（　　）。(2023 年真题)

A. 建设单位的信任和支持

B. 实行项目经理负责制

C. 工程监理与项目管理队伍素质高

D. 相关制度和标准健全

E. 建立全过程集成化管理服务组织

【答案】 ACD

第五节　建设工程项目全过程集成化管理

考情分析：

近三年考情分析如表 10-14 所示。

近三年考情分析　　**表 10-14**

年份	2024 年	2023 年	2022 年
单选分值	1	1	1
多选分值	2	0	0
合计分值	3	1	1

本节主要知识点：

全过程集成化管理的三种服务模式

知识点一　全过程集成化管理的三种服务模式

1. 建设工程项目全过程集成化管理的含义

(1) 工程监理单位受建设单位委托，为其提供覆盖工程项目策划决策、建设实施阶段全过程的集成化管理。

(2) 工程监理单位的服务内容可包括项目策划、设计管理、招标代理、造价咨询、施工过程管理等。

2. 全过程集成化管理服务模式

目前在我国工程建设实践中，按照工程项目管理单位与建设单位的结合方式不同，全过程集成化项目管理服务可归纳为独立式、融合式和植入式三种模式（表 10-15）。

全过程集成化管理三种服务模式　　表 10-15

序号	模式	具体表现
1	独立式 （咨询式）	工程项目管理单位派出的项目管理团队置身于建设单位外部，为其提供项目管理咨询服务（图 10-4）
2	融合式 （一体化服务模式）	项目管理单位不设立专门的项目管理团队，或设立的项目管理团队中留有少量管理人员，而将大部分项目管理人员分别派到建设单位各职能部门中，与建设单位项目管理人员融合在一起（图 10-5）
3	植入式	工程项目管理单位设立的项目管理团队直接作为建设单位的职能部门。此时，项目管理团队具有项目管理和职能管理的双重功能（图 10-6）

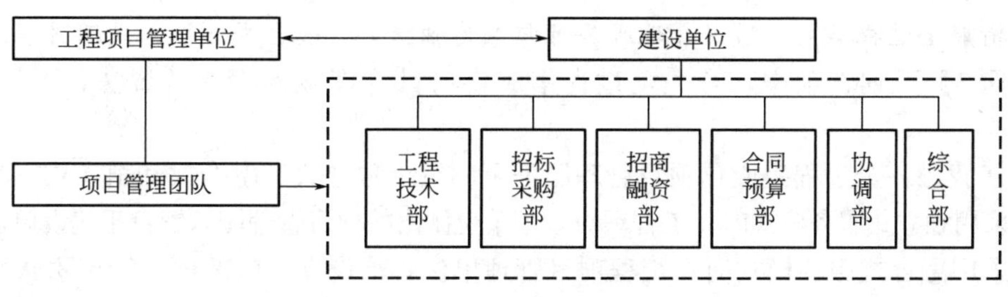

图 10-4　独立式服务模式

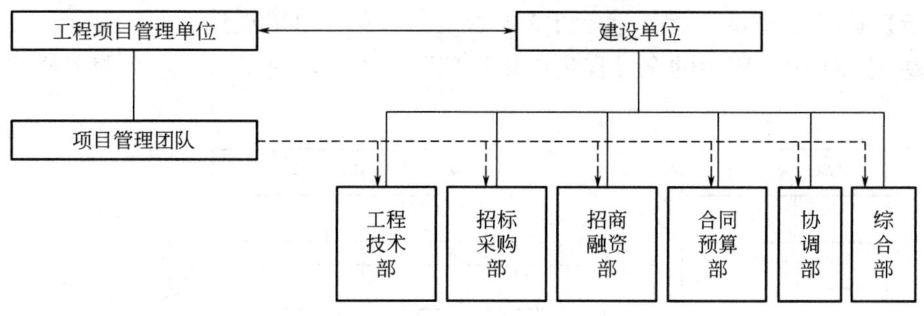

图 10-5　融合式服务模式

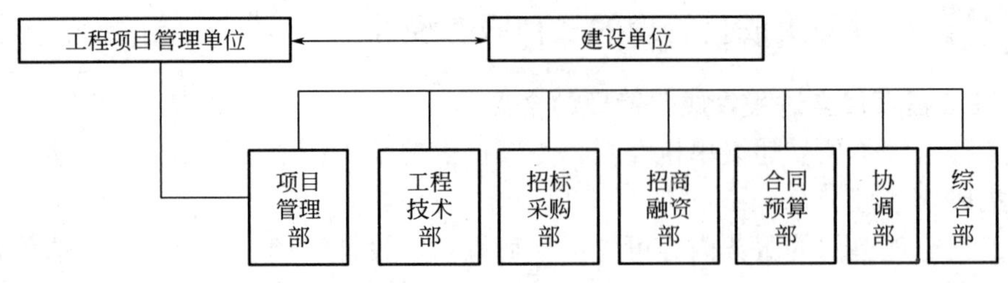

图 10-6 植入式服务模式

典型例题

【例题 1】根据工程项目管理单位与建设单位的结合方式不同，全过程集成化项目管理服务模式有（ ）。(2021 年真题)

A. 独立式 B. 融合式 C. 植入式 D. 复合式

E. 总控式

【答案】ABC

【解析】全过程集成化项目管理服务可归纳为独立式、融合式和植入式三种模式。

【例题 2】按照工程项目管理单位与建设单位的结合方式不同，全过程集成化项目管理服务方式可归纳为（ ）。(2022 年真题)

A. 独立式、融合式、植入式 B. 直线式、职能式、矩阵式

C. 职能式、融合式、植入式 D. 独立式、直线式、矩阵式

【答案】A

【解析】全过程集成化项目管理服务可归纳为独立式、融合式和植入式三种模式。

【例题 3】下列选项中，有关全过程集成化项目管理服务模式的说法，不正确的有（ ）。

A. 在我国，全过程集成化项目管理服务可归纳为独立式、融合式和植入式三种模式

B. 采用独立式服务模式时，工程项目管理单位派出的项目管理团队置身于建设单位外部

C. 采用融合式服务模式时，工程项目管理单位必须设立专门的项目管理团队

D. 采用植入式服务模式时，项目管理团队具有项目管理和职能管理的双重功能

【答案】C

【解析】选项 C 错误，项目管理团队可以设立，也可以不设立。

【例题 4】图 10-7 所示的全过程集成化管理服务模式，属于（ ）服务模式。(2023 年真题)

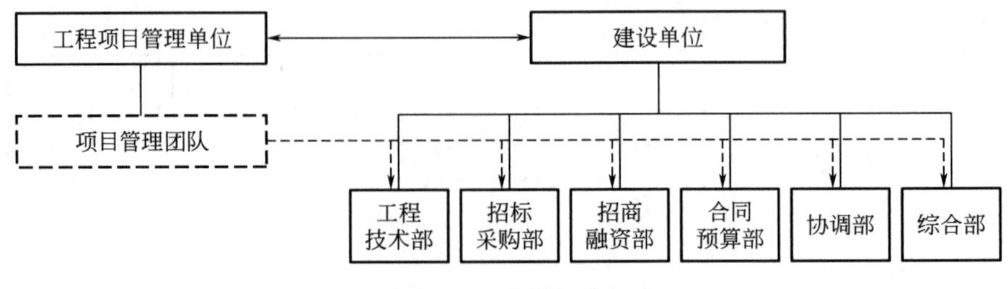

图 10-7 例题 4 图

A. 独立式　　B. 融合式
C. 职能式　　D. 植入式

【答案】 B

【例题 5】 在建设单位充分信任的前提下，工程项目管理单位设立的项目管理团队直接作为建设单位的职能部门。此时，项目管理团队具有项目管理和职能管理的双重功能。这可归纳为全过程集成化项目管理服务（　　）模式。

A. 植入式　　B. 融合式
C. 总控式　　D. 复合式

【答案】 A

【例题 6】 建设工程项目实施全过程集成化管理时，工程项目管理单位设立的项目管理团队直接作为建设单位职能部门的服务模式属于（　　）服务模式。（2024 年真题）

A. 独立式　　B. 融合式
C. 植入式　　D. 矩阵式

【答案】 C

本章精选习题

一、单项选择题

1. 项目管理知识体系中，为确保项目及其利益相关者的信息需求得到满足而进行的必要管理过程称为（　　）。

A. 项目沟通管理　　B. 项目资源管理
C. 项目范围管理　　D. 项目利益相关者管理

2. 根据项目管理知识体系（PMBOK），属于项目绩效域的是（　　）。

A. 项目领导力　　B. 复杂性
C. 风险应对策略　　D. 利益相关者

3. 建设工程风险识别方法中，不属于专家调查法的是（　　）。

A. 头脑风暴法　　B. 德尔菲法
C. 经验数据法　　D. 访谈法

4. 下列风险识别方法中，有可能发现其他识别方法难以识别出的工程风险的方法是（　　）。

A. 流程图法　　B. 初始清单法
C. 经验数据法　　D. 风险调查法

5. 根据保险公司公布的潜在损失一览表，对建设工程风险进行识别的方法是（　　）。

A. 专家调查法　　B. 经验数据法
C. 初始清单法　　D. 风险调查法

6. 建设工程风险识别是由若干工作构成的过程，最主要的成果是（　　）。

A. 风险清单　　B. 识别建设工程风险因素

C. 建设工程风险分解　　D. 识别建设工程风险事件及其后果

7. 工程风险应对策略中，风险转移可分为（　　）两大类。

A. 契约转移和非契约转移　　B. 保险转移和非保险转移

C. 直接转移和间接转移　　D. 担保转移和非担保转移

8. 关于建设工程风险的损失控制对策的说法，正确的是（　　）。

A. 预防损失措施的主要作用在于遏制损失的发展

B. 减少损失措施的主要作用在于降低损失发生的概率

C. 制定损失控制措施必须考虑其付出的费用和时间方面的代价

D. 制定损失控制措施只需考虑其付出的费用代价

9. 关于工程勘察成果审查的说法，正确的是（　　）。

A. 岩土工程勘察应正确反映场地工程地质条件

B. 详勘阶段的勘察成果应满足初步设计的深度要求

C. 勘察评估报告由专业监理工程师组织编制，并邀请相关专家参加

D. 受托单位提交的勘察成果应由完成人、检查人或审核人签字

10. 评审工程设计成果需要进行的工作有：①邀请专家参与评审；②确定专家人选；③建立评审制度和程序；④收集专家的评审意见；⑤分析专家的评审意见。其正确的工作步骤是（　　）。

A. ①—②—③—④—⑤　　B. ①—③—②—④—⑤

C. ③—②—①—④—⑤　　D. ②—①—④—③—⑤

11. 工程监理单位在工程勘察设计阶段提供项目管理服务时，应进行的工作是（　　）。

A. 审查工程勘察设计质量保证体系　　B. 确定工程勘察设计单位选择方式

C. 编制工程勘察设计进度计划　　D. 组织进行工程限额设计

12. 建设工程项目全过程集成化管理服务中，工程项目管理单位设立的项目管理团队能够植入建设单位作为某职能部门的前提是（　　）。

A. 工程项目管理单位的高质量服务　　B. 工程项目管理单位的契约精神

C. 建设单位的充分信任　　D. 建设单位的制度完善

13. 实施工程监理与项目管理一体化的前提是（　　）。

A. 工程监理单位人员素质高　　B. 监理单位管理手段先进

C. 施工单位的信任和支持　　D. 建设单位的信任和支持

14. 建设工程监理定位于工程施工阶段，而工程项目管理服务可以覆盖项目策划决策、建设实施的全过程，表现出建设工程监理与项目管理服务的（　　）。

A. 服务性质不同　　B. 服务范围不同

C. 服务侧重点不同　　D. 服务对象不同

15. 下列关于项目管理服务的说法中，错误的是（　　）。

A. 工程项目管理服务属于委托性质

B. 工程项目管理服务定位于工程施工阶段

C. 工程项目管理单位能够在项目策划决策阶段为建设单位提供专业化的项目管理服务，更能体现项目策划的重要性

D. 工程项目管理更有利于实现工程项目的全寿命期、全过程管理

二、多项选择题

1. 下列风险识别方法中，属于专家调查法的有（　　）。

A. 访谈法　　B. 德尔菲法

C. 流程图法　　D. 经验数据法

E. 头脑风暴法

2. 按风险影响范围划分，建设工程风险种类有（　　）。

A. 社会风险　　B. 局部风险

C. 总体风险　　D. 经济风险

E. 管理风险

3. 下列建设工程风险事件中，属于技术风险的有（　　）。

A. 设计规范应用不当　　B. 施工方案不合理

C. 合同条款有遗漏　　D. 施工设备供应不足

E. 施工安全措施不当

4. 为应对工程风险，采用非保险转移策略的优点有（　　）。

A. 转移风险一方不需要为风险转移付出任何代价

B. 双方当事人不会因对合同条款理解发生分歧而导致风险转移失效

C. 可以转移某些在保险公司不能投保的潜在损失风险

D. 风险被转移者往往能较好地进行损失控制

E. 风险被转移者不会因为无力承担实际重大损失而导致风险转移失效

5. 下列内容中，属于非保险转移缺点的有（　　）。

A. 可能因合同条款有歧义而导致转移失败

B. 机会成本大

C. 有时转移代价可能超过实际损失

D. 可能因转移者心理麻痹而导致实际损失增加

E. 可能因被转移者无力承担实际损失而仍然由转移者承担损失

6. 关于计划性风险自留的说法，正确的有（　　）。

A. 计划性风险自留是有计划的选择

B. 风险自留一般单独运用效果较好

C. 应保证重大风险已有对策后才使用

D. 在风险管理人员正确识别和评价风险后使用

E. 通常采用外部控制措施来化解风险

7. 关于风险跟踪检查与报告的说法，正确的有（　　）。
A. 跟踪风险控制措施的效果是风险监控的主要内容
B. 应定期将跟踪结果编制成风险跟踪报告
C. 风险跟踪过程中发现新的风险因素时应进行重新估计
D. 风险跟踪报告内容的详细程度应依据掌握的资料确定
E. 编制和提交风险跟踪报告是风险管理的一项日常工作

8. 下列内容中，属于工程设计评估报告内容的有（　　）。
A. 设计任务书的完成情况
B. 各专业计划的衔接情况
C. 出图节点与总体计划的符合情况
D. 有关部门审查意见的落实情
E. 设计深度与设计标准的符合情况

9. 下列选项中，属于建设工程监理与项目管理服务的区别的有（　　）。
A. 服务性质不同　　B. 服务对象不同
C. 服务范围不同　　D. 服务方式不同
E. 服务侧重点不同

10. 按照工程项目管理单位与建设单位的结合方式不同，全过程集成化项目管理服务模式有（　　）。
A. 独立式　　B. 顾问式
C. 并行式　　D. 融合式
E. 植入式

习题答案及解析

一、单项选择题

1. **【答案】** A

【解析】 项目沟通管理是指为确保项目及其利益相关者的信息需求得到满足而进行的必要管理过程。

2. **【答案】** D

【解析】 最新发布的 PMBOK 提出了一组对有效交付项目成果至关重要的相关活动，称为项目绩效域：①利益相关者；②团队；③开发方法和生命周期；④规划；⑤项目工作；⑥交付；⑦测量；⑧不确定性。

3. **【答案】** C

【解析】 专家调查法主要包括头脑风暴法、德尔菲法和访谈法。

4. **【答案】** D

【解析】 风险调查应当从分析具体工程特点入手，一方面对通过其他方法已识别出的风险（如初始清单所列出的风险）进行鉴别和确认；另一方面通过风险调查有可能发现此前尚未识别出的重要风险。

5.【答案】C

【解析】建立初始清单有两种途径：一是参照保险公司或风险管理机构公布的潜在损失一览表，再结合某建设工程所面临的潜在损失，从而建立特定工程的风险一览表；二是通过适当的风险分解方式来识别风险。

6.【答案】A

【解析】风险识别的最主要的成果是风险清单。

7.【答案】B

【解析】风险转移可分为非保险转移和保险转移两大类。

8.【答案】C

【解析】损失控制可分为预防损失和减少损失两个方面。预防损失措施的主要作用在于降低或消除（通常只能做到降低）损失发生的概率，而减少损失措施的作用在于降低损失的严重性或遏制损失的进一步发展，使损失最小化。

9.【答案】A

【解析】详勘阶段报告应满足施工图设计的要求，故选项B错误。勘察评估报告由总监理工程师组织各专业监理工程师编制，必要时可邀请相关专家参加，故选项C错误。各种室内试验和原位测试，其成果应由试验人、检查人或审核人签字。测试、试验项目委托其他单位完成时，受托单位提交的成果还应有该单位公章、单位负责人签章，故选项D错误。

10.【答案】C

【解析】工程设计成果评审程序如下：①事先建立评审制度和程序，并编制设计成果评审计划，列出预评审的设计成果清单；②根据设计成果特点，确定相应的专家人选；③邀请专家参与评审，并提供专家所需评审的设计成果资料、建设单位的需求及相关部门的规定等；④组织相关专家对设计成果评审会议，收集各专家的评审意见；⑤整理、分析专家评审意见，提出相关建议或解决方案，形成会议纪要或报告，作为设计优化或下一阶段设计的依据，并报建设单位或相关部门。

11.【答案】A

【解析】工程监理单位应协助建设单位编制工程勘察设计任务书和选择工程勘察设计单位，并协助建设单位签订工程勘察设计合同。工程监理单位应审查工程勘察设计单位的资质等级、勘察设计人员资格、勘察设计业绩以及工程勘察设计质量保证体系等。

12.【答案】C

【解析】在建设单位充分信任的前提下，工程项目管理单位设立的项目管理团队直接作为建设单位的职能部门。

13.【答案】D

【解析】建设单位的信任和支持是顺利推进建设工程监理与项目管理一体化的前提。

14.【答案】B

【解析】建设工程监理定位于工程施工阶段；而工程项目管理服务可以覆盖项目策划决策、建设实施（设计、施工）全过程，体现出建设工程监理与项目管理服务范围不同。

15.【答案】B

【解析】建设工程监理定位于工程施工阶段；而工程项目管理服务可以覆盖项目策划决策、建设实施（设计、施工）全过程。

二、多项选择题

1.【答案】ABE

【解析】专家调查法主要包括头脑风暴法、德尔菲法和访谈法。

2.【答案】BC

【解析】按风险影响范围划分，可分为局部风险和总体风险。

3.【答案】ABE

【解析】技术风险，包括设计、施工、其他风险。设计风险，是指设计内容不全、设计缺陷、错误和遗漏，应用规范不恰当，未考虑地质条件，未考虑施工可能性等。施工风险，是指施工工艺落后，施工技术和方案不合理，施工安全措施不当，应用新技术新方案失败，未考虑场地情况等。

4.【答案】CD

【解析】非保险转移一般都要付出一定的代价，有时转移风险的代价可能会超过实际发生的损失，从而对转移者不利，选项 A 错误。非保险转移的媒介是合同，这就可能因为双方当事人对合同条款的理解发生分歧而导致转移失效，选项 B 错误。与其他的风险对策相比，非保险转移的优点主要体现在：一是可以转移某些不可保的潜在损失，如物价上涨、法规变化、设计变更等引起的投资增加；二是被转移者往往能较好地进行损失控制，如施工单位相对于建设单位能更好地把握施工技术风险，专业分包单位相对于总承包单位能更好地完成专业性强的工程内容，选项 C、D 正确。非保险转移，在某些情况下，可能因被转移者无力承担实际发生的重大损失而导致仍然由转移者来承担损失。选项 E 错误。

5.【答案】ACE

【解析】非保险转移的媒介是合同，这就可能因为双方当事人对合同条款的理解发生分歧而导致转移失效。另外，在某些情况下，可能因为被转移者无力承担实际发生的重大损失而导致仍然由转移者来承担损失。还需指出的是，非保险转移一般都要付出一定的代价，有时转移代价可能超过实际发生的损失，从而对转移者不利。

6.【答案】AD

【解析】计划性风险自留是主动的、有意识的、有计划的选择，是风险管理人员在经过正确的风险识别和风险评价后制定的风险对策，选项 A、D 正确。风险自留绝不可能单独运用，而应与其他风险对策结合使用，选项 B 错误。在实行风险自留时，应保证重大和较大的建设工程风险已进行工程保险或实施了损失控制计划，选项 C 错误。风险自留是指将建设工程风险保留在风险管理主体内部，通过采取内部控制措施等来化解风险，选项 E 错误。

7.【答案】ABCE

【解析】风险报告应该及时、准确并简明扼要，向决策者传达有用的风险信息，报告内容的详细程度应按照决策者的需要而定，故选项 D 错误。

8.【答案】ADE

【解析】评估报告应包括下列主要内容：①设计工作概况；②设计深度、与设计标准的符合情况；③设计任务书的完成情况；④政府有关部门审查意见的落实情况；⑤存在的问题及建议。

9.【答案】ACE

【解析】尽管工程监理与项目管理服务均是由社会化的专业单位为建设单位（业主）提供服务，但在服务的性质、范围及侧重点等方面有着本质区别，即服务性质不同、服务范围不同、服务侧重点不同。

10.【答案】ADE

【解析】全过程集成化项目管理服务可归纳为独立式、融合式和植入式三种模式。

第十一章　国际工程咨询与实施组织模式

第一节　国际工程咨询

考情分析：

近三年考情分析如表 11-1 所示。

近三年考情分析　　**表 11-1**

年份	2024 年	2023 年	2022 年
单选分值	0	0	0
多选分值	0	2	2
合计分值	0	2	2

本节主要知识点：

1. 咨询工程师的理解和国际咨询理念
2. 工程咨询公司的服务对象和内容

知识点一　咨询工程师的理解和国际咨询理念

按国际上的理解，我国的建筑师、结构工程师、各种专业设备工程师、监理工程师、造价工程师、招标师等都属于咨询工程师。

国际咨询工程师联合会（FIDIC）的理念：基于质量选择咨询服务。

典型例题

【例题】按照国际咨询工程师联合会（FIDIC）的理念，应基于（　　）选择咨询服务。（2020 年真题）

A. 业绩　　B. 质量

C. 道德　　D. 职责

【答案】B

知识点二　工程咨询公司的服务对象和内容

工程咨询公司的业务范围很广泛，其服务对象可以是业主、承包商、国际金融机构和贷款银行，工程咨询公司也可以与承包商联合投标承包工程。

1. 为业主服务

工程咨询公司为业主服务既可以是全过程服务（包括实施阶段全过程和工程建设全过程），也可以是阶段性服务。

阶段性服务是指工程咨询公司仅承担上述工程建设全过程服务中某一阶段的服务工作。一般来说，除了生产准备和调试验收之外，其余各阶段工作业主都可能单独委托工程咨询公司来完成。

2. 为承包商服务

工程咨询公司为承包商服务主要有以下几种情况：

（1）为承包商提供合同咨询和索赔服务。

（2）为承包商提供技术咨询服务。

（3）为承包商提供工程设计服务。

具体表现又有两种方式：一种是工程咨询公司仅承担详细设计（相当于我国的施工图设计）工作；另一种是工程咨询公司承担全部或绝大部分设计工作。

3. 为贷款方服务

这里所说的贷款方包括一般的贷款银行、国际金融机构（如世界银行、亚洲开发银行等）和国际援助机构（如联合国开发计划署、粮农组织等）。

工程咨询公司为贷款方服务的常见形式有两种：一是对申请贷款的项目进行评估；二是对已接受贷款的项目的执行情况进行检查和监督。

典型例题

【例题 1】在国外工程咨询公司的阶段性服务内容中，除了（　　）之外，其余各阶段工作业主都可能单独委托工程咨询公司来完成。

A. 工程设计　　B. 工程招标与设备采购

C. 生产准备和调试验收　　D. 项目后评价

【答案】C

【解析】阶段性服务是指工程咨询公司仅承担上述工程建设全过程服务中某一阶段的服务工作。一般来说，除了生产准备和调试验收之外，其余各阶段工作业主都可能单独委托工程咨询公司来完成。

【例题 2】国际上的工程咨询公司可为承包商提供的服务内容有（　　）。（2022 年真题）

A. 合同咨询服务　　B. 工程索赔服务

C. 技术咨询服务　　D. 工程设计服务

E. 联合承包工程

【答案】ABCD

【解析】工程咨询公司为承包商服务主要有以下几种情况：①为承包商提供合同咨询和索赔服务；②为承包商提供技术咨询服务；③为承包商提供工程设计服务。

【例题 3】在国际工程咨询中，工程咨询公司为承包商服务的主要内容有（　　）。（2023 年真题）

A. 提供贷款项目评估　　B. 提供技术咨询

C. 提供设计服务　　D. 提供合同咨询

E. 提供索赔服务

【答案】BCDE

第二节　国际工程实施组织模式

考情分析：

近三年考情分析如表 11-2 所示。

近三年考情分析　　**表 11-2**

年份	2024 年	2023 年	2022 年
单选分值	1	1	0
多选分值	4	2	2
合计分值	5	3	2

本节主要知识点：

1. CM 模式的特点和计价方式（1 分）
2. Partnering 模式的特征与适用范围
3. Project Controlling 与项目管理服务的区别（1 分）

知识点一　CM 模式的特点和计价方式（1 分）

1. CM 模式

所谓 CM 模式，就是在采用快速路径法时，从建设工程开始阶段就雇用具有施工经验的 CM 单位（或 CM 经理）参与到建设工程实施过程中，以便为设计人员提供施工方面的建议且随后负责管理施工过程。

CM 模式可分为代理型 CM 模式和非代理型 CM 模式。

1）代理型 CM 模式（图 11-1）

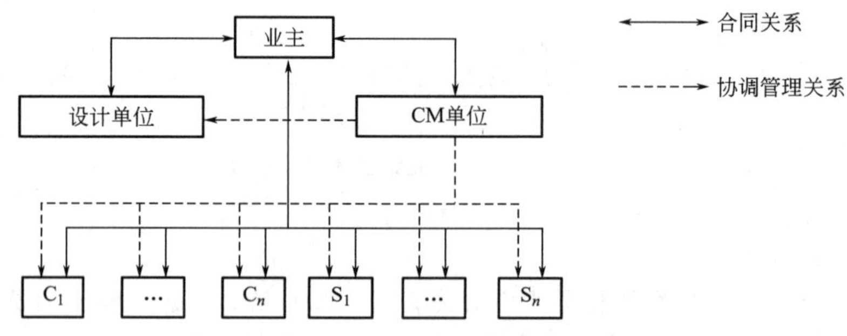

图 11-1　代理型 CM 模式的合同关系和协调管理关系

图中 C 表示施工单位，S 表示材料设备供应单位。需要说明的是，CM 单位对设计单位没有指令权，只能向设计单位提出一些合理化建议。这一点同样适用于非代理型 CM 模式。

2）非代理型 CM 模式（图 11-2）

非代理型 CM 模式又称为风险型 CM 模式。采用非代理型 CM 模式时，业主一般不与施工单位签订工程施工合同，但也可能在某些情况下，对某些专业性很强的工程内容和工程专用材料、设备，业主与少数施工单位和材料、设备供应单位签订合同。业主与 CM 单位所签订的合同既包括CM服务内容，也包括工程施工承包内容。CM单位与施工单位和材料、设备供应单位签订合同，而代理型CM模式则CM单位不与施工单位和材料、设备供应单位签订合同。

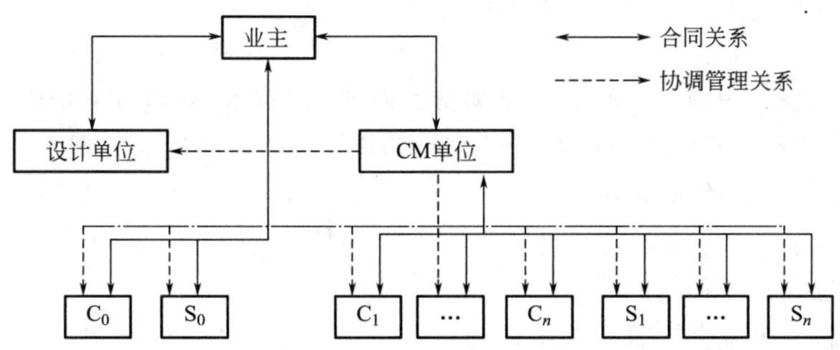

图11-2　非代理型CM模式的合同关系和协调管理关系

CM单位与施工单位之间似乎是总分包关系，但实际上却与总分包模式有本质的不同。其根本区别主要表现在：

一是虽然CM单位与各个分包商直接签订合同，但CM单位对各分包商的资格预审、招标、议标和签约都对业主公开且必须经过业主的确认才有效。

二是由于CM单位介入工程时间较早（一般在设计阶段介入）且不承担设计任务，因此，CM单位并不向业主直接报出具体数额的价格，而是报CM费，至于工程本身的费用则是今后CM单位与各分包商、供应商的合同价之和。也就是说，CM合同价由以上两部分组成，但在签订CM合同时，该合同价尚不是一个确定的具体数据，而主要是确定计价原则和方式，本质上属于成本加酬金合同的一种特殊形式。

采用非代理型CM模式时，业主对工程费用不能直接控制，因而在这方面存在很大风险。为了促使CM单位加强费用控制，业主往往要求在CM合同中预先确定一个具体数额的保证最大价格（GMP），GMP包括总的工程费用和CM费。而且在合同条款中通常规定，如果实际工程费用加CM费超过GMP，超出部分应由CM单位承担；反之，节余部分归业主所有。为提高CM单位控制工程费用的积极性，也可在合同中约定，节余部分由业主与CM单位按一定比例分成。

如果GMP数额过高，就失去了控制工程费用的意义，业主所承担的风险增大；反之，GMP数额过低，则CM单位所承担的风险加大。因此，GMP具体数额的确定成为CM合同谈判的焦点和难点。

2. CM模式适用情形

从CM模式的特点来看，在以下几种情况下尤其能体现其优点：

（1）设计变更可能性较大的建设工程。

（2）时间因素最为重要的建设工程。

（3）因总的范围和规模不确定而无法确定造价的建设工程。

典型例题

【例题1】采用非代理型CM模式时，保证最大价格（GMP）数额过高会导致的结果是（　　）。（2022年真题）

A. CM单位所承担的风险大，业主所承担的风险小

B. CM单位所承担的风险小，业主所承担的风险大

C. CM单位和业主所承担的风险都比较小

D. CM单位和业主所承担的风险都比较大

【答案】B

【解析】合同条款中通常规定，如果实际工程费用加CM费超过GMP，超出部分应由CM单位承担；反之，节余部分归业主所有。如果GMP数额过高，则失去了控制工程费用的意义，业主所承担的风险加大。

【例题2】与施工总承包相比，非代理型CM的特点是（　　）。（2020年真题）

A. CM单位介入工程时间早

B. 业主与施工单位直接签订施工合同

C. CM合同采用简单的成本加酬金计价方式

D. CM单位承担工程设计任务

【答案】A

【解析】选项B错误，CM单位直接与施工单位签订施工合同。选项C错误，CM合同价由以上两部分组成，但在签订CM合同时，该合同价尚不是一个确定的具体数据，而主要是确定计价原则和方式，本质上属于成本加酬金合同的一种特殊形式。选项D错误，CM单位介入工程时间较早（一般在设计阶段介入）且不承担设计任务。

【例题3】下列关于风险型CM模式的说法中，正确的有（　　）。

A. GMP低于合理值时，CM单位承担的风险增大

B. GMP具体数额的确定是CM合同谈判的焦点和难点

C. 签订CM合同时，就合同价而言，主要是确定计价原则和方式

D. CM单位与承包商是分包关系

E. CM单位介入工程时间较晚

【答案】ABC

【解析】选项D错误，虽然CM单位与各个分包商直接签订合同，但是CM单位与施工单位之间不是总分包关系，实际上与总分包模式有本质的不同。选项E错误，CM单位介入工程时间较早，一般在设计阶段介入，且不承担设计任务。

【例题4】下列建设工程中，采用CM模式进行管理，尤其能体现该模式的优点的是（　　）。

A. 设计变更可能性较大的建设工程

B. 由承包商承担工程建设大部分风险的建设工程

C. 不宜采用公开招标或邀请招标的建设工程

D. 时间因素最为重要的建设工程

E. 因总的范围和规模不确定而无法准确定价的建设工程

【答案】ADE

【解析】从CM模式的特点来看，在以下几种情况下尤其能体现其优点：① 设计变更可能性较大的建设工程。② 时间因素最为重要的建设工程。③ 因总的范围和规模不确定而无法准确确定造价的建设工程。

知识点二　Partnering 模式的特征与适用范围

1. Partnering 模式的主要特征

（1）出于自愿；

（2）高层管理的参与；

（3）Partnering 协议不是法律意义上的合同；

（4）信息的开放性。

2. Partnering 协议

Partnering 协议并不仅仅是建设单位与承包单位双方之间的协议，而需要工程项目参建各方共同签署，包括建设单位、总承包单位、主要的分包单位、设计单位、咨询单位、主要的材料设备供应单位等。参与 Partnering 模式的有关各方必须是完全自愿，而非出于任何原因的强迫。

Partnering 协议与工程合同是两个完全不同的文件。在工程合同签订后，工程参建各方经过讨论协商后才会签署 Partnering 协议。该协议并不改变参与各方在有关合同中规定的权利和义务。

Partnering 协议主要用来确定参建各方在工程建设过程中的共同目标、任务分工和行为规范，是工作小组的纲领性文件。当然，该协议的内容也不是一成不变的，当有新的参与者加入时，或某些参与者对协议的某些内容有意见时，都可以召开会议经过讨论对协议内容进行修改。

典型例题

【例题 1】 Partnering 协议通常是由（　　）签署的协议。

A. 监理单位与承包商　　　　B. 业主与承包商

C. 工程参与各方共同　　　　D. 业主与监理单位

【答案】 C

【解析】 Partnering 协议并不仅仅是建设单位与承包单位双方之间的协议，而需要工程项目参建各方共同签署，包括建设单位、总承包单位、主要的分包单位、设计单位、咨询单位、主要的材料设备供应单位等。

【例题 2】 关于 Partnering 协议的说法，正确的是（　　）。（2020 年真题）

A. Partnering 协议是工程总承包合同的组成部分

B. Partnering 协议是工程设计合同的组成部分

C. Partnering 协议不是法律意义上的合同

D. partnering 协议是工程咨询合同的组成部分

【答案】 C

【解析】 Partnering 协议与工程合同是两个完全不同的文件。在工程合同签订后，工程参建各方经过讨论协商后才会签署 Partnering 协议。该协议并不改变参与各方在有关合同中规定的权利和义务。

【例题 3】 关于 Partnering 模式下 Partnering 协议的说法，正确的有（　　）。

A. Partnering 协议由工程参与各方共同签署

B. Partnering 协议的参与者须一次性到位

C. Partnering 协议应由业主起草

D. Partnering 协议与工程合同是完全不同的文件

E. Partnering 模式提出后须立即签订 Partnering 协议

【答案】AD

【解析】选项 B 错误，Partnering 协议的参与者并不需要一次性到位，当有新的参与者加入时，都可以召开会议经过讨论对协议内容进行修改；选项 C 错误，Partnering 协议没有确定的起草方；选项 E 错误，必须经过参与各方的充分讨论后确定协议内容，经参与各方一致同意后共同签署。

【例题 4】Partnering 模式的主要特征有（　　）。（2022 年、2024 年真题）

A. 参与各方出于自愿　　B. 高层管理者参与

C. 各方信息有开放性　　D. 适宜公开招标

E. 基于信息网络平台

【答案】ABC

【解析】Partnering 模式的主要特征：①出于自愿；②高层管理的参与；③Partnering 协议不是法律意义上的合同；④信息的开放性。

3. Partnering 模式的组成要素

成功运作 Partnering 模式不可缺少的元素包括以下几个方面：①长期协议；②共享；③信任；④共同的目标；⑤合作。

1）长期协议

通过与业主达成长期协议或进行长期合作，承包单位能够更加准确地了解业主需求；同时能保证承包单位不断地获取工程任务，从而使承包单位将主要精力放在工程项目的具体实施上，充分发挥其积极性和创造性。这样既有利于对工程项目质量、造价、进度的控制，同时也降低了承包单位的经营成本。对业主而言，一般只有通过与某一承包单位的成功合作，才会与其达成长期协议，这样不仅使业主避免了在选择承包单位方面的风险，而且可以大大降低“交易成本”，缩短建设周期，取得更好的投资效益。

2）共享

工程参建各方共享有形资源（如人力、机械设备等）和无形资源（如信息、知识等），共享工程项目实施所产生的有形效益（如费用降低、质量提高等）和无形效益（如避免争议和诉讼的产生、工作积极性提高、承包单位社会信誉提高等）；同时，工程项目参建各方共同分担工程的风险和采用 Partnering 模式所产生的相应费用。

【例题 5】成功运用 Partnering 模式不可缺少的要素有（　　）。（2020 年真题）

A. 长期协议　　B. 信任

C. 责任分解　　D. 合作

E. 共同目标

【答案】ABDE

【例题 6】关于 Partnering 模式特征的说法，错误的是（　　）。

A. Partnering 模式要求各方高层管理者参与并达成共识

B. Partnering 模式协议规定了参与各方的目标、权利和义务

C. Partnering 模式的参与者出于自愿

D. Partnering 模式强调信息开放与资源共享

【答案】 B

【例题 7】 业主与承包单位签订长期协议，在多个工程项目上持续运用 Partnering 模式产生的结果是（　　）。（2021 年真题）

A. 既增加承包单位的经营成本，也增加业主的交易成本

B. 增加承包单位的经营成本，但能降低业主的交易成本

C. 降低承包单位的经营成本，但会增加业主的交易成本

D. 既能降低承包单位的经营成本，也能降低业主的交易成本

【答案】 D

4. Partnering 模式的适用范围

Partnering 模式的特点决定了其特别适用于以下几种类型的建设工程：

（1）业主长期有投资活动的建设工程。

（2）不宜采用公开招标或邀请招标的建设工程。例如，军事工程、涉及国家安全或机密的工程、工期特别紧迫的工程等。

（3）复杂的不确定因素较多的建设工程。

（4）国际金融组织贷款的建设工程。

【例题 8】 Partnering 模式的适用情况有（　　）。

A. 业主长期有投资活动的建设工程

B. 不宜采用公开招标或邀请招标的建设工程

C. 复杂的不确定因素较多的建设工程

D. 国际金融组织贷款的建设工程

E. 采用公开招标的建设工程

【答案】 ABCD

知识点三 Project Controlling 与项目管理服务的区别（1 分）

1. Project Controlling 模式

Project Controlling 模式是为适应大型建设工程业主高层管理人员决策需要而产生的。

Project Controlling 与工程项目管理服务具有一些相同点，主要表现在：

（1）工作属性相同，即都属于工程咨询服务；

（2）控制目标相同，即都是控制建设工程质量、造价、进度三大目标；

（3）控制原理相同，即都是采用动态控制、主动控制与被动控制相结合，并尽可能采用主动控制。

2. Project Controlling 与工程项目管理服务的不同之处

1）两者地位不同

工程项目管理咨询单位是在业主或业主代表的直接领导下，具体负责工程项目建设过程的管理工作，业主或业主代表可在合同规定的范围内向工程项目管理咨询单位在该项目上的具体工作人员下达指令；而 Project Controlling 咨询单位直接向业主的决策层负责，相当于业主决策层的智囊，为其提供决策支持，业主不向 Project Controlling 咨询单位在

该项目上的具体工作人员下达指令。

2）两者服务时间不尽相同

工程项目管理咨询单位可以为业主仅仅提供施工阶段的服务，也可以为业主提供实施阶段全过程乃至工程建设全过程的服务，其中以实施阶段全过程服务在国际上最为普遍；而 Project Controlling 咨询单位一般不只为业主提供施工阶段的服务，而是为业主提供实施阶段全过程和工程建设全过程的服务，甚至还可能提供项目策划阶段的服务。

3）两者工作内容不同

工程项目管理咨询单位围绕建设工程目标控制有许多具体工作，例如，设计和施工文件的审查，分部分项工程乃至工序的质量检查和验收，各施工单位施工进度的协调，工程结算和索赔报告的审查与签署等；而 Project Controlling 咨询单位不参与建设工程具体的实施过程和管理工作，其核心工作是信息处理，可以说，工程项目管理咨询单位侧重于负责组织和管理建设工程物质流的活动，而 Project Controlling 咨询单位只负责组织和管理建设工程信息流的活动。

4）两者权力不同

由于工程项目管理咨询单位具体负责工程建设过程的管理工作，直接面对设计单位、施工单位以及材料和设备供应单位，因而对这些单位具有相应的权力，如下达开工令、暂停施工令、工程变更令等指令权，对已实施工程的验收权、对工程结算和索赔报告的审核与签署权，对分包商的审批权等；而 Project Controlling 咨询单位不直接面对这些单位，对这些单位没有任何指令权和其他管理方面的权力。

其对比如表 11-3 所示。

Project Controlling 与工程项目管理服务的不同之处　　　　表 11-3

不同之处	建设项目管理	Project Controlling	相同之处
地位不同	从事管理	业主决策层的智囊	工作属性相同 控制目标相同 控制原理相同
服务时间不尽相同	可以仅在施工阶段服务，也可以是全过程	全过程	
工作内容不同	围绕目标控制管理协议等	核心是信息处理	
权力不同	有指令权	无指令权	

典型例题

【例题 1】 Project Controlling 与工程项目管理服务的共同点有（　　）。（2021 年真题）

A. 工作属性相同　　　　B. 服务时间相同

C. 控制目标相同　　　　D. 工作内容相同

E. 控制原理相同

【答案】 ACE

【解析】 Project Controlling 与工程项目管理服务具有一些相同点，主要表现在：一是工作属性相同，即都属于工程咨询服务；二是控制目标相同，即都是控制建设工程质量、造价、进度三大目标；三是控制原理相同，即都是采用动态控制、主动控制与被动控制相结合，并尽可能采用主动控制。

【例题 2】Project Controlling 与建设项目管理的主要不同之处有（　　）。

A. 两者的工作属性不同　　B. 两者的地位不同

C. 两者的工作内容不同　　D. 两者的权力不同

E. 两者的服务时间不尽相同

【答案】BCDE

【解析】Project Controlling 与工程项目管理服务的不同之处：①两者地位不同；②两者服务时间不尽相同；③两者工作内容不同；④两者权力不同。

3. 应用 Project Controlling 模式需注意的问题

（1）Project Controlling 模式一般适用于大型和特大型建设工程。

（2）Project Controlling 模式不能作为一种独立存在的模式。

（3）Project Controlling 模式不能取代工程项目管理服务。

（4）Project Controlling 咨询单位需要工程参建各方的配合。

Project Controlling 模式不能作为一种独立存在的模式。在这点上，Project Controlling 模式与 Partnering 模式有共同之处。但是，Project Controlling 模式与 Partnering 模式仍有明显的区别。由于 Project Controlling 模式一般适用于大型和特大型建设工程，而在这些建设工程中往往同时采用多种不同的组织管理模式，这表明，Project Controlling 模式往往是与建设工程组织管理模式中的多种模式同时并存，且对其他模式没有任何“选择性”和“排他性”。另外，采用 Project Controlling 模式时，仅在业主与 Project Controlling 咨询单位之间签订有关协议，该协议不涉及建设工程其他参与方。

【例题 3】下列建设工程组织管理模式中，不能独立存在的有（　　）。

A. 总承包模式　　B. EPC 模式

C. CM 模式　　D. Partnering 模式

E. Project Controlling 模式

【答案】DE

【解析】由于 Project Controlling 模式一般适用于大型和特大型建设工程，而在这些建设工程中往往同时采用多种不同的组织管理模式，这表明，Project Controlling 模式往往是与建设工程组织管理模式中的多种模式同时并存，且对其他模式没有任何“选择性”和“排他性”。

【例题 4】Project Controlling 模式不是一种独立存在的组织管理模式，该模式与其他组织管理模式的关系是（　　）。（2024 年真题）

A. 具有选择性和排他性　　B. 没有选择性和排他性

C. 具有选择性，没有排他性　　D. 没有选择性，具有排他性

【答案】B

【解析】Project Controlling 模式往往是与建设工程组织管理模式中的多种模式同时并存，且对其他模式没有任何“选择性”和“排他性”。

【例题 5】关于 Project Controlling 的说法，正确的有（　　）。（2022 年真题）

A. Project Controlling 咨询单位实质上是建设工程业主的决策支持机构

B. Project Controlling 咨询单位需要工程参建各方的配合

C. Project Controlling 组织结构与业主方组织结构有明显的区别

D. Project Controlling 模式是为适应监理单位高层管理人员决策需要而产生的

E. Project Controlling 模式必须设置多个管理平面

【答案】ABC

【解析】选项 D 错误，Project Controlling 模式是适应大型建设工程业主高层管理人员决策需要而产生的。选项 E 错误，根据建设工程的特点和业主方组织结构的具体情况，Project Controlling 模式可分为单平面 Project Controlling 和多平面 Project Controlling 两种类型。

【例题 6】下列关于 Project Controlling 模式的说法中，正确的是（　　）。

A. Project Controlling 咨询单位直接向业主的决策层负责

B. 业主直接向 Project Controlling 咨询单位在该项目上的具体工作人员下达指令

C. Project Controlling 咨询单位为业主提供实施阶段全过程和工程建设全过程的服务

D. Project Controlling 咨询单位不参与建设工程具体的实施过程和管理工作

E. Project Controlling 咨询单位只负责组织和管理建设工程信息流的活动

【答案】ACDE

【解析】Project Controlling 咨询单位直接向业主的决策层负责，相当于业主决策层的智囊，为其提供决策支持，业主不向 Project Controlling 咨询单位在该项目上的具体工作人员下达指令。

【例题 7】对于工程咨询公司而言，提供 Project Controlling 与工程项目管理服务的相同点是（　　）。（2023 年真题）

A. 两者地位相同　　B. 两者工作内容相同

C. 两者工作属性相同　　D. 两者权力相同

【答案】C

【例题 8】建设工程采用多平面 Project Controlling 模式的特点有（　　）。（2023 年真题）

A. Project Controlling 模式的组织关系较为简单

B. Project Controlling 方采用集中和分散控制相结合的组织形式

C. Project Controlling 方组织结构与业主项目管理组织结构明显不一致

D. 总 Project Controlling 机构服务于业主项目总负责人

E. 分 Project Controlling 机构服务于业主各子项目负责人

【答案】BDE

本章精选习题

一、单项选择题

1. 在代理型 CM 模式下，CM 合同价格为（　　）。

A. CM 费＋与 CM 单位签订合同的各分包商、供应商合同价

B. CM 费＋GMP

C. CM 费

D. GMP

2. 关于 CM 模式的说法，正确的是（　　）。
A. 代理型 CM 模式中，CM 单位是业主的代理单位
B. 代理型 CM 模式中，CM 单位对设计单位具有指令权
C. 非代理型 CM 模式中，CM 单位与设计单位是协调关系
D. 非代理型 CM 模式中，CM 单位是业主的咨询单位

3. 关于代理型 CM 模式的说法，正确的是（　　）。
A. CM 单位是业主的工程承包单位
B. CM 单位对设计单位没有指令权
C. CM 合同价是 CM 费和工程费用之和
D. 业主与 CM 单位签订工程承包合同

4. 下列非代理型 CM 模式的表述职，正确的是（　　）。
A. CM 单位一般在设计阶段介入，对设计单位有指令权
B. CM 单位一般在设计阶段介入，对设计单位没有指令权
C. CM 单位在施工阶段介入，对施工单位有指令权
D. CM 单位在施工阶段介入，对施工单位没有指令权

5. 下列关于 Partnering 模式特点的说法中，正确的是（　　）。
A. 强调各方的权利、义务和利益
B. 不能是多个建设工程的长期合作
C. 可能就建设工程实施过程中产生的额外收益进行分配
D. 争议次数多、索赔数额大

6. CM 模式应用的局部效果可能较好，而总体效果可能不理想的是（　　）的工程。
A. 设计变更可能性较大
B. 时间因素最为重要
C. 质量因素最为重要
D. 因总的范围和规模不确定而无法准确造价

7. 因适应大型建设工程业主高层管理人员决策需要而产生的建设工程管理模式是（　　）模式。
A. EPC　　B. CM
C. Partnering　　D. Project Controlling

二、多项选择题

1. CM 模式中采用快速路径法的优越性有（　　）。
A. 可以减少工程变更的数量　　B. 可以将设计工作与施工搭接起来
C. 可以缩短建设周期　　D. 可以减小施工阶段组织协调难度
E. 可以减小施工阶段目标控制的难度

2. 国际工程咨询公司为承包商提供咨询服务时，可提供的服务内容有（　　）。

A. 工程保险服务　　B. 合同咨询和索赔服务
C. 技术咨询服务　　D. 工程设计服务
E. 工程勘察服务

3. 下列关于非代理型 CM 模式的说法，正确的是（　　）。
A. CM 单位对设计单位有指令权
B. 业主可能与少数施工单位和材料、设备供应单位签订合同
C. CM 单位在设计阶段就参与工程实施
D. CM 单位与施工单位之间是总分包关系
E. GMP 的具体数额是 CM 合同谈判中的焦点和难点

4. 与非代理型 CM 相比，代理型 CM 的特点有（　　）。(2024 年真题)
A. CM 单位与施工单位签订施工合同
B. CM 单位对设计单位具有指令权
C. CM 合同价就是 CM 费
D. CM 单位承担工程设计任务
E. CM 合同中不需要确定保证最大价格

5. Partnering 模式的主要特征有（　　）。(2024 年真题)
A. 出于自愿　　B. 信息开放
C. 高层管理者参与　　D. 不需要签订工程合同
E. 适用于单个工程

6. 下列关于单平面 Project Controlling 模式特点的说法中，正确的是（　　）。
A. 组织关系简单
B. Project Controlling 方的任务明确，仅向项目总负责人提供决策支持服务
C. 业主只有一个管理平面
D. Project Controlling 方的组织需要采用集中控制和分散控制相结合的形式
E. Project Controlling 方要协调和确定整个项目的信息组织，并确定项目总负责人对信息的需求

7. 下列关于多平面 Project Controlling 模式特点的说法中，正确的是（　　）。
A. 组织关系较为复杂
B. 总 Project Controlling 机构对外服务于业主项目总负责人
C. 分 Project Controlling 机构承担了信息集中处理者的角色
D. 分 Project Controlling 机构服务于业主各子项目负责人
E. 分 Project Controlling 机构可不按照总 Project Controlling 机构所确定的信息规则进行信息处理

8. 应用 Project Controlling 模式需注意的问题有（　　）。
A. Project Controlling 模式一般适用于大型和特大型建设工程
B. Project Controlling 模式适用于复杂的、不确定因素较多的建设工程
C. Project Controlling 模式不能作为一种独立存在的模式

D. Project Controlling 模式可以取代工程项目管理服务

E. Project Controlling 咨询单位需要工程参建各方的配合

习题答案及解析

一、单项选择题

1. **【答案】** C

【解析】 采用代理型 CM 模式时，业主与 CM 单位签订咨询服务合同，CM 合同价就是 CM 费。

2. **【答案】** C

【解析】 代理型 CM 模式中，CM 单位是业主的咨询单位。CM 单位对设计单位没有指令权，二者之间是协调关系。

3. **【答案】** B

【解析】 CM 单位是业主的咨询单位，故选项 A 错误。CM 合同价就是 CM 费，故选项 C 错误。业主与 CM 单位签订咨询服务合同，故选项 D 错误。

4. **【答案】** B

【解析】 非代理型 CM 模式下，CM 单位介入工程时间较早，一般在设计阶段介入且不承担设计任务。

5. **【答案】** C

【解析】 Partnering 模式意味着业主与建设工程参与各方在相互信任、资源共享的基础上达成一种短期或长期的协议；在充分考虑参与各方利益的基础上确定建设工程共同的目标；建立工作小组，及时沟通以避免争议和诉讼的产生，相互合作、共同解决建设工程实施过程中出现的问题，共同分担工程风险和有关费用，以保证参与各方目标和利益的实现。

6. **【答案】** D

【解析】 因总的范围和规模不确定而无法确定造价的建设工程，这种情况表明业主的前期项目策划工作做得不好，如果等到建设工程总的范围和规模确定后再组织实施，持续时间太长。因此，可采取确定一部分工程内容即进行相应的施工招标，从而选定施工单位开始施工。但是，由于建设工程总体策划存在缺陷，因而应用 CM 模式的局部效果可能较好，而总体效果可能不理想。

7. **【答案】** D

【解析】 Project Controlling 模式是为适应大型建设工程业主高层管理人员决策需要而产生的。

二、多项选择题

1. **【答案】** BC

【解析】 采用快速路径法可以将设计工作和施工招标工作与施工搭接起来，整个建设周期是第一阶段设计工作和第一次施工招标工作所需要的时间与整个工程施工所需要的时间之和。与传统模式相比，快速路径法可以缩短建设周期。但实际上，与传统模式相比，快速路径法大大增加了施工阶段组织协调和目标控制的难度。

2. 【答案】BCD

【解析】工程咨询公司为承包商服务主要有以下几种情况：①为承包商提供合同咨询和索赔服务；②为承包商提供技术咨询服务；③为承包商提供工程设计服务。

3. 【答案】BCE

【解析】选项A错误，CM单位对设计单位没有指令权，只能向设计单位提出一些合理化建议。选项D错误，虽然CM单位与各个分包商直接签订合同，但是CM单位与施工单位之间不是总分包关系，实际上与总分包模式有本质的不同。比如：CM单位对各分包商的资格预审、招标、议标和签约都对业主公开且必须经过业主的确认才有效。

4. 【答案】CE

【解析】选项A错误，选项C正确，代理型CM模式又称为纯粹CM模式。采用代理型CM模式时，CM单位是业主的咨询单位，业主与CM单位签订咨询服务合同，CM合同价就是CM费，其表现形式可以是百分率（以今后陆续确定的工程费用总额为基数）或固定数额的费用；业主分别与多个施工单位签订所有的工程施工合同。

选项B错误，CM单位对设计单位没有指令权，只能向设计单位提出一些合理化建议。这一点同样适用于非代理型CM。

选项D错误，由于CM单位介入工程时间较早（一般在设计阶段介入）且不承担设计任务。

选项E正确，代理型CM模式，CM合同价就是CM费，所以不需要确定保证最大价格，需要确定保证最大价格的是非代理型CM模式。

综上所述，本题答案为选项CE。

5. 【答案】ABC

【解析】Partnering模式的主要特征表现在以下几方面：①出于自愿。②高层管理者参与。③Partnering协议不是法律意义上的合同。④信息开放性。综上所述，本题答案为选项ABC。

6. 【答案】ABCE

【解析】选项D错误，多平面Project Controlling模式Project Controlling方的组织需要采用集中控制和分散控制相结合的形式。

7. 【答案】ABD

【解析】选项C错误，在多平面Project Controlling模式中，Project Controlling机构对外服务于业主项目总负责人；对内则确定整个项目的信息规则，指导、规范并检查分Project Controlling机构的工作，同时还承担了信息集中处理者的角色。选项E错误，分Project Controlling机构则服务于业主各子项目负责人，且必须按照总Project Controlling机构所确定的信息规则进行信息处理。

8. 【答案】ACE

【解析】应用Project Controlling模式需注意的问题：①Project Controlling模式一般适用于大型和特大型建设工程；②Project Controlling模式不能作为一种独立存在的模式；③Project Controlling模式不能取代工程项目管理服务；④Project Controlling咨询单位需要工程参建各方的配合。